Emotional Quotient

把你的情商用起来!

叶舟◎著

江西人民出版社

图书在版编目（CIP）数据

把你的情商用起来/叶舟著. -- 南昌：江西人民出版社，2017.7

ISBN 978-7-210-09272-8

Ⅰ.①把… Ⅱ.①叶… Ⅲ.①情商 – 通俗读物 Ⅳ.①B842.6-49

中国版本图书馆CIP数据核字（2017）第062986号

把你的情商用起来

叶舟 / 著

责任编辑 / 陈诗懿

出版发行 / 江西人民出版社

印刷 / 北京柯蓝博泰印务有限公司

版次 / 2017年7月第1版

2018年6月第4次印刷

720毫米×1000毫米　1/16　23.75印张

字数 / 329千字

ISBN 978-7-210-09272-8

定价 / 39.80元

赣版权登字-01-2017-245

版权所有　侵权必究

如有质量问题，请寄回印厂调换。联系电话：010-64926437

前言

曾几何时，智商只有75的傻小子阿甘，红遍了全球。带有传奇色彩的是，无论在体坛、战场、商界，还是爱情上，成功总伴随着他。这个故事在一般人眼里只是个"虚构的传奇"，也称得上是对"傻人有傻福"的经典诠释。可是，我们从他为人处世看来，阿甘的成功有其终极原因，那就是他的情商高。

相信大家身边有很多人都深受情绪的困扰！因为情绪不佳，他们的工作、事业、家庭、生活以至人生都受到了极大的影响。

心理学家认为，情感在支配着智力，在这方面，情感所起的作用大概要比数十年来人们所推崇的数理逻辑能力所起的支配作用要大。对哈佛大学的一些学生进行的研究证明，那些在考试中或在智商测试中成绩最好的学生的成功率并不比那些当时看上去并不那么突出的学生高。在个人的成功中，著名的智力商数只起20%的作用，其他80%靠的是什么呢？靠的是社会环境、机遇，尤其是情感智力。

"情感智力"这个概念其实并不新奇，它与我们过去所说的"非智力心理因素"十分相似。我们知道，理性是人们认识事物本质和规律的抽象思维能力和思维形式。概念、判断和推理是理性的最主要表现形式。理性具有内在性、自觉性、抽象性、逻辑性和过程性等特征。与理性相对应，非理性则是理性之外的人的心理因素、认识能力和认识形式。具体地说，非理性是指不属于理性范围的无意识、直觉、灵感、情感、意志、信仰等等人的心理因素、认识能力和认识形式的总和。它是一个人获得成功的关键。个人要在社会上更好地生存与发展，必须将自己的理性与非理性因素优化组合起来。可以预见，未来社会的竞争将不仅是智商的竞争，更是"情商"的竞争。

"情商"的水平不像智力水平那样可用测验分数较准确地表示出来，它只能根据个人的综合表现进行判断。心理学家们还认为，情商水平高的人具有如下的特点：社交能力强、外向而愉快、不易陷入恐惧或伤感、对事业较投入、为人正直、富于同情心、情感生活较丰富但不逾矩、无论是独处还是与许多人在一起时都能怡然自得。一个仅仅学业优异的人，并不意味着他能登上事业的巅峰或能开创惊天的业绩。要想在竞争日趋激烈的社会中立足并取得成绩，仅仅依靠学习好是远远不够的，还必须具备适应社会的多种能力。现实生活中的成功者，往往都具备极高的情商。

耶鲁大学的心理学家沙洛维与梅耶第一次提出了"情感智力"这一说法，给情感智力下的定义要从五个方面看：能充分认识自己的情感；使情感专注；控制自己的感情；对他人情感的感知；掌握好人际关系。这些能力直接关系到一个人的事业成败。如果一个人性格孤僻、怪异、不易合作；自卑、脆弱，不能面对挫折；急躁、固执、自负，情绪不稳定，他智商再高也很难有成就。

心理学教授龚浩然先生在1985年前后就提出一个关于人才成长的重要观点："智力正常，个性成才。"一个人智力好只是成才的一个条件，更重要的是他是否从小培养发展了良好的个性。有一些智商高的孩子由于没有良好的个性，结果一生平庸。一个儿童，只要他具有正常的一般孩子所具有的智力，就能培养成才，关键是良好个性的培养。这里的个性指的是一个人的整体精神面貌，包括情感、性格、气质、理想、信念、人际关系、价值观念、兴趣、爱好等诸多因素，可以理解为是一个人的思想道德风貌与智力因素、非智力因素的总汇，智商和"情商"都包括在内了。这就启示我们，要在孩子小时候就高度重视其良好个性品质的培养，要智力因素与非智力因素协同开发，突出做人的教育。

无人不渴望成功，也无人不存在成功的巨大潜能，然而成功到底有什么奥秘？成功与情商有关系吗？一个人情商高就一定成功，情商低就必然失败吗？大量研究表明，一个人在校成绩优异，并不能保证其一生事业的成功。在今天这个竞争日益激烈的世界里，良好的理解力绝不是成功的唯一条件，既要有高智商，又要有更高的情商，特别要在理性与感性之间、智力因素与非智力因素之间求得最佳平衡。否则，就可能在这个复杂而多变的信息时代迷失方向。

鉴于此，我们编著了这本《把你的情商用起来》，希望每一位朋友都以积极的心态面对人生的种种际遇，努力把自己训练成情商高手，过上自己想要的生活。

目录

概念篇　情商＋智商＝成功

Part1 情商，就是情绪智商 / 003

掀开情商的五幅面纱 / 003

情商时代全面来袭 / 009

情商的物质通道 / 011

情商的能力模式 / 013

将情商意识根植于大脑中 / 015

改变命运从提升情商开始 / 017

现场直击：高校学生自杀事件 / 018

Part2 情商比智商更重要 / 023

智商与情商的异同 / 023

情感如何驱使行动 / 025

智力的八种类型 / 028

情感智力是指什么 / 030

情商技巧的强大力量 / 034

情商赋予成功更多的坚持 / 036

智商诚可贵，情商"价"更高 / 042

情商比智商更重要 / 047

高情商人才应具备的能力结构 / 050

案例解析：谁动了我的情绪奶酪 / 053

提升篇　唤醒内在情商潜能

Part3 充分认识自身的情绪 / 063

情绪全面影响人的心理 / 063

身心健康影响情绪智商 / 067

压力管理与情绪恢复能力 / 073

自我认知是情商培训的关键 / 076

情商评估助你正视情绪 / 078

一个关于情绪智商分类的测试 / 087

准确评估你的情绪智商技巧 / 090

Part4 妥善管理自己的情绪 / 094

控制情绪利于提高情商 / 094

适时把情绪调成"静音" / 097

自我调节情绪的诀窍 / 100

软糖实验的"自控"启示 / 104

不断充实你的感情知识 / 109

掌握情感的演化规律 / 113

先改变心智，再塑造情商 / 116

磨炼并改进你的情商技巧 / 119

在实践中提高情商技巧 / 122

管理情绪的十六个要点 / 126

Part5 设身处地理解他人情绪 / 130

准确理解他人的感情思想 / 130

学会向别人表达你的情绪 / 138

强化你的社交"雷达" / 144

包容多样性，为情商保驾护航 / 146

Part6 时时进行自我激励 / 149

激励的两种基本理论 / 149

自我激励的七个技巧 / 153

培养好情绪，激发潜能量 / 156

先支配思想，再管理自身 / 158

审视情感，成功指日可待 / 161

Part7 恰当处理人际关系 / 164

克制自我，营造良好的人际关系 / 164

心存友善，与最难相处的人相处 / 167

掌握相处之道，与他人和睦相处 / 169

坚守处世之道，你就能左右逢源 / 172

实战篇 把你的情商用起来

Part8 把情商用起来，做有趣而强大的自己 / 183

你对控制感情了解多少 / 183

保持大脑和情绪的平静 / 185

扔掉你的"情绪香蕉" / 189

别让大脑杏仁核短路 / 190

提高自我调控能力 / 192

提高自我意识，自我审视 / 195

让自尊为成功保驾护航 / 199

自信地奔赴想去的地方 / 204

永远保持积极乐观的情绪 / 207

构建乐观的三大方法 / 208

做自己的情感导师 / 210

Part9 把情商用起来，一开口就让人喜欢你 / 216

你的世界是由好口才建造的 / 216

永远都要"有话好好说" / 218

让你的声音感染你的听众 / 219

如何一开口就让人喜欢你 / 222

内涵深厚才能妙语连珠 / 225

做世界上最会说话的高情商者 / 228

Part10 把情商用起来，职场少走十年弯路 / 230

运用情商蓝图，设计职业蓝图 / 230

远离职场焦虑，调控工作状态 / 232

有正确工作观，事业才能发展 / 235

人际关系良好，工作得心应手 / 238

突破情感障碍，打破工作瓶颈 / 244

六大情商法宝，职场如鱼得水 / 250

Part11 把情商用起来，把难办的事办成 / 257

运用情感技巧，妥善与人沟通 / 257

优化沟通信息，突破沟通障碍 / 259

运用非语言，以情感促进沟通 / 263

运用情商技巧，实现有效交流 / 267

运用感情技巧，控制他人感情 / 272

打败拖延宿敌，成功近在眼前 / 274

忍住难忍之气，成就难成之事 / 279

从容不迫应对，化干戈为玉帛 / 281

Part12 把情商用起来，没有销售不出的产品 / 284

历练职业悟性，以情感带动销售 / 284

准确运用感情，打动客户心坎 / 286

引发情感共鸣，创造销售契机 / 292

编织情感纽带，赢得永久生意 / 296

Part13 把情商用起来，下属才愿意追随你 / 302

修炼素养，塑造领导风格 / 302

卓越情商，成就领袖风范 / 304

情智兼备，员工心甘追随 / 308

用心体恤，激励员工有方 / 311

方法得当，凝聚向心力 / 313

Part14 把情商用起来，不打不骂教育好孩子 / 317

以身垂范，做孩子的好榜样 / 317

尊重理解，培养孩子的情商 / 322

倾心指导，培养孩子综合能力 / 326

情感关怀，育人潜移默化 / 332

Part15 把情商用起来，与世界温暖相拥 / 335

宽容善待彼此，共筑爱的港湾 / 335

修复情感裂痕，增进夫妻情感 / 340

营造美好心情，提升幸福指数 / 344

珍爱身心健康，与自己温暖相拥 / 348

附录

测试1：你是乐观的人还是悲观的人 / 353

测试2：你的情感技巧运用如何 / 355

测试3：你是否善于交朋友 / 361

测试4：你的沟通表达能力如何 / 365

概念篇

情商 + 智商 = 成功

曾经，我们总是以智商的高低来评判一个人将来是否成才，是否有出息。但事实上，很多智商高的人并没有成长为我们所期望的样子，反而是因为一些小挫折就无法生存下去，成了大众的反面教材，这是为什么？因为他们的情商低。情商，我们一直忽略了它。本章就为您掀开情商的神秘面纱，告诉您为什么情商要比智商更重要。

Part1 情商，就是情绪智商

美国哈佛大学的客座教授戈尔曼把情商概括为五个方面的能力：认识自身的情绪；妥善管理情绪；自我激励；理解他人情绪；人际关系管理。

掀开情商的五幅面纱

美国学者丹尼尔·戈尔曼在 1995 年出版了一本著作，叫《情绪智力》。这本书可以解释许多人的成功之谜。丹尼尔·戈尔曼在心理学界并不知名，他是《纽约时报》的一名专栏作家，但是，当他推出了他的"Emotional Intelligence"（《情感智力》）一书，一下子使"EI"一词风行世界。

"情商"（EI）现在已经是颇为流行的词汇之一，简单来讲，"情商"就是"情感智力"（emotional intelligence），简称情智（EI），不应是情商（EQ），有人误以为EQ是Emotiona Quotient一词的缩写，因为EQ与IQ对立，但是，两者不是简单的对立关系，当然，IQ是Intelligence Quotient的缩写，但事实上，学术上是没有Emotional Quotient这个词的。（按习惯我们依然使用EQ这样的缩写形式。）

"情商"按我们一般的理解，主要指信心、恒心、毅力、乐观、忍耐、直觉、抗挫折、合作等一系列与个人素质有关的反应程度，说得通俗点就是指心理素质，指一个人运用理智控制情感和操纵行为的能力。"情商"是个体最重要的生存能力，是一种发掘情感潜能、运用情感能力影响生活的各个层面和人生未来的品质要素。"情商"是一种洞察人生价值、揭示人生目标的悟性，是一种克服内心矛盾冲突、协调人际关系的技巧，是一种生活智慧。所以，我们有理由说："高情商"的人比高智商的人更容易获得成功。

情商 EQ 在婴幼儿时期就已形成，在儿童和青少年阶段开始成型，但它主要是在后天的人际互动中培养起来的。

美国哈佛大学客座教授戈尔曼把情商概括为五个方面的能力，即认识自身的情绪、妥善管理情绪、自我激励、理解他人情绪和人际关系管理。下面，就让我们分别掀开情商的五幅面纱，一览情商真面目。

面纱一：认识自身的情绪——让好心情产生积极力量

认识自身情绪，就是随时监视自身情绪的变化，能够察觉出某种情绪即将出现，并随时观察和审视自己的内心世界。认识自身情绪是情绪智商的核心，因为一个人只有认识自己，才能成为生活的主宰。

长期的社会性情绪来源会造成情绪的社会事件，莫过于生活空间过度拥挤、经济衰退、社会治安、环境污染等。精神病院的住院人数、婴儿死亡率、自杀率、酗酒致死及心血管方面的患病率都有显著升高等情况都说明了情绪危害的严重性。这些问题不仅是科学技术上的问题，也是心理上的问题。要解决这些事件所造成的情绪问题，单靠个人微薄的力量是不够的，而是需要借助整个社会的共同努力。

人有九类基本情绪：快乐、温情、惊奇、悲伤、厌恶、愤怒、恐惧、轻蔑、羞愧。快乐和温情是正面的，惊奇是中性的，其余六个都是负面的。由于负面情绪占绝对多数，因此不知不觉就会进入不良情绪状态。我们的目的就是要塑造阳光心态，把快乐和温情这两个好情绪调动出来，使大家经常处于积极的情绪当中。因为心情具有两极性，好的心情产生积极力量，使你喜悦、生气勃勃，沉着、冷静，缔造和谐。

面纱二：妥善管理情绪——改变不健康的情绪

妥善管理自己的情绪，即能够随时调控自己的情绪，使自身情绪适时、适度地表现出来。

人类的情绪还有许多，但几乎都建立在前文所说的九种情绪的基础之上。为了从正面情绪中受益，我们需要认识并学习掌控自己的情绪。

掌控情绪意味着：你能通过给自己充电，拥有对自己、对生活、对世界的健康信念，来改变自己的不健康情绪。这些信念，会给我们带来诸如勇敢、容忍、同情等更为健康的感情。

情绪是感情的一种表现方式，而不是问题的根源。可是绝大部分人都把情绪看作是问题本身，比如家长往往针对孩子的情绪而加以斥责，目的只是制止情绪的出现。情绪虽然得到了制止，但是问题并没有得到解决。这样的例子在现实生活中是很普遍的。

情绪是感情的先知，出现了什么样的情绪，反映出你的生活和事业哪里出了问题，需要处理。

每种情绪都有其价值，不是给我们指明一个方向，便是给我们一份力量，甚至两者兼有。其实人生中出现的每一件事都提供给我们学习怎样使人生变得更美好的机会。情绪的出现，正是促进我们去学习。

比如你会有被别人看低的感觉，这是你因别人的行为产生的情绪反应，如果你不甘心，就会发奋努力。这种感觉如同痛感，只有感觉到了痛，才会把手从火炉上抽回，从而保证你的安全。情绪也一样，如果没有各种各样的情绪表现，生命将会变得非常脆弱。也就是说，如果情绪能被妥善运用，是可以使人生变得更美好的。

要"运用"它，必须先使它臣服，受你驾御。所有的情绪都能被你掌控，就等于你有效地利用了你所拥有的资源。而这些资源，是你所独有的。

无论是在工作还是生活中，愉快、欢喜、伤心、愤怒都会陪伴左右，很多人已经习惯，但却不能控制。掌控与利用有效的情绪资源，是面对生活中的挫折、度过情绪的低气压、回到协调的生活状态的有利保障，从而，给我们带来健康的生活。

面纱三：自我激励——接受并体察你的情绪

自我激励，就是能够依据活动的某种目标，调动指挥自我情绪的能力。这一能力能够使你走出生命的低谷，从头再来，重新出发。

对于情绪，应该采取什么样的态度呢？最基本的态度是：承认和接受它。因为对任何问题，如果你不面对它，不肯承认它，那么你只能被动地受它影响，而无法很好地处理它。

不同性格的人对情感的要求程度不同，但对此有一个普遍的共识：不断地压制情感会导致心理障碍，包括心理矛盾、心理压抑、情感纠葛、自我否定、模糊不清、飘忽不定。而在那些对与身心相关疾病感兴趣的医生们中也存在一个共识，即情感压抑是导致某些疾病的原因之一。

我们应揭开情感生活的面纱，即使在不能公开表达情感的时候，也至少承认他们的存在。最基本的一步就是要允许自己体验情感，允许自己愤怒、害怕、兴奋或出现其他情绪。

每个人都有发泄情绪的权利，但处理的方式与表达如有失误，却可能起到不好的效果。正如明明是担心，表现的却是生气、感觉无助，以攻击他人来发泄，这样只会使问题更糟糕。

如何让情绪得到最好的宣泄，而又不影响生活呢？这就需要体察自己的深层情绪。

很多人在情绪发生变化的时候，并没有意识到。比如很多人表现出生气的态势，却没有觉察到。还有的人一大早从睡梦中醒来，或许由于残留在潜意识中的噩梦，或许因为一个想不起来具体情景的尴尬经历而感觉不快,这一整天在工作中都闷闷不乐,对同事们看到自己阴沉面容时所显露的表情感到莫名其妙,对自己在这一整天遇到的种种不顺觉得无法理解。

一个人在情绪起了变化的时候,注意力会放在引起情绪反应的事情上,也就是陷入情绪当中,无法"跳出来"看到当下的情绪。事后才察觉到"我这是怎么了"。

是否能控制、纾解和调理自己的情绪,关键在于自我觉察。觉察自己情绪的变化,才能更清楚地认识自己的情绪源头,从而控制消极情绪,培养健康情绪的习惯。如果一个人对自己处于某种境遇时的负面情绪一无所知,或者在潜意识中没有一种乐观倾向,那么他就无法有效控制自己糟糕的心情,也就不可避免地遇上各种各样的麻烦。如果任凭某种恶劣情绪无限发展、变本加厉,最终会导致身心失衡。

面纱四:理解他人情绪——遇事心平气和

理解他人情绪就是能够通过细微的社会信号、敏感地感受到他人的需求与欲望、认知他人的情绪。理解他人的情绪是与他人进行正常交往、友好沟通的基础。

理解他人情绪,应做到如下几点:

1. 转移注意力,避免受到刺激

若发生悲伤、忧愁、愤怒时,人的大脑皮层常会出现一个强烈的兴奋灶,如果能有意识地调控大脑的兴奋与抑制过程,使兴奋灶转换为抑制平和状态,则可能保持心理上的平衡,使自己从消极情绪中解脱出来。例如,当自己苦闷、烦恼时,不要再去想引起苦闷的事,尽量避免烦恼的刺激,有意识地听听音乐、看看电视、翻翻画册、读读小说等,强迫自己转移注意力。这样就可以把消极情绪转移到积极情绪上,淡化乃至忘却烦闷。再如,遇到难解的事,先不要想它,可让自己的思维长上翅膀,自由畅想,到幻想世界中去遨游;也可与他人漫无边际地畅谈,免得在难解的事上钻牛角尖,给自己带来无端的烦恼。这样随着事过境迁,能心平气和地解决难题,化解矛盾，往往能收到较满意的成效。

2. 理智控制，自我降温

理智控制是指用意志和素养来控制或缓解不良情绪的暴发；自我降温是指努力使激怒的情绪降至平和的抑制状态。就是说，凡是有理智的人能及时意识到自己情绪的变化，当怒起心头时，马上意识到不对，能迅速冷静下来，主动控制自己的情绪，用理智减轻自己的怒气，使情绪保持稳定。林则徐在自己房内挂着"制怒"的条幅，那是为了提醒自己及时控制情绪；俄国著名作家屠格涅夫劝人吵架前，先把舌尖在嘴中转十圈，就是这个道理。

3. 宽宏大度，克己让人

"心底无私天地宽""宰相肚里能撑船"。有气度的人，胸襟开阔，奋发进取，具有团队协作精神；而气度小的人，则满腹幽怨，斤斤计较，弄至孤家寡人的地步。生活中，喜乐悲忧都会有。所以，人人都要注重涵养，消除抑郁寡欢的心境和私心杂念，对易激怒自己的事情，要用旷达乐观、幽默大度的态度去应付，经得起挫折。这往往可以使一种原本紧张的事情变得比较轻松，使一个窘迫的场面在幽默笑语中化解。

"牢骚太盛防肠断，风物常宜放眼量"。心理学家鼓励人们消除消极情绪的困扰，要有正常健康的反应情绪，做到：遇到忧愁而能自解，身居逆境而能超脱，这样才能有益于你的身心健康。

面纱五：人际关系管理——调控自己与他人情绪反应的技巧

这里所说的人际关系管理，其实就是妥善处理人际问题，与他人和谐相处。

随着社会的发展，在专业分工越来越精细的情况下，人与人之间的相互协作已变得越来越重要。社会的发展、人类的进步都呼唤团队合作、相互尊重、相互信赖和相互协作。

在企业中，团结协作的作用在于提高绩效，使团队的整体工作业绩超过成员个体业绩的简单之和，从而形成强大的团队凝聚力和整体战斗力，最终实现团队目标。任何一个个体都不可能脱离社会而独立存在，一个人只有真正融入了团队，才能保证工作的效率和质量。

那么，如何与人相处呢？心理咨询学提出很重要的两点："无条件积极关注"和"真诚"。

"无条件积极关注"就是对他人不能视而不见，要无条件地关注他人的言语、行为和需要，更不能过分地厌恶他人。

"真诚"简言之就是以诚待人、接纳他人，真诚地与他人合作。一个人如果为人处事表里不一，必定会影响其与他人合作的基础，进而影响自己的人生。

人际关系处理得好，会为你积累好的人脉，好的人脉是成功路上的加速器，能让人更稳健地走向成功。

情商时代全面来袭

随着丹尼尔·戈尔曼的《情绪智力》的出版，在一片哗然中，"情商"概念令人猝不及防地横空出现了。一时间众多的"情商"书籍如雨后春笋般层出不穷，"情商"概念的问世的确引起了不小的轰动，人们惊异于一个未知的开发领域。

情商的创始人塞拉维博士和梅耶博士说："EQ 已成为本世纪最重要的心理学研究成果。"美国《读者文摘》更是坚定地向读者反问："掌握了 EQ，还有什么不能利用的呢？"美国《时代周刊》甚至宣称："如果不懂 EQ，从现在起，我们宣布：你落伍了！"美国有了《EQ》月刊，它倡导人们："做 EQ 测验吧，你会发现一个全新的自己！"美国 EQ 协会也迅速成立，它以研究和宣传 EQ 的作用，证明它的重要性为目的。该协会的宣言是："让我们再进化一次，成为智慧的上帝！"

近年来，国外心理学家们又提出了"新情商"的概念，为 EQ 注入了新的活力。与此同时，几乎每一本关于"情商"的书里都有这样的字眼："智商已经属于其次地位""情商决定一切""没有情商，就没有成功……"最起码这类书都要在各自的封面封底书写着如此振聋发聩的话语：该书是一部完整意义上的"人生经典"，或者说是一部成功学著作，它要揭示的是人生成功的奥秘。在这些良莠不齐的著作中，我们的确可以发现一些人生的启示，在我们的日常生活中，越来越多的人开始注意 EQ。EQ 大致有以下几类：

自我EQ：自我EQ包括自我认知、自我察觉、自我肯定、自立和自我实现。自我EQ高意味着他可以清晰了解自己的感觉，独立，专注，自信，善于表达自己的情感和想法，并影响到他人。

人际 EQ：人际 EQ 包括同理心、社会责任和人际关系。人际 EQ 水平表示一个人是否有熟练的社交技巧，是否能理解他人的想法和情感，并很好地和他人沟通互动。

适应 EQ：适应 EQ 包括现实判断、灵活性和问题解决。适应 EQ 水平表示个人对环境的适应能力，能否理解问题的实质，并拿出有效的问题解决方案。

压力管理 EQ：压力管理 EQ 包括压力忍受和冲动控制。压力管理 EQ 高的人能妥善管理自己的情绪，而不是成为它的奴隶，既不会因沮丧或焦虑而意志消沉，也不会因愤怒而丧失理智。能自我激励，并能面对挫折咬紧牙关挺住，为了最后的目标疏导自己一时的冲动。

心情 EQ：心情 EQ 包括乐观和幸福。心情 EQ 测量的是一个人对生活的态度和满意程度。乐观积极的生活信念帮助我们应付压力，解决困难，等等。

确切地说，"情商"就是情绪智商，包括：察觉情感、正确的自我评价、自信、自我控制、值得信赖、良知、创新、适应力、成就驱力、承诺、主动、乐观、了解他人、服务导向、协助别人发展、善用多元资源、政治敏感、影响力、沟通、冲突管理、领导力、催化改变、建立关系、合作、团队能力等。

情商的物质通道

是的，没错，也许你还没有听说过，情商也有它的物质通道。

情商的物质通道开始于大脑内的脊髓，穿过产生情绪的地方——脑边缘系统，在大脑的理性中心和情绪中心进行有效沟通。

现代化的设施能给大脑绘图并显示出哪些区域对不同类型的思考最为重要，但是没有任何仪器能显示一个人在没有他的前脑时会如何控制自己的行为。

日常生活中有效地控制情绪是人类内心状态的重要组成部分，因为即使那些脑髓保持完好的人也会被非理性行为所左右。与菲尼亚斯不一样的是，我们可以选择如何对情绪做出反应。我们中的每一个人都是通过五种感觉来获得我们周围世界的信息的，我们看到的、闻到的、听到的、尝到的以及触摸到的任何东西都以某种形式的生物电信号穿过身体。这些信号经过一个个细胞直到抵达最终目的地——大脑。例如一只蚊子在你的腿上咬了一口，那种感觉就会产生生物电信号，并在你意识到有蚊子之前传输到你的大脑。我们的所有感觉都会进入大脑后部靠近脊髓的地方，复杂的、理性思维则发生在大脑的另一边，即前面部分，也就是菲尼亚斯在事故中失去的那部分。当生物电信号进入你的大脑时，它们必定会在你能对这个事件第一次拥有逻辑思考前经过这所有的途径。在大脑中我们的感性部分入口和理性部分入口之间的这个裂口是一个难题，因为它是位于两个部分之间的边缘系统。这个部分是大脑中体验情绪的地方（见图1-1）。

在此进行理性
（通路到这儿）

脑边缘系统
（在这里感觉）

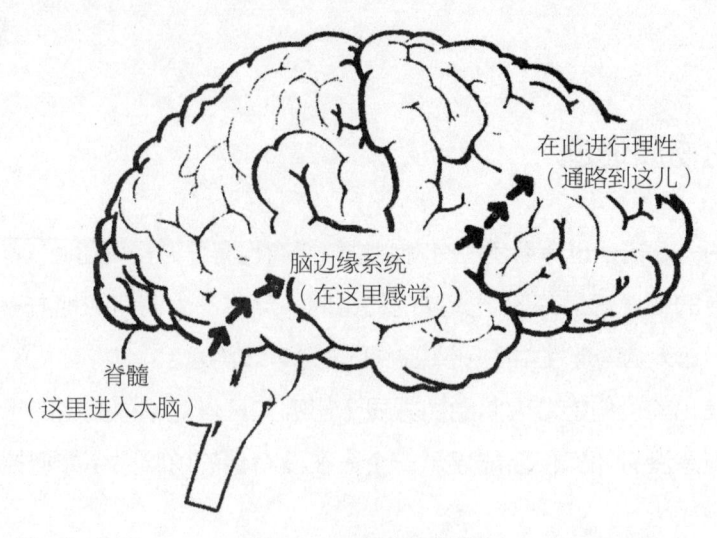

脊髓
（这里进入大脑）

图 1-1　情商的物质通道

　　数十亿极小的神经元组合成联结大脑理性中心和感性中心的通路。信息在它们之间传递就像汽车在每条街道穿梭一样。当你应用情商的时候，通信量顺利地双向流动。通信量的增加强化了大脑理性中心和感性中心之间的联系。一个人的情商很大程度上受他保持这条通路顺畅能力的影响，对自己的情感思考得越多，这条通路就会变得越发达。有人努力建设一条两车道的乡村小道，而其他人已经建立起了五车道的特级大道。大量的通信流是高情商的基础，当任何一个方向都只有太少的通信流时，导致的结果只能是行为效率非常低。

　　在体验持续的情感交流时，我们能够从视觉上和听觉上获得外部事件的有关信息，信息被记录和提示到大脑的前皮层，以及边缘系统和脑厌质额叶前部的扁桃核，扁桃核的回应非常快捷。我们之所以离不开它，是因为它能在瞬间提示我们是否做出攻击或逃避的回应，它们对我们的生存是至关重要的，当我们在夜深人静被突然爆发的噪音吵醒时，我们产生的第一反应，就是由脑厌质额叶前部的扁桃核提示的回应，它能提高我们的感觉意识。

边缘系统发出的回应比脑厌质额叶前部的扁桃核快得多，它通过内脏、血液循环、肌肉、心脏和肺的变化，再通过神经元系统，源源不断地传递信息。情感的原始材料使我们能够把自己与我们的体验连接起来，并赋予它们价值判断：好的、坏的、无关紧要的、令人恐惧的、令人高兴的，抑或值得同情的，等等。

在特定的情况下，当我们受到刺激时，会根据自己作出的这些价值判断采取行动（或者在某些情况下，忽视或拒绝它们）。如果情感太贫乏，我们就会失去持久力，失去对事物的利弊进行评价的能力；反之，如果情感太丰富，我们则很容易失去准确的判断和自我控制的意识。

情商的能力模式

在上一节中我们了解了情商的物质通道，这一节我们来了解一下情商的能力模式。

情商的能力模式，具体来讲包含了四项能力：判断自己和他人的感情；运用感情推动思维；理解感情产生的原因；将感情融入决策之中，做出生活中的最佳选择。情商的能力模式，我们称为感情蓝图。

感情蓝图最早出现在1990年的《情商研究科学文献》中，作者是彼得·萨洛维和约翰·D. 梅尔。那时，感情的重要性与普通人对感情的了解之间存在着巨大的鸿沟，也正是这一鸿沟激励了彼得和约翰的研究。其实更重要的原因是，情商背后包含了十分重要的信息，那就是感情会使我们更加聪明。感情非但没有阻碍理性思维，反而有利于理性思维的形成。自从那时起，人们对这些观点进行了进一步的探索，并且将其发展成为复杂但很容易掌握的一系列技巧。我们把这些技巧叫作情商的能力模式，这种模式为我们学习并有效地掌握感情提供了框架。

表 1-1　情商能力模式表

步骤	目标	行动
判断感情	获取完整准确的信息	仔细聆听，提出问题，确保准确地了解整个团队的感受
运用感情	让感情指导你的思维	确定这些感觉是如何影响你以及整个团队的思维的
理解感情	评估可能出现的感情场景	考虑产生这些感觉的原因以及下一步有可能发生的事情
控制感情	确定隐含的根本原因，采取行动解决问题	将合理的信息与感情信息集合以便做出最佳决定

在这一模式中，情商被视为相互联系的四项能力，即：

1. 解读自己和他人——判断感情：判断自己及周围人感情的能力和表达这些感情的能力。

2. 进入情境——运用感情：帮助你确定何种感情对你有益以及如何才能使感情与思维相和谐的特殊能力。运用感情的能力可以改变你的观点，使你用各种不同的方法来审视这个世界，并且感受他人的感觉。

3. 预测感情的发展——理解感情：感情有其特有的语言和逻辑。掌握了理解感情的能力意味着你能够确定自己产生某种感情的原因以及将要发生的事情。

4. 随心而动——控制感情：感情可以传递重要的信息，因此，对感情持开放态度，利用感情传递的信息作出正确的决策是至关重要的。

这四项能力中的任何一项，都可以独立于其他能力之外而单独定义、研究、衡量、发展和运用。但是，这四项能力也可以共同发挥作用。这个四步模式为我们更有效地打理生活提供了蓝图。在发掘掌握这些感情技巧来了解自己和他人的同时，我们会发现这一模式几乎适用于生活中的各个领域。

对经理人来讲，最困难的任务之一就是使自己的团队紧密团结在一起，充分运用"团队情商"并为共同的目标而努力奋斗。团队情商源于"群体智力",是由耶鲁大学的斯腾伯格提出的,这其中的群体智力是指群体的情绪智力。

当团队正在经历某种变化的时候,这项任务就显得尤为复杂和棘手。感情蓝图可以帮助我们更好地了解如何管理正在发生变化的团队。

将情商意识根植于大脑中

对于情商,我们有了大概的了解。既然情商已被更多人提上日程,我们有必要对情商进行全方位的了解,以便通过自身的努力达成美好的愿景。我们必须认识到,情商是我们必不可少的能力。

人类智能研究的最新成果表明,最精确、最惊人的成就评量标准是情商,情商高的人在人生各个领域都占尽优势,从某种角度来讲,情商就是决定一个人命运的能力。所以,在这个风险与危机、机遇与挑战并存的社会中,没有高素质的"情商",将很难处理一些难以预料的问题。

一个人要想成就自己,除了要具有高智商外,以下的几种"情商"意识的运用也是必不可少的。

1. 竞争、合作意识

个人若没有强烈的竞争意识(或者说生存意识)则难以在这个竞争激烈的社会站稳脚跟。不过,如果一味地强调竞争,也有可能走向反面。尤其是将要踏入社会竞争的青年,更应该认识到,合作是第一位的,竞争的目的只是为了更好地合作。

2. 个人形象意识

个人的外在形象,内在气质的修养,对于个人的成功也是举足轻重的。并且,员工的个人形象在很大程度上代表了企业的整体形象,塑造良好的企业形象的最基本也最有效的方法就是开展全员公关,要求每一个员工为塑造良好的企业形象努力。

3. 角色转换意识，快速融入企业环境

多数企业的人力资源部门人员都认为，角色转换慢是影响人们顺利就业的重要因素。现在的企业可说是"一个萝卜一个坑"，企业招聘员工进来，就是需要他迅速适应工作环境，进入良好的工作状态，为企业创造效益。若等个一年半载才进入状态，恐怕再"耐心"的企业也会对他没兴趣了。所以，迅速转变自己的角色，适应自己的岗位，将决定你的职业能否赢在开始，这和一个人的适应能力相关。

4. 爱自己的工作，有敬业精神

诚然，当今的社会是个人才流动频繁的社会，我们再也不可能像父辈那样，一辈子只从事一种职业。但是，不管工作岗位怎么换，敬业精神总归是要有的。干一行爱一行，永远都是一句忠言。没有热情永远不可能成功，后面我们将会举出许多成功的例子，从中可以发现许多学习的地方。

5. 有不断学习的意识，要常常吐故纳新

现代社会瞬息万变，一日千里，未来的知识经济时代将更是如此。相应地，企业也会要求员工有广阔的胸襟、开阔的视野，以开放的心态面对外来事物。

在逆境与危机中，情商的力量更不能忽视。情商高的人永远不会被危机打倒。一家制造公司的老板突然被告知，他们公司在每一笔银行贷款上都有错误，还说他们无法偿还贷款，也无法为员工支付工资。很快，包括公司5名顶级销售员的团队都跳槽了，给公司造成了巨大的损失。更麻烦的是，他年迈的父母还在用他的银行支票，他不得不坐在年迈的父亲身边，听银行的人仔细解释他的公司财务状况怎么会在将来的36个小时内完全垮台。当他回家告诉妻子，希望一起在几个小时内，也就是在自己建立起来的事业被破坏掉之前想出解决的办法来，妻子说："那是你的问题。"然后她离开了，结束了他们的婚姻。困难接踵而至，超出了他的控制能力，而且肯定会影响到他生活的各个方面。然而，他那积极向上的品格扛住了这些飞来横祸的袭击。他打电话向私人朋友借款，并把团队成员集合起来，

制订出"逃生策略",让他们能够还清债务、重建公司。多亏了这一"策略",他的公司目前正在赚取空前的利润。

勇敢地面对危机,奋力走出危机,就会看到前面一片光明,然而,人在危机之中往往很容易后悔,容易放弃。

改变命运从提升情商开始

以下方法能使你改变自己固有的思维方式,转而向前看,只要这样做了,你的情商也在不知不觉中得到提高:

1. 调高自己的人生目标

中国有句谚语:"立大志者成中志,立中志者成小志,立小志者不成志。"许多人惊奇地发现,他们之所以达不到自己孜孜以求的目标,是因为他们的主要目标太小、而且太模糊,使自己失去动力。如果你的主要目标不能激励你的想象力,目标的实现就会遥遥无期,因此,真正能激励你奋发向上的是:确立一个既宏伟又具体的远大目标。跳起来摘苹果。

2. 离开舒适区

鲁迅讲过:"生命容易被安逸的生活所累。"我们要不断寻求挑战,激励自己,提防自己,不要躺倒在舒适区。舒适区只应是避风港而非安乐窝。它只是你迎接下次挑战之前刻意放松自己和恢复元气的地方。

3. 把握好情绪

"冲动是魔鬼",人生长恨水长东,不高兴的时候总会有的,做好心理准备。人开心的时候,体内就会发生奇妙的变化,从而获得新的动力和力量。但是,不要总想在自身之外寻开心。令你开心的事不在别处,就在你身上,学会发现快乐,尤其是在不如意的时候。因此,你要寻出自身的情绪高涨期用来不断激励自己。

4. 加强排练

俗话说得好，"有备无患""人无远虑，必有近忧"，对于危机，一定要做好准备，先"排演"一场比你要面对局面更复杂的战斗。如果手上有棘手活而自己又犹豫不决，不妨挑件更难的事先做。生活挑战你的事情，你定可以用来挑战自己。这样，你就可以自己开辟一条成功之路。成功的真谛是：对自己越苛刻，生活对你越宽容；对自己越宽容，生活对你越苛刻。

5. 走向危机

要坚信自己可以"在烈火中永生"，危机能激发我们竭尽全力。无视这种现象，我们往往会愚蠢地创造一种追求舒适的生活，努力设计各种越来越轻松的生活方式，使自己生活得风平浪静。当然，我们不必坐等危机或悲剧的到来，从内心挑战自我是我们生命的源泉。

6. 迎接恐惧

我们不是超人，一定有许多恐惧的东西，但是，世上最秘而不宣的体验，是战胜恐惧后迎来的是某种安全有益的东西。哪怕克服的是小小的恐惧，也会增强你对创造自己生活能力的信心。如果一味想避开恐惧，恐惧会像疯狗一样对你穷追不舍。此时，最有效的方法，莫过于双眼一闭假装它们不存在。

现场直击：高校学生自杀事件

近年来，我国高校学生自杀事件频频发生。导致这一现象的原因有很多，包括家庭因素、社会因素、学校因素、个人因素等。而究其根源，还是个人因素。我们先来看几个典型事件：

2015年3月29日早晨五点半左右，衡水市第二中学高三学生许某从学校六楼跳下，经抢救无效死亡。

2015年5月2日下午3点左右，北京人民大学的一名大二学生从宿舍楼品园 2 号楼跳楼自杀身亡。2015 年中国人民大学已经连续（4 月、5 月）发生两起大学生跳楼事件。

2015 年 12 月 17 号凌晨 3 点 20 分左右，北京邮电大学一名本科男生孙某在宿舍第 10 公寓的 15 层顶层跳楼而亡。据消息死者之前被延期毕业是因为论文问题，放弃了已经找好的在中国银行的工作。学校称其有抑郁症倾向。

2015 年 12 月 30 日晚，暨南大学珠海校区一名大一男生小冉（化名）从学校教学楼五楼跳楼，当场死亡。生前他在微博留下遗言：当日 19：58 发了句"一张照片再见 2015"的微博，并配了张教学楼楼顶俯瞰楼底的照片，20：29，再发了一条"对不起，再见"的长微博，文中称："我做出这样的选择，是因为我的抑郁症。在我确诊了之后，我没有接受进一步的治疗，心理医生没有办法让我信服""当你们看到这封信的时候，我人可能已经不在这个世界上了，倘若我没有立刻成功，也请不要救我，我已经没有活下去的意志和打算""死这个念头，很早前就开始有了"。据同学们说，小冉平时很开朗，也参加很多社团，有很多朋友。但他所谓的阳光是给别人看的，他在人前人后是两个不同的人，这种抑郁症有多重性格，在乎别人的看法，对自己要求很高，很容易走向极端。

……

针对我国高校学生自杀事件，曾有人做过统计，仅 2011 年一年，全国高校就有 57 名大学生自杀身亡。多么触目惊心的数字啊！警钟已经拉响，我们必须要直面一些不愿看到的问题。这些国家培养的学子，他们的智商不容怀疑，知识不能否认，为什么会用这样令人惋惜的举动草率结束自己的生命呢？

问题出现之后，大家都开始思索大学生这一高智商人群的心理问题，出现问题的原因何在？人们发现了"情绪"这个因素的巨大影响力。

当高智商的学子在情绪上不能自控的时候，往往会产生许多心理问题，对自身和整个社会产生可怕的后果。然而，作为非正常死亡的自杀，它并非肉体生命发展的自然结局，而是人的自由意志的断然抉择。法国著名社会学家迪尔凯姆在其名著《自杀论》中给自杀下的定义是:"凡由受害者本人积极的或消极的行为,直接或间接引起的受害者本人也知道必然会产生这种后果的死亡。"

根据这个定义,迪尔凯姆把自杀划分为四种类型:第一,利己主义自杀。即在极端个人主义支配下,个体脱离社会、远离集体,空虚孤独,丧失社会目标而自杀。第二,利他主义自杀。这往往是个人利益服从于某种集体利益所促成,如老人或病人为了不给亲属增加负担而自杀。第三,反常自杀。它主要发生在社会大变动时期或经济危机时期,个人丧失对社会发展的适应能力,新旧价值观念的冲突无法解决,或因社会变动而造成个人沉沦。第四,宿命论自杀。这是集体强加于个人的过多规定与束缚造成的,个人感到前途黯淡,压抑过大,因此选择自杀来结束自己的生命。按照这些类型对当前青少年自杀现象归类便会发现,它们大部分属于第一种和第四种,此二者中又以宿命论自杀为最多。

《中国青年》杂志曾刊登了一封令人思索的遗书:"那天我看电视,见采访一个放牛娃。放牛娃说,他的理想是放好牛,然后卖牛挣钱盖房子,盖了房子娶媳妇,娶了媳妇生孩子,生了孩子再让他放牛。事后,我想到了自己——我为什么读书?考大学。考上大学又为什么?找一份好工作。有了好工作呢?找个好媳妇。然后呢?生孩子,让他考大学、找工作、娶媳妇……"最后,他得出结论:"这样的生活没意义,这样的生命没价值。"于是,一位连续3年是校级三好学生、班长的优秀少年服毒自杀了。少年的自杀说明他有思想,有独立的思考问题的能力,可是这样一位有思想的高智商的少年,却考虑不到人生并不是这样一个单维度直线,人生的意义就是在于过程,终极的意义就是死亡了。天才的脑袋想不明白最简单的道理。高智商的大学生的情商可能比人们想象的还要低。据报载,某大学生少年班的"天才"在情绪调节、心理发育上存在种种隐患,表现为孤僻、闭锁、交往障碍和智能减弱。某大学生心理咨询中心的数据表明近几年该校休学的学生中,34.3%是由于心理疾病。

青春期是一个人的黄金时代,因为这是一个人走向成人的一个过渡时期。在这个时期,其学习和发展任务是非常重要的。但是,这一特殊时期由于面临着生理、心理的急剧变化以及学业上的巨大压力,这些都容易造成心理失衡和复杂的心理矛盾,甚至悲观厌世、无视生命的价值,选择自杀。据相关调查报告显示,我国高校学生中有各种心理问题的达到15%-20%,其中以亲子矛盾、伙伴关系紧张、厌学和学习困难、考试焦虑等居多。这些问题的发生大多与学生的自我控制能力有关,多是源于其心中时常涌出的各种非理性情绪。

事实上,对于一个人是否成才,必须要考虑更多的因素,一些非智力的因素一定要考虑进来。高智商与成才之间的必然关系已经崩溃,尤其在这个瞬息万变的信息社会里。知识的重要性固然不可否认,但是,信仰与精神的力量尤其不可忽视。人才的概念不可专注于智商,正是由于高智商人群的问题令人惊异,当"情商"这一概念出现之后,立刻令人振奋。心理学、成功学、管理学、教育学,都在讲这一概念。我们在这里要讲到的、涉及的领域非常广泛,力求全面看看"情商"这一概念的应用。探讨的核心问题就是怎样成就辉煌的人生,怎样使人生有意义。

如果要问,到底什么样的人生才算是成功的人生?简单地说,成功人生的意义就是成为最好的你自己。现在更多的大学生需要知道的不是如何从优秀到卓越,而是如何从迷茫到积极、从失败到成功、从自卑到自信、从惆怅到快乐、从恐惧到乐观。因为现在,大多数都是渴望自信却又总是自怨自艾,渴望快乐但又不知快乐为何物的学生。有的大学生迷失方向、缺乏自信、性格封闭,过于迫切地希望知道如何才能获得成功、自信和快乐。成功、自信、快乐是一个良性循环:从成功里可以得到自信和快乐,从自信里可以得到快乐和成功,从快乐里可以得到成功和自信。

在我国,大众衡量个人是否"成功"采用的多是一元化的标准:在学校看成绩,进入社会看名利。人们对财富的追求首当其冲,各行各业,对一个人的成功的评价,更多地以个人财富为指标。但是,成功不是要和别人相比,而是要了解自己,发掘自己的目标和兴趣,努力不懈地追求进步,让自己的每一天都比昨天更好。"人生只有一次，我认为最重要的就是要有最大的影响力，能够帮助自己、帮助家庭、帮助国家、帮助世界、帮助后人，能够让他们的日子过得更好、更有效率，能够为他们带来幸福和快乐。"从大学二年级起，李开复就把"影响力"当作自己的人生目标。当初放弃在美国的工作，只身来到中国创立微软中国研究院，就是因为觉得后一项工作有更大的影响力，和他的人生目标更加吻合。

无论是为了真情，为了影响力，还是为了快乐、家人、道德、欲望、求知……一旦确定了人生目标，你就可以在人生目标的指引下，果断地作出人生中的重大决定。每个人的人生目标都是独特的。最重要的是，你要主动把握自己的人生目标。但你千万不能操之过急，更不要为了追求所谓的"崇高"，或为了模仿他人而随便确定自己的目标。

尝试新的领域、发掘你的兴趣。首先，要把兴趣和才华分开，做自己有才华的事容易出成果，但不要因为自己做得好就认为那是你的兴趣所在。其次，充分发挥中国人的传统美德——勤奋、向上和毅力，努力完成目标。在制定具体目标时必须了解自己的能力，"知人者智，自知者名"。

目标设定过高固然不切实际，但目标也不可定得太低。任何目标都必须是实际的、可衡量的目标。有幸生之为人，人生就是你自己的，目标也是属于你的，只有你知道自己最需要什么。制定最合适的目标，主动提升自己，并在提升过程中客观地衡量进度，这样才不至于令自己陷入迷途，才能获得事业的成功，才能成为更好的自己。

Part2 情商比智商更重要

一个人的成才，正常的智商是必备条件。但，智商正常甚至超常的人不一定就能做出惊天伟业。在建功立业过程中，智商重要，情商更重要。现实生活中，大多数人都是智商正常的人，如何能从普通大众中脱颖而出，成就一番事业，关键在于情商。

智商与情商的异同

以前人们在谈到智力时，指的几乎都是"生理"智力或者智商，并且出现了一大堆用来描述智力各种发展水平的术语，例如"聪明的""有头脑的""爱因斯坦式的""愚笨的"，或者说"没有脑子的"，等等。

情商从20世纪90年代初兴起一直到现在，只不过是十几年才形成的一个词语。对于情商同样有各种口语表述，如"脾气暴躁""行动起来就毫无头绪"等。

情商具有无限的魔力。成功需要高智商，但也需要高情商。智商高可以让人们看清楚这个世界，知道自己在做什么；情商高可以让人们知道如何面对这个世界，如何面对周围的人。纵观当今世界，无论是商界奇才，还是政界精英，他们的成功无一不是因具有高情商才能做到的。

简单来讲，智商和情商的区别主要在于：

1. 生理的还是心理的

智商是与生俱来的，属于大脑的固有结构，因而是生理范畴；情商是一种精神状态，属于意识与心理范畴。

2. 先天的还是后天的

智商是天生的，是有遗传因素的，我们只能通过后天的勤劳来补"拙"；情商是后天的，与生活环境有关，可以通过精心的训练来提高。因此，智商在一生中变化是很少的，从小差不多就定了。情商最基本的技能是从父母那里学到的，它会随着人的自然成长而提高，情商是可以学习的。最新脑科学研究证明，大脑中管情感的区域，到20多岁才成熟，这就给年轻人提供了进一步发展自己情商的机会。人可以通过努力，在自我意识、自我控制、对他人的理解等方面做得更好，所以美国很多学校现在开了这方面的课程。

3. 必然的还是偶然的

智商常常被人认为是人生的必然，我们不能改变多少，不是我们自己可以控制得了的；情商好像偶然性比较大，我们可以通过改变自己的行为举止，来达到自己的目的。首先要认清自己，看看自己在情感智力的哪个方面比较薄弱，比如你是不是容易被激怒？是不是做事不果断？是不是不敢站出来争取机会，然后要不断练习？开始时，可能会觉得很不自然、不舒服，觉得好像不是你。就像打保龄球一样，你需要不断地练习。

4. 重要的还是次要的

这是一个流动变化的观点，在情商还没有问世的时候，智商一统天下，现在，在重重精神危机与压力下，情商的重大作用压倒了智商的调子，成为人才的衡量标准，只有了解了两者的不同，才能充分利用两者的各自优势，在我们的生活工作中游刃有余，处乱不惊。生活中好多非常聪明的、天才的专家，但他们都没有成功，因为他们没法让人接受自己的想法，那需要另一套才能，这就是情感智力。如果你在研究发展部门工作，IQ是重要的。

但你的好想法、好点子要进入市场，就不能靠你一个人，你得组织班子，说服别人，把它推向市场，这就与情商密切相关了。

如果想把两者量化，智商已经有完善的量化标准，但是，对于情商，戈尔曼讲，情商是很难直接测量的，首先它是人的自我意识。很多人都是没有自知之明的。另外，我们人人都想给他人一个好印象，就会装出一些东西来，因此测量起来就比较困难。行之有效的方法是"行为事件访谈"，用特殊的方法让受访者讲故事，一次 4 小时左右。然后由一些专家做编码，进行量化，看你有多少情商的胜任特征。

智力商数是指衡量智力测验者的成绩标准。一般意义上，人们往往将智商高低与其接受学历教育程度和职业技能水平相联系，如文凭、职业资格证书等。其实不然，智商高的人除了要有广泛的专业技能，一定是业务过硬、能力强、本事大的人。

这一点毋庸置疑。

情感如何驱使行动

情感是人类生命的中心，我们的生命不只包括亲友和周围的人，还有每天与我们互动的许多人。情感随时驱使我们的行动并深深地影响着我们，在绝大多数时间里，情感处于我们的意识控制之外，能够使我们失控。但是，我们不应该成为情感的奴隶，我们应该对其留心、深思，并有意识地加以控制、调整情感，把情感与既定目标联系在一起，促使我们更有成效地行动。

先看看下面几个故事：

冷酷的老板

她是一个直率的、古板的和坚决的人。她喜欢按自己的方式行事。她经常冷漠无情地践踏他人的情感。最初，她只是一个普通律师，但是通过大权独揽的精明作风，经过艰苦拼搏，终于达到了事业的顶峰。在处理复杂的法律问题时，她能够直接抓住问题的核心，立刻对事态作出概括和总结。

无论是在法庭上，在会议室里，还是在接待顾客时，她都会通过紧紧抓住事实以及对案例作出强有力辩驳的能力，来主宰整个讨论过程。她雄辩的口才，汇集整理事实并作出分析和推理的能力，得到大家的公认。然而，她几乎没有同盟者，倒是树了不少敌人。她的员工几乎没有谁能与她保持亲密的关系，也没有人敢和她争辩，更不用说顶嘴了。在她的身后留下的是长长的一串破裂的人际关系记录，她生活在孤独的阴影中。

她是一个拥有语言智力但是缺乏人际交往（关系管理）技能的典型。

生活乏味的财务总监

他在一家公司已工作了很多年，对公司财务的方方面面——从公司季度利润数字到办公费用成本——都拥有丰富的知识。只要他随意地浏览一下报表，就能够对公司现金流动做出预测和分析，或者发现错误的统计数字。在会议上，他总是像"报出身体重量的计重器"那样，用机械单调的语调说话。

他极端厌恶风险和冒险行为。他从来都不会对公司的前景感到兴奋。他生活在自己的工作中，对工作以外的事情没有任何兴趣。只有在极少数的情况下，他才会罕见地谈到他的个人生活。他给人留下的印象是：他是一个只知道工作、沉闷无趣的人。

他是一个拥有逻辑智力但是缺乏个人内心智力（自我意识）的典型。

办公室里的"活跃分子"

他是社交活动中的生命力和灵魂。他充满情趣，很受人们的欢迎，大多数人认为他绝对是一个魅力四射的人。他在顾客关系部工作，他与公司所有重要的顾客都保持着良好的友谊关系。事实上，他们中的许多人，当被通知参加会议的时候，都会点名要求他也参加。因此他经常匆忙地穿梭于商业午餐、集体酒会和正式的晚宴中。他有一肚子关于其他员工和公司的奇闻逸事。他最喜欢的事情莫过于下班以后，在酒吧里有一大群人围着他，他们全神贯注地听他侃大山，唯恐漏掉一个字。

他很少在一个工作岗位呆上较长一段时间，尽管他很受同事的欢迎，但他却是一个拙劣的决策者。就在上一次，他谈判的一笔商业交易，使他的公司损失惨重，全部的原因就在于，他不具备对他喜欢的顾客说"不"的硬心肠。他极少停下来对自己正在处理的事情进行思考，不会为了解决某个问题而集思广益。他总是关起门来，按照自己的思路分析数字，整理自己的想法，然后作出决定。

上述三个故事的主人公并非特例，此类人广泛存在，他们就属于拥有人际交往智力但是缺乏远见、不懂得运用力量明智地控制、调整自己的情绪（自我管理、社会意识）的典型。

无论作为个体还是一个物种，情感对我们的生存都起决定性作用。事实上，情感并不是人类特有的。一个物种的存在主要取决于一些行为，包括应对突发事件、探索环境、躲避危险、与其他成员保持联系、自我保护、繁殖、防卫、给予或接受照料。

如表 2-1 所示，数百万年前，情感在人类进化中与人类行为紧密地联系在了一起，使我们的生存免受威胁。

表 2-1 情感对于我们生存行为的价值

情感	行为
恐惧	危险！快跑！
气愤	和他拼了！
悲伤	我受伤了，快来救我！
厌恶	不要吃！那是毒药！
兴趣	让我们四处看看，探索一下。

（续表）

情感	行为
惊讶	小心！注意！
接受	为了安全起见，不要离开队伍。
快乐	让我们合作；让我们重复我们的行为

我们对表 2-1 进行了修改来说明情感激励行为的方式（表 2-2），尽管这些行为不涉及生存价值，但与日常工作是休戚相关的。

表 2-2 情感激励我们行为的方式

情感	行为
恐惧	现在采取行动以避免消极的后果
气愤	反对错误与不公平
悲伤	寻求他人的帮助和支持
厌恶	表明你不接受某些事情
兴趣	激励他人进行探索和学习
惊讶	把人们的注意力转移到重要的并且出乎意料的事情上
接受	我很喜欢你，你是我们中的一员
快乐	让我们重复（该种行为）

智力的八种类型

智力也叫智能，是人们认识客观事物并解决实际问题的能力。智力包括多个方面，也有不同的类型。智力的高低通常用智力商数来表示，是用以标示智力发展水平。特别需要指出的是智力和智慧不可等同，两者有一定的差别。

认知能力与情感智力是两种不同的能力，是大脑不同部分活动的表现。智力完全扎根于位于大脑顶部且进化较晚的新皮层活动，而情绪中枢则位于大脑较深的部位，在更原始的下皮层。情感智力与这些情绪中枢的活动有关，并与智力活动相协调。

《牛津大词典》对智力的定义是"领悟力、理解力"，而且特别把"领悟力、理解力"定义为"与感情截然不同的推理、意会和思维的能力"。有鉴于此，我们对智力有了一个狭义的定义：能够运用智商测试，用理论考试对结果进行衡量的能力种类。在相当长的时间里，在上个世纪的前叶，这就是大多数心理学家所致力研究的智力形式。

到20世纪80年代，霍华德·加德纳发表了多重智力理论，他的这项突破性研究拓宽了这一课题的疆域。他认为，生活中的成功不仅仅取决于智商，还必须依赖其他多种不同的智力类型，它们大概可以包括：

1. **语言智力**

即运用和领会语言的能力。在这一领域里显示出卓越才华的人，包括作家、演说家、学者和优秀的听众。

2. **逻辑推理智力**

解决逻辑推理问题和数学问题的能力。在这一领域里产生出来的卓越代表是数学家、哲学家、统计学家、会计师、逻辑学家和科学家。

3. **空间智力**

在视觉和空间形式和模式中工作的能力。这一领域的优秀代表是飞行员、工程师、画家、雕刻家以及航海家；还可以包括那些"解读"水晶球的占星术、看相算命以及看风水的人。

4. **音乐智力**

包括适当的音乐方面的能力。这一领域里的优秀代表包括作曲家、乐器演奏者、乐队指挥和歌唱演员等。

5. **动感智力**

机敏灵活地运用个人身体的能力。这一领域里的优秀代表包括运动员、演员、舞蹈家、外科医生和艺术家。

6. **自然观察智力**

观察、辨别、接触或关注植物和动物，了解动植物群的生命周期或人造物的生产规律的能力。优秀代表有农民、植物学家、猎人、生态学家和园艺设计家。

7. 人际技能

通过理解他人的内在想法和感觉,对他人的意图和情绪做出适当回应,而能够与人友好相处的能力。传统上说,这种技能对销售人员、教师、心理医生、行政管理人员和公司经理一直是一种非常重要的东西。

8. 个人内心技能

监视个人自己的细微思维、感觉、意识和情绪,并通过这些东西的引导作出正确决策的能力。它包括获得与个人渴望、梦想、希望和价值观相关的能力。神学家、心理学家和哲学家是具备这种技能的人的代表。

在以上八种智力类型中,前六种可界定为认知能力,后两种可界定为情感智力。个人具备这些智力类型的程度存在着千差万别,现实生活中,人们在某一种智力类型上表现出"天才",而在另一种智力类型上却表现得像"白痴"的例子比比皆是。例如,在电影中,我们经常可以看到类似的例子:伟大的钢琴演奏家具有突然勃然大怒的倾向(有音乐智力而缺乏个人内心智力);世界体育冠军口齿不清(有动感智力而缺乏语言智力);大学教授跳舞的动作笨拙得像大象(具备教授学科的高智力而缺乏动感智力)。而在商业环境中,这种类似漫画的情境更是多得不胜枚举。

由此可见,每一个成功的取得不仅仅取决于智商,还必须依赖其他多种不同的智力。如果你想成为一个有成就的人,就必须了解智力类型,准确认知自我,刻意塑造自我,让自己朝着更好的方向发展。

情感智力是指什么

一些心理学家只要提到情商,就会想到情感智力。那么,情感智力到底指的是什么呢?简言之,情感智力就是一种以情商为基础、通过练习而形成的能力。

情感智力要求一个人必须诱发或压抑情绪，以维持使他人产生适当心理状态的外观。情感智力是一种光荣的技巧，要想工作业绩优异、生活幸福，情感智力必不可少。

情感智力是这样一种能力，它通过对我们自己及他人的情感的理解来影响我们的决定，从而使我们能够采取更富有成效的行动。例如，对顾客热情周到的服务就是建立在移情基础上的一种能力；同样，可靠、受人信任也是以自我约束、克制冲动、控制情绪等为基础的一种情感能力。为顾客服务、赢得顾客信任都是使人工作能有出色表现的能力。研究表明，事业成功与否，在很大程度上取决于我们如何最娴熟地运用这些技能。拥有良好的情感智力的人之所以能够达到事业的顶峰，是因为他们充满自信，深谙自我激励的奥妙，不会受到失去控制的情感的支配。他们也许会因为挫折而失望，但是他们能够迅速地发现它的危害性并战胜它。然而，仅仅能够掌控自己的内心世界还远远不够。一个拥有良好的情感智力的人，还必须能非常机敏地向外部世界表达他们自己的感情。他们对他人的移情作用，使得他们能够在工作中理解他人，从而影响他人。

情商的高低决定了人们学习具体技能的潜力大小，但仅是高情商并不能保证人们就能学会对工作来讲关系重大的情感能力。高情商仅意味着人们具备了学习情感能力的巨大潜力。例如，一个人或许非常善于设身处地地替人着想，但并不一定就掌握好了建立在移情上的情感能力，而只有这些能力才可能把移情转化为一流的工作能力——或一流的飞行指导，或能将一个意见分歧的工作小组凝聚起来。这跟音乐表中情感能力框架相似，一个人有完美的嗓音，但他还需要学习唱歌技巧，才能成为一个优秀的歌唱家；如果不学习唱法技巧，他就不可能从事歌唱的生涯，即使他具有帕瓦罗蒂的天赋，也决不可能扬名歌坛。

因此，情感智力指的是一个人认识自己以及他人的情感，并在这些情感信息的基础上，作出卓有成效的决策的能力。

表 2-3　四种情商技巧

自我意识技巧	自我管理技巧
社会意识技巧	关系管理技巧

这四个技巧一起构成了情商。上面的两个技巧——自我意识技巧和自我管理技巧是更多关于自己的；下面的两个技巧——社会意识技巧和关系管理技巧，是更多关于如何与其他人相处的。

这四个情商技巧倾向于两两相配形成两个主要的情商能力：个人能力和社会能力。个人能力是应用自我意识技巧和自我管理技巧的结果，是个体意识到自己的情绪和管理自己的行为与脾性的能力。社会能力则是应用社会意识技巧和关系管理技巧的结果，是个体理解其他人的行为与动机和管理社会关系的能力。这些通过两两相配形成的个人能力和社会能力的技巧一起出现的频率非常高，以至于它们不能在统计分析中独立显示出来，并且单一技能不足以获得期望的结果。

表 2-4　情商能力与情商技巧对应表

自我意识	自我管理	→	个人能力
社会意识	关系管理	→	社会能力

体现个人能力的自我意识技巧和自我管理技巧更多地集中在个人而不是个人与其他人之间的相互影响。自我意识技巧是指个体能时刻确定地感知自己的情绪，并根据情境控制自己的情绪，包括保持对特定事件、特定挑战甚至特定人员的特有反应。对自己的发展趋势有一个清晰的理解是非常重要的，这种理解能帮助个体迅速弄清楚情绪所代表的真实含义。高水平的自我意识技巧需要主动忍受直接聚焦于负面情绪所带来的不适；当然，专注和理解自己的积极情绪同样必不可少。

真实地理解自己情绪的唯一途径是花足够的时间来思考这些情绪来自哪里和为什么会产生。情绪总是服务于某种目的，因为它们是个体生活体验中的反应，情绪总是来自某个地方。许多时候情绪看起来好像是无缘无故发生的，但重要的是理解为什么现在的环境会如此重要，从而在自己的身体里产生某种情绪反应。这么做的人常常会非常迅速地贴近情感的核心。

自我管理技巧依赖于个体的自我意识技巧，是个人能力的第二个主要组成部分。自我管理技巧是指个体应用自我意识技巧来保持情绪上的灵活状态和积极指导自己行动的能力。这意味着需要管理周围环境和他人的情绪性反应。有些情绪会产生令人瘫软的恐惧，并使思考变得非常混乱，以至于在应该采取一些行动的情况下找不到做出最佳反应的方向。在这样的环境下，自我管理技巧就通过容忍情绪显露的能力而展现；一旦理解和建立了情感上的舒适度，就能自然而然找到最佳反应的方向。

社会能力集中体现在理解他人和管理相互关系的能力上。它是应用理解他人的社会意识技巧和关系管理技巧这两种情商技巧的结果。社会意识技巧是个体准确认识其他人的情绪和理解伴随这种情绪背后真正原因的能力，这常常意味着即使个体没有相同的感受也能感知他人在想什么和如何感受。一个人领会自己的情绪感受非常容易，困难的是常常忘了站在其他人的角度来考虑问题。不管莉莉如何沮丧，她能站在老板的角度来看事情是什么样子，这显示了她的社会意识技巧。她在会谈开始就捕捉到了老板的愤怒和疑惑，直奔主题展示她所知道的将会使他感兴趣的东西：她已经搜集好的资料和分析结果。她的社会意识技巧打开了她与老板之间的成功会面之门。

关系管理技巧是应用前面三种情商技巧——自我意识、自我管理和社会意识——的产物，这是一种使用对自己和他人情绪的意识来成功管理双方关系的能力，这种能力确保了真诚的沟通和有效的冲突掌控。在莉莉与老板的会面中，老板对她的要求产生了愤怒和疑惑，而她则对老板的愤怒和疑惑作出了及时有效的反馈来管理他们的关系，保持事情向前发展并控制了与上级交谈时感到的不适（这种不适大多数人都会有）。随着时间的消逝，我们会发现关系管理技巧也是建立与他人联系的纽带。那些很好地管理着双方关系的人会专心致志发现这种关系的价值，即使他们并不喜欢那些人，也能够看到与这些不同人之间的联系带来的好处。牢固的关系是一种应该寻找和珍惜的财产。

在丹尼尔·戈利曼的畅销书《情感智力》和《情感智力的运用》中，"情感智力"是频繁使用的一个词。在此之前，心理学家们就一直在研究"交往智力"的问题，并在20世纪初就得出了结论。稍后一些，霍华德·加德纳的研究表明，在人的智力中，除了语言和数学智慧外，还有动感智力、空间智力和音乐智力、人际和个人内心的技能。个人内心技能指的是对自己的思维和感情的内在世界拥有良好的理解，内在思维世界和内在感情世界都与情感智力紧密相联。

在过去的十多年里，心理学研究在情感智力领域获得了巨大进展。迄今为止，这方面的研究大多集中在教育（以情感智力教育帮助儿童学习）、个性（把情感智力与其他智力类型区分开来）以及商业（高业绩经理和团队的特征）等领域里。本节里，我们了解了情感智力，将在下一节进一步了解情感智力的重要性。

情商技巧的强大力量

高情商人士之所以能够取得成功，就是因为他们都能很好地运用情商技巧。情商技巧加强了大脑应付情绪低迷压力的能力，使人们保持免疫系统的强壮从而防止生病。同时，情商技巧也是工作场所中一个最主要的业绩预报器，是成就领导力和个人优秀的最强有力的驱动力量。

生活中的每个困境都会在一个恰当的时机找到成熟的解决方案。当问题足够大、能够看见但仍然还没到解决的时机时，你的情绪给你提供了行动的线索。通过理解你的情绪，你能够熟练地应付你当前遇到的挑战并避免将来再度发生。你的情商技巧帮助你解决艰难的处境，并在情绪变得难以管理之前就解决掉，从而帮助你更好地管理所面临的压力。实践情商技巧越多，越容易获得生活的乐趣。

当你正好相反压制你的情绪时，它们会在你体内迅速建立起紧张、压力和焦虑等不舒服的感觉，未被解决的情绪会损害你的心灵和肉体。压力、焦虑和抑郁压制了人体的免疫系统，人们可能会患上普通感冒直至癌症等种种病症。新的医学研究表明，在情绪的长期低迷与各种各样的严重疾病（如癌症）之间有确定的联系。

情商技巧对身体的快速恢复也有一定的帮助作用。在住院治疗期间发展了情商技巧的人可以更快地得到恢复，教会那些患有生命威胁疾病的人学会情商技巧已经表明：情商技巧能够帮助减少疾病的复发次数和降低死亡率。当某个个体被诊断患有危及生命的疾病（如癌症）时，他们常常会对诊断结果产生压力和焦虑。这种疾病常常是病人从未有过的最大挑战，他常常需要新的技巧来应付伴随而来的压力和不确定性。情商技巧的显著作用在于减少压力的水平，让患者保持一个更好的食欲，发展更强大的免疫系统。

情商技巧的实践对个人职业成功有多大的影响？简短的回答是：非常非常大！这是一种强有力的方式，情商能帮助你在职业方向上集中精力，并取得职业成功。你可以通过多种方法应用你的情商技巧来改善你的工作业绩。在所有类型的工作中，情商技巧对职业成功非常关键，几乎占了60％的业绩。

看看下面这则小故事：

我要钓竿

有个老人在河边钓鱼，一个小孩走过去看他钓鱼，老人技巧纯熟，所以没多久就钓上了满篓的鱼，老人见小孩很可爱，要把整篓的鱼送给他。小孩摇摇头，老人惊异的问道："你为何不要？"小孩回答："我想要你手中的钓竿。"老人问："你要钓竿做什么？"小孩说："这篓鱼没多久就吃完了，要是我有钓竿，我就可以自己钓，一辈子也吃不完。"

你一定会说：好聪明的小孩。错了，他如果只要钓竿，那他一条鱼也吃不到。因为，他不懂钓鱼的技巧，光有鱼竿是没用的，因为钓鱼重要的不在钓竿，而在钓技。有太多人认为自己拥有了人生道路上的钓竿，就再也无惧于人生道路上的风雨，持有此种观点的人难免会令自己跌倒于泥泞中。就如小孩看老人，以为只要有钓竿就有吃不完的鱼；就如职员看老板，以为只要自己也坐在办公室，就有滚滚而来的财源一样。

当然，单位作为一个整体也从情商中受益。当一个公司中有成千上万的人提高了他们的情商技巧时，公司业务本身也会飞跃发展。情商技巧驱动领导力、团队工作和客户服务水平。如果一个公司能够围绕一个单一概念产生迅速扩大影响的活力，那么它就激起了人们能够茁壮成长的企业文化。

当人们建立起他们的情商技巧时，他们就会在完成任务方面做得更好，在与人相处的过程中做得更好，在工作的过程中得到更多的回报。这样，情商就帮助人们创造了一个多赢的环境。这便是情商技巧的强大力量。

情商赋予成功更多的坚持

有一位勇敢的自我挑战者，名叫查德威尔。她是一个成功横渡英吉利海峡的女性，但她并不满足自己已取得的成功，她决定超越自己，她想从卡塔林那岛游到加里福利亚。不久她便开始了自己的计划。

我们可以猜到，旅程是十分艰苦的，刺骨的海水冻得查德威尔嘴唇发紫；连续16小时的游泳使她的四肢像有千斤一样的沉重。最后，查德威尔感到自己快不行了，可目的地还不知有多远，连海岸都看不到。越想越没有希望，越没有希望越感到累，她感到自己一丝劲儿也用不上了，于是对陪伴她的艇上的人说道："我放弃了，快拉我上去吧。""不要这样，只有一公里就到了，坚持！""我不信，如果只有1公里，我怎么看不到海岸线，快拉我上去。"查德威尔最终被小艇上的人拉了上去。小艇飞快地向前开去，不到1分钟，加利福亚的海岸出现在眼前——因为大雾，它在半公里范围内才能被人看见。查德威尔自己也后悔莫及：为什么不相信别人的话，再坚持一下呢？

其实成功与失败的差距往往仅一步之遥，前面大部分的困难已使人筋疲力尽，这时即使一个微小的障碍也可能导致前功尽弃，只有咬紧牙关坚持一下，胜利便近在眼前。由此我又想到曾宣布自己发明了电话的雷斯，他确实做得很好，与贝尔的差别仅在于他没有将螺钉转动1/4，使间隔电流转为等幅电流。但就因为这一点，法院将电话的专利权判给了贝尔。就在胜利唾手可得的情况下，他也少坚持了那么一点点。

在我们的生活中、工作上，有多少这样的例子呢？你也许早抱怨自己不得志、生不逢时，有许多时候是因为自己的为人处世方法不对，或者因为自己的意志力不坚强。成功的因素很多，往往最小的一步最难跨出。能不能坚持，自己的毅力很重要，毅力和自己的"情商"也是有一定关系的。

1. 竞争社会里要有健康的心理状态

曾有人做过实验，将一只最凶猛的鲨鱼和一群热带鱼放在同一个池子，然后用强化玻璃隔开。最初，鲨鱼每天不断冲撞那块看不到的玻璃，奈何这只是徒劳，它始终不能过到对面去，而实验人员每天都有放一些鲫鱼在池子里，所以鲨鱼也没缺少猎物，只是它仍想到对面去，想尝试那美丽的滋味，每天仍是不断地冲撞那块玻璃，它试了每个角落，每次都是用尽全力，但每次也总是弄得伤痕累累，有好几次都浑身破裂出血，持续了好一些日子，每当玻璃一出现裂痕，实验人员马上加上一块更厚的玻璃。后来，鲨鱼不再冲撞那块玻璃了，对那些斑斓的热带鱼也不再在意，好像它们只是墙上会动的壁画，它开始等着每天固定会出现的鲫鱼，然后用它敏捷的本能进行狩猎，好像回到海中不可一世的凶狠霸气，但这一切只不过是假象罢了。

实验到了最后的阶段，实验人员将玻璃取走，但鲨鱼却没有反应，每天仍是在固定的区域游着，它不但对那些热带鱼视若无睹，甚至于当那些鲫鱼逃到那边去，它就立刻放弃追逐，说什么也不愿再过去。

实验结束了，实验人员讥笑它是海里最懦弱的鱼。可是失败过的人都知道为什么，因为它怕痛。就是世界上最强悍的动物，在经历一次一次的失败之后也会感到挫败的痛，它有放弃的充分理由。心理上的伤痛最难治疗，我们一定要保持自己最好的心理状态，无论什么样的打击下，一定要告诉自己，坚持自己的理想与目标，困难痛苦都是暂时的。生活中，人们常常会遭受失败，但是重要的是面对失败时候的心态问题。失败有原因，有的人只要一遇到困难，他们只是挑选最容易的倒退之路，心中想的是："我们不行了，还是退缩了吧。"结果自然难免陷入无边的失败的深渊。现代社会里，我们的压力都很大，我们怕失败，我们经不起太多的打击，我们心理上的伤害往往终生难忘。但是，这也阻止了我们成功，心态在我们的成功道路上，起到不可忽视的影响。我们常说：身体是革命的本钱。现在，健康的身体已经不再是唯一的要求，健康的要求不但指的是身体机能的正常运转，更重要的是心理上的健康：乐观向上，积极进取。下面我们看看两个例子：

好心态的求职者

一位高校毕业生，姓陈，从四川的一个贫困县中学考到了北京的一所名牌大学。4年寒窗后，他在毕业前夕四处投递求职信，希望留在北京工作。终于有一天，一家大公司电话通知他第二天去面试，地点设在一家大宾馆。

第二天，小陈提前30分钟到了这家大宾馆。此时宾馆前已经聚集了几十个前来面试的求职者。他们都被告知，保安没有接到公司的通知，不能随便进去。大多数求职者带着失望的心态很快就离开了宾馆。但小陈的心态却很平淡，他想：公司没有通知？这样大的公司恐怕不会开这样的玩笑吧！是不是事出有因？他思考片刻就若无其事地向宾馆的大门走去，两个保安立即拦住不让进去。

他说:"我不是来面试的,是来找你们经理的,我是他的朋友,已经打电话预约过了,不信你就打电话问问。"保安没有再说什么,很客气地让小陈进了大门。来到电梯间时,有几个跟小陈一样的应试者正在那里等候,说是电梯坏了,正在修理。小陈想,他们可能也像我一样,是"混"进来的!这下,他更坚定了信心,明白了怎么回事:这一定是招聘单位设的"路障"!意在考核求职者的恒心和应变能力。他没有加入等候的行列,转身就沿着楼梯朝15楼跑去。

当小陈气喘吁吁地走进1508房间时,该公司的几个主考官早已等候在那里了。进去之后,他进行了自我介绍。考官说:"你已经被录取了。"他感到有些突然。负责招聘的考官说:"既然你已经来到这里,说明你已经完全合格。"

看来这家公司的考题不是印在"试卷"上的,而是设在参加面试的路途上的。小陈凭着积极的心态,灵机一动战胜了其他竞争者,取得了人生道路上的一次胜利,无疑是一个吃得开的人。

再来看看下面这则故事:

失控的青年

有一个年轻人好不容易得到一份工作,被分配到一个海上油田钻井队。

在海上工作的第一天,领班要求他在限定的时间内登上几十米高的钻油台,将一个包装盒子交给最顶层的一名主管。他小心翼翼地拿着盒子,快步登上狭窄的阶梯,将盒子交给主管。

主管看也不看只是在盒子上签了个名,然后又叫他马上送回去。他只好快步地跑下阶梯,将盒子交给领班,领班同样也在盒子上面签了个名,又叫他送上去交给主管。他狐疑地看了领班一眼,但还是依照指示送上去。

第二次爬到顶层的他已经气喘如牛,主管仍旧默不出声地在盒子上签了个名，示意要他再送下去。他心中开始有些不悦，无奈地转身拿起盒子送下去。他再度将盒子交给领班，领班依旧签了名后又让他再上去一趟，此时他已经有些发火，他瞪着领班强忍住不发作，抓起盒子生气地往上爬。

到达顶层时，他已经全身湿透了。他将盒子递给主管，主管头也不抬地说："将盒子打开吧！"他撕开外面的包装纸，打开盒子，里面是一瓶香槟和两个玻璃杯。

他愤怒地抬起头，双眼喷着怒火射向主管。

主管又对他说："倒两杯香槟吧！"此时他再也忍不住满腔怒火，重重地将盒子摔到地上，然后大声地吼道："老子不干了！"

这时主管从位子上站了起来，直视着他叹了口气说："刚才你所做的一切，叫作承受极限训练，因为我们在海上作业，随时可能会遇到突发的情况和危险，就要求每一位队员必须具备极强的体力与心理承受能力，才能面对各种危险的考验。前两次你好不容易都顺利过关，只差最后一步就可以通过测试了，实在很可惜！你无法享受到自己辛苦带上来的香槟了。现在，你可以离开了！"

上面这两个例子，一个因心态健康、主动摆脱困难而获得成功；一个因心态控制不好遭到了失败。成功人士即使遇到困难也始终保持一种积极的心态，在他们的心目中，只有"我要！我能""一定有办法"等积极意念，他们就是凭着这种"有条件要上，没有条件创造条件也要上"的精神，积极地调整自己的心态，不断地鼓励自己，想尽办法，不断前进，直至成功。

2. 迷宫社会里要学会找自己的奶酪

相信大家都知道一本世界畅销的哲理书《谁动了我的奶酪》，它给我们讲述了一个富有哲理、同时简单易懂的道理："变是唯一的不变"。这一生活的真谛，或许每一个人看了之后的感受都不一样，但千万不要说这个道理我懂了，如果那样，就说明你依然惧怕改变自己。

3. 危机社会里学会在逆境中转变思想

《旧约》里记载了一篇关于约瑟夫的故事：

不向逆境低头的人

约瑟夫是一个在任何环境中都能发挥最好的人，当然，都是在逆境中。他年方17就被手足兄弟卖到了埃及，任何人处在同样的境遇下，都难免自怨自艾，并对出卖及奴役他的人愤愤不平。但约瑟夫不这么想，他专注于修养自己，不久便成了主人家的总管，掌管了所有的产业，备受倚重。依靠自己良好的心理素质战胜了厄运。可是他的聪明与智慧遭到了他人的嫉妒。不久，厄运再次降临到他的头上。在没有任何凭证的情况下，他遭到诬陷，冤枉坐牢13年，可是他依然不改其志，化怨愤为上进的动力。没有多久，整座监狱便在他的管理之下了。出狱之后，他的才能得到了更大的发挥。到最后，他掌握了整个埃及，成为法老之下、万人之上的大人物。

这样的成功者还有许多，比如下面这一案例：

逆境中抓住机遇的人

霍勒斯·格里利来到纽约时只是一名身无分文的印刷工人，后来却成为了对美国人颇具影响力的《纽约客》周刊和《纽约论坛》日报的创始人。伊莱休·伯里特，这位美国康涅狄格州人被称为"博学的铁匠"。他利用打铁的空闲开始了自学计划，终于成为了语言学家、作家和数学家。他的一篇日记往往是这样子："6月19日星期二，60行希伯莱文、30行丹麦文、10行波希米亚文、9行波兰文，15个恒星名称，10小时打铁。"迈克尔·法拉第：堪称最伟大的实验物理学家，他幼年时曾住在伦敦某个马厩里，靠卖报纸赚钱糊口。在为图书装订商当学徒期间，他从《大不列颠百科全书》里学到了电学知识，开始自己做实验室。后来，汉弗莱·戴维爵士收法拉第作为自己的助手，让他有机会接触到一些当时最伟大的科学思想，成就了这位著名的科学家。

虽然上述事例中的机遇与行为的确非一般人所能企及，可是人人都可以为自己的生命负责，为自己开创有利的环境，而不是坐等好运或厄运的降临。即使厄运真的降临了，也要保持一颗积极的心态，不能被眼前的困难吓倒。换一种思维，也许你的世界就打开了另一扇窗。因为你的情商赋予成功以更多的坚持。

智商诚可贵，情商"价"更高

运用"情商"原理透视成功的话题实在太多，例如现代成功企业家的风险意识、创新意识、统御意识等这些早已被人们归纳概括的几个秘诀无一不与"情商"有着直接的关联。现实生活中高情商的人才（智商有可能并不高）取得辉煌业绩的故事同样不胜枚举。在美国工商界，"智商使人得以录用，情商使人得以晋升"的用人准则已经深入人心，"情商"的重要性都应当超过智商。

美国有一个企业，设有专门的调查、咨询、研究机构，他们曾组织调查了188家公司，对每家公司的高级主管进行了智商与情商的测试。想了解他们的智商、情商和工作之间有什么关系。这一调查的结果令人十分惊讶，情商的影响力是智商影响力的9倍！智商差一点的人，如果拥有更高的情商指数，完全可以获得成功。再加上我们未来的社会是高速发展的社会，人们遇到的是快节奏的生活、高频率的工作负荷，再加上复杂的人际关系，再加上越来越激烈的竞争，人们普遍感到心里的压力很大，再加上天灾人祸，还有纷繁复杂的社会，只有高智商，应付起来显然力不从心，还必须有高情商才能够适应社会、应对自如，才能自我管理、自我调节。

下面讲述一个关于乐观的测试：

乐观测试

20世纪70年代中期，美国某保险公司曾雇佣了5000名推销员，并对他们进行了职业培训，每名推销员的培训费用高达3万美元。谁知雇佣后的第一年，就有一半人辞职，4年后这批人只剩下不到1/5，原因是，在推销保险的过程中，推销员要一次又一次地面对被拒之门外的窘境，许多人在遭受多次拒绝后，便失去了继续从事这项工作的耐心和勇气。那些善于将每一次拒绝都当作挑战而不是挫折的人，是否更有可能成为成功的推销员呢？

于是，该公司向宾夕法尼亚大学心理学教授马丁·塞里格曼讨教，希望他能为公司的招聘工作提供一些理论上的帮助。塞里格曼教授是以提出"成功中乐观情绪的重要性"理论而闻名的，他认为，当乐观主义者失败时，他们会将失败归结于某些他们可以改变的事情，而不是某些固定的、他们无法克服的困难，因此，他们会努力去改变现状，争取成功。接受该保险公司的邀请之后，塞里格曼对15000新员工进行了两次测试，一次是该公司常规的以智商测验为主的甄别测试，另一次是塞里格曼自己设计的，用于测试被测者乐观程度的测试。

之后，塞里格曼对这些新员工进行了跟踪研究。在这些新员工当中，有一组人没有通过甄别测试，但在乐观测试中，他们却取得"超级乐观主义者"的成绩。跟踪研究的结果表明，这一组人在所有人中工作任务完成得最好。第一年，他们的推销业绩比"一般悲观主义者"高出21%，第二年高出57%。从此，通过塞里格曼的"乐观测试"便成了该公司录用推销员的一道必不可少的程序。

塞里格曼的"乐观测试"实际上就是"情商"测验的一个雏形，它在保险公司中取得的成功在一定程度上直接证明与情绪有关的个人素质，在预测一类人能否成功中起着重要作用，也为"情感智商"这一概念和理论的诞生提供了实践上的有力支持。

在这些实验的基础上，美国耶鲁大学心理学家彼得·塞拉维和新罕布尔大学的约翰·梅耶于1990年首次提出了情感智商这一概念，情感智商指的是把握自己和他人的感觉和情绪，并对这些信息加以区分利用，来引导一个人的思维和行动能力。情商的作用不是单独体现的，情商的高低决定一个人其他能力（包括智力）能否在原有的基础上发挥到极致，从而决定一个人能有多大的成就。"情感智商"这一概念的提出，立刻在心理学界引起了广泛的重视，并开始受到一些教育界、企业界人士的注意。不少学校、企业管理人员尝试着把它运用到实际工作中。最初是在西方国家比较流行，20世纪90年代传入我国之后，立刻引起人们的关注。

在为航天业培养后备力量的北京航空航天大学，每年被录取的新生在上学期结束后，将选拔1%的尖子生进行特殊培养，人数为35名，进入高等工程学院，该班的学生单独编班并集中住宿，直至本科毕业。学生一进入该班，学校将为这些尖子生单独配导师，导师包括院士、长江学者、资深博导。选拔出来的尖子生从低年级起就能进入导师的科研队伍和实验室从事科研创新活动。

在高等工程学院学习期限为2年，2年后，根据学生本硕连读和本博连读的志向，由导师来安排后续课程和课题的选择。高分的考生并不一定就能被高等工程学院录取。在选拔进入该班的学生时，除了参考分数、进行单科考试外，还要考查非智力因素，心理测试和情商也是考核的内容之一。通过这种测试可考查学生是否有发展的潜力，高素质的人才，团结协作的能力很重要。可见，对高级人才的培养与训练都已经参照了"情感智力"的因素。

至于"情商的提高"，应该说是一个长期培养的过程而难以一蹴而就。心理学家、管理专家已经初步设计提高情商的训练方法，但至关重要的是每一位青年从现在就开始注重对自身情绪的了解和控制，保持乐观开朗的心态，学习与人融洽共处的技能。

新泽西州聪明工程师贝尔实验室的一位负责人，曾经用情感智商的有关理论，对他的职员进行分析。结果他发现，那些工作绩效好的员工，的确不都是具有最高智商的人，而是那些情绪传递得到回应的人。这表明，与社会交往能力差、性格孤僻的高智商者相比，那些能够敏锐了解他人情绪、善于控制自己情绪的人，更可能得到为达到自己目标所需要的工作，也更可能取得成功。

另外一个例子是，美国创造性领导研究中心的坎普尔及其同事，在研究"昙花一现的主管人员"时发现，这些人之所以失败，并不是因为技术上的无能，而是因为情绪能力差，导致人际关系方面陷入困境而最终失败的。正是因为在企业界的成功应用，情感智商声名大振，并开始引起新闻媒介的浓厚兴趣。情商为人们开辟了一条事业成功的新途径，它使人们摆脱了过去只讲智商所造成的无可奈何的宿命论态度。因为智商的后天可塑性是极小的，而情商的后天可塑性是很高的，个人完全可以通过自身的努力成为一个情商高手，到达成功的彼岸。

智力不是成功的唯一因素，有着聪明过人的大脑绝对是一件值得高兴的事情，因为智力确实在成功的过程中起着不可替代的作用。然而，许多智商高的人却仍然在生活的底层苦苦跋涉，这又是为何呢？那是因为他们没有意识到"情商"在一个人成功路上的重要性，讲述一个平凡人的故事：

乐观的莫奈

10年前的莫奈，就是千千万万普通人当中的一个。那时，莫奈还只是一个汽车修理工，当时的处境离他的理想差得很远。

一次，他在报纸上看到一则招聘广告，休斯敦一家飞机制造公司正向全国广纳贤才。他决定前去一试，希望幸运会降临到自己的头上。当他到达休斯敦时已是晚上，面试就在第二天进行。吃过晚饭，莫奈独自坐在旅馆的房间中陷入了沉思。

他想了很多，自己多年的经历历历在目，一种莫名的惆怅涌上心头：我并不是一个低智商的人，为什么我老是这么没有出息？他取出纸笔，记下几位认识多年的朋友的名字，其中两位曾是他以前的邻居，他们已经搬到高级住宅区去了。另外两位是他以前的同学，他扪心自问，和这四个人比，除了工作比他们差以外，自己似乎没有什么地方不如他们。论聪明才智，他们实在不比自己强。

最后，他发现，和这些人相比，自己分明缺乏一个特别的成功条件，那就是性格情绪经常对自己产生不良影响。城市里的钟声已敲了三下，已是凌晨3点钟。但是，莫奈的思绪却出奇地清楚。他第一次看清了自己的缺点，发现了自己过去很多时候不能控制的情绪，比如爱冲动、遇事从不冷静，甚至有些自卑，不能与更多的人交流，等等。

整个晚上他就坐在那儿检讨，他发现了许多的问题，而且是很严重的问题：自己从懂事以来，就是一个缺乏自信、妄自菲薄、不思进取、得过且过的人。他总认为自己无法成功，却从不想办法去改变性格上的弱点。同时他发现，自己一直在自贬身价，从过去所做的每一件事就可以看出，自己几乎成了失落、忧虑而又无奈的代名词。于是，莫奈痛定思痛，做出了一个令自己都很吃惊的决定：从今往后，决不允许自己再有不如别人的想法，一定要控制自己的情绪，全面改善自己的性格，塑造一个全新的自我。

第二天早晨，莫奈一身轻松，像换了一个人似的，怀着新增的自信前去面试。很快，他被顺利地录用了。莫奈心里很清楚，他之所以能得到这份工作，就是因为自己的醒悟，因为对自己有了一份坚定的自信。两年后，莫奈在所属的组织和行业内建立起了名声，人人都知道，他是一个乐观、机智、主动、关心别人的人。在公司里，他不断得到升迁，成为公司所倚重的人物。即使在经济不景气时期，他仍是同业中少数可以做到生意的人。几年后，公司重组，分给了莫奈可观的股份。

这就是转变的力量！促进成功的因素虽然很复杂，但智商和情商一个都不能少。

情商比智商更重要

现实生活中,如果你被他人当作一个"头脑清醒"的人来举例,其实是对你的一种赞美,这也意味着你已具备了自我觉察的能力。同样,如果你被认为擅长交际,那么有理由相信你已拥有了发展良好的社会关系的技能。最后,如果有人形容你"早起的鸟儿有虫吃",或者说你这个人"决不会让草在你脚下生长",那么很有可能他们是在表扬你的动机。

曾经有近300家不同行业的公司资助了一项研究。这项研究的结果显示,在许许多多的工作中,要想做出优异的成绩,情感能力比认知能力更加重要。对推销员来讲,工作业绩佼佼者最重要的能力都产生于情感智商。就科学家和专业技术人员而言,分析思考能力的重要性排在第三位,次于感召力和成就动机。这就说明:仅有才华并不足以使科学家冠绝英豪,除非他(她)还善于影响、说服他人,还有全力以赴争取实现艰巨任务和目标的内控能力。一个懒散或不愿与他人交流的天才,脑子里可能已有了答案,但如果没人知道,或没人关心,那也无济于事。

拿技术尖子来说吧,这些人通常的头衔是"公司咨询工程师"——高技术公司总是保留一些解决难题的顶尖高手,一旦工程项目出现麻烦,可随时调遣他们。他们在公司里倍受重视,企业的年度报告都将他们归入公司管理层。是什么使这些技术尖子如此特殊呢?波士顿银行的咨询顾问苏珊·埃利斯说:"在这些公司工作的每个人几乎都是聪明绝顶的,使这些技术尖子与众不同的不是智力,而是情感能力,是他们善于倾听别人的意见、善于合作并能调动人们的积极性,振臂一呼,应者云集,能领导大家齐心协力工作的能力。"

当然,尽管很多人的情感能力并不完美,却仍跻身栋梁之列,这也是长期以来各公司的现实状况。但是,随着工作更加复杂、更需要合作精神,那些团队精神更强的公司就会在激烈的竞争中独占鳌头。

在未来的工作中，更强调灵活性、团队精神及准确的顾客定向，因此，无论做哪一种工作，无论在世界何地，要想在工作做出优秀的成绩，这些关键的情感能力都越来越重要。像下面例子中的詹姆斯，在为了获得双方都有益的结果而与人为善方面，是极为优秀的。

詹姆斯与彼得

詹姆斯是一位才华横溢的销售经理，人们公认他能够爬到公司的顶层管理位置上。

詹姆斯根据销售主管的主意，正在考虑重新组织直销的问题，销售主管要求詹姆斯在董事会上就这一问题发表自己的意见。开会以前，詹姆斯与其他几个可能会因为他的建议而受到影响的部门进行了接触，调查了解他们的意见。然后，他对自己的想法做出了一些调整，使之既能够适应有关各方的既定利益，而又不至于牺牲他的整个目标。但是，令他感到措手不及的是，当他在会议上谈出自己的建议以后，财务主管对此提出了尖锐的批评，这是他未曾料及的事情。这位与詹姆斯不很熟悉的财务主管指出，在詹姆斯的建议中，存在着成本上升的财务漏洞，并提出了自己的成本削减方案。詹姆斯感到非常沮丧，但他始终保持冷静的心态。他对财务主管提出的问题进行了说明和解释，列举了在当前或未来采纳自己建议的一些有利条件。但是，他的建议不幸还是在董事会上被否决了。在对自己的失败进行反思以后，他决定在小范围里对自己的建议进行试验，这样做，一方面可以对他的建议进行检查和验证，另一方面又不必支付不适当的成本。

彼得也是一位很有能力的经理。在改善公司的产品营销的效率方面，他是一个思路敏捷、雄心勃勃和办法很多的人。

彼得的主管要求他在董事会上表达自己的观点。彼得充满激情和热忱地发表了自己的建议，他在任何时候都毫不掩饰地直接流露出自己的热情。但不幸的是，销售和市场主管以及财务主管否定了他的建议。因为他的建议听起来成本太高，而且与新的市场营销战略相冲突。彼得被他们的否定打懵了，他精神恍惚地走出会议室。当他回想自己所受到的打击时，心中的怒火越来越大，他固执地认为，在这个公司里，任何一个拥有新想法的人都没有生存空间。他开始玩弄权术，试图对董事会中那些看上去不能"接受"他的观点的成员发起攻击。很快，他成为孤家寡人，被从重要的决策层中逐出。不久，他的一个重要的晋升机会被拒绝，于是他非常恼怒地辞职了。他在这家公司里的经历以失败告终。

与詹姆斯不同，彼得让自己的情绪控制自己。他不是对事情进行冷静细致地检查，而是立刻得出情绪化的破坏性结论，这些结论使他产生极大的恼怒。他无法令自己跳出这些假设，使自己摆脱消极情绪的影响，结果，他只能在众叛亲离的境况中结束一切。本来，他完全可能通过富有成效的行动，更好地拓展自己热情洋溢的品质，来吸引他人，赢得他们的支持，而不使自己陷入到毫无益处的冲突中。

在针对某个空缺的职位对一个候选人进行考评的时候，惯用的考核标准总是过多地倾向于注重诸如学历、技术培训以及口头表达能力等这样一些外在的因素。然而，在商业环境中，清晰缜密的思维和解决问题的能力是非常重要的，它们绝不逊于优秀的写作能力、语言表达能力和交流能力。

在一些特定的领域里，拥有某些特殊智力的天赋，成为从事这些职业必不可少的条件；然而，为了长期的事业成功，拥有人际关系和个人内心的技能，同样是必不可少的条件。之所以这样说，原因是管理者必须具备与他人共事和管理他人的能力。心理学研究表明，在所有最终获得成功的人中，高智商的人所占的比例仅仅为10%左右。很多非常有天资的人，因为在达成联合、处理冲突、解决危机以及保持平衡和实现均衡方面缺乏情感智力，纷纷被淘汰出局，这是现实生活中一个司空见惯的现象。

尽管如此，我们也不必气馁，因为有让我们感到欣慰的好消息：除了一些例外情况，大多数人都能够通过学习来掌握情感智力方面的技能。只要你有坚定自己会越来越好的信心，你一定可以把自己塑造成高情商的成功人士。

高情商人才应具备的能力结构

随着社会的发展，将更加需要计算机开发与应用、产品营销、管道工程、电子工程等方面的人才。没有过硬的技术才能或是只会纸上谈兵的人必然会被市场竞争淘汰。其中数字与计算能力并非是理工科才必备的，入世后绝大多数人才都应当具备，部门与部门之间的配合以及公司运作的衔接通畅都离不开数字与计算。了解并会维护各种系统，包括从计算机系统至产品销售甚至水管维修系统。新的职业结构对人才的素质提出了新的要求，未来顶尖职业需要怎样的能力结构呢？

1. 要有丰富的想象力与主动性

这是任何组织、企业公司职工都需要的技能。富于想象力，有利于收集并获得广泛、大量的信息与知识；想象力还可以开拓思维方法及观察的视野，换一句话说，想象力在某种程度上可以带动创造性和创新能力。能广泛地搜集信息和理解它们并将之用于引导公司走向未来。能使公司平稳地运作，以获得长期的高额利润。使公司从目前只能预测到下一步财政报告的窘境中解脱出来。美国曾经有一本畅销书，《把信送给加西亚》，在这个"送信"的传奇故事中，那位名叫罗文的英雄接到麦金莱总统的任务——给加西亚将军送一封决定战争命运的信，他没有任何推诿，而是以其绝对的忠诚、责任感和创造奇迹的主动性完成了这件"不可能的任务"。他的事迹100多年来在全世界广为流传，激励着千千万万的人以主动性完成职责，无数的公司、机关、系统都曾人手一册，以期塑造自己团队的灵魂。

"送信"早已成为一种象征，成为人们忠于职守、履行承诺、敬业、忠诚、主动和荣誉的象征。这个故事传达的理念影响力之大是不可想象的，足以超越任何理论说教，它不局限于个人、企业、机关和一个国家，甚至于贯穿了人类文明，正如本书令人敬仰的作者阿尔伯特哈伯德所说："文明，就是充满渴望地寻找这种人才的一个漫长的过程。"故事的主人公罗文向我们表示：我决定了的事情就要做到！下定决心，做一个高标准的选择。可能事情会拖累我的，可能我在完成任务的过程中会深陷困境。有时候，我发现自己落入了沼泽地，我不得不匍匐前进，有时候处境都令人绝望。但是，只要我还能够往前迈出一步，我就不会放弃，绝不会屈服。逃避不是我的选择。我会在完成任务中，会在生活的各个方面追求完美。即使跌倒，我也会再爬起来，抖落尘土，继续努力，直到成功！

我们每个人应该扪心自问："我是能把信送给加西亚的人吗？如果我仅仅知道他在古巴的丛林中，我能够找到他吗？如果我不认识他，也不知他在哪里，我能把信送给他吗？"只要你明白，有志者，事竟成。只要你用心追求目标，你就一定能成功。现在我们都善于寻找借口：为什么不能做期望我们做的事情？为什么不能把我们分内的工作做得更完美？诸如此类，人们有着各式各样的借口。我能把信送给加西亚吗？如果有人让我给加西亚送信，我想我能够做到。这并不是自大，这是自信。我只知道如果你交给我一封信并且说"把它送给加西亚"，我就一定会送到。同样，你也能够把信送给加西亚。做到最好！如果有人告诉你，你这一辈子都不会成功，千万不要相信它。对这样一些话，你都不要放在心上，因为只有你自己能够决定你的成功。选择在于你！选定目标，做出决策，然后采取行动，坚持下去，成功就不言而喻。成功是 1% 的灵感加 99% 的汗水。

2. 要有较强的组织能力

如今一向被认为是少数领导人士才要求具备的组织能力，在入世后会成为选择职员的重点。不仅仅是领导，即使是普通的职员，也要有较强的组织统筹能力。现在的工作已经系统化，比如说设置工作流程、制定市场营销方针、统一调拨财力物力、协调分配任务等都需要高标准的组织规划能力。人的能动性要得到充分发挥，而不局限于按部就班的传统模式。组织能力是十分重要的，许多部门需要在物资供应、工作程序以及贸易往来、财政机遇等诸多方面予以组织或重新组织。

3. 要有文理贯通的能力

文理贯通要求职员学会利用个人天赋提高工作经验，各种知识的融合可以提高工作效率，文科的作用不仅仅是个人的文学艺术修养，更重要的是做人的修养。著名科学家钱学森以其亲身实践和深刻体会，提示了文化艺术修养对于科学创新的重要作用。人的宏观视野、形象思维、感情、想象和情怀这些"情商指数"，与艺术教育的熏陶是分不开的。艺术修养高的人更具备对自身的感知力、对冲动和愤怒的控制力，在挫折和失败面前保持镇静，充满信心和希望的勇气，所有这些无疑都是科学研究、科学创新必备的素质。

4. 要有说服他人的能力

说服与交流能力即语言能力，懂得如何表达信息和思想，并能够听取信息与思想的人。公司间的交往要求职员能应付越来越多的人际关系并具有越来越高的游说能力。同时，在本来节奏快的工作环境中，内部的交流显得更加重要，尽管惜时如金，但没有交流就缺乏动力和发展的源泉。今天，一个有成效的工作人员应当善于向他人介绍自己所掌握的信息，说清楚自己的观念，使人能理解并支持某一特殊见解。

智商十分重要，情商亦必不可少。这些新的能力其实就是情商的表现，成功的秘密在情商，在戈尔曼的第二本书《工作情感智力》中，他引用了大量数据。这些数据来自数百个大公司和政府部门，它们包括亚洲、欧洲和美洲。这些数据都证明了情商的重要性。他们的研究把人分为两组，一组是一般的工作者，一组是做出杰出业绩的人，然后进行比较。结果总结出杰出人士的一些胜任特征。最后发现，这些特征都与情感智力有关。数据表明，智商和技能，两者的作用加起来，还不如情商的作用大；而且位置越高，情商的作用越大。在高层领导中，情商的作用差不多达到85%。

认识到这点以后，现在相当一部分美国公司，特别是那些跨国公司，聘任领导人时不仅仅是看他的 IQ，还要看他的 EQ，比如他的自制能力如何，他是否善于倾听，是否具备同感的能力等。一般学校里不讲 EQ，但成功的秘密在 EQ。美国在这方面的态度已经转变很多。美国两家最好的商学院，哈佛大学商学院、斯坦福大学商学院的院长说，以前对考试的分数看得太重，现在要有所转变。

智商显示一个人做事的本领，"情商"反映一个人做人的表现。智商和技能相关，它能决定你可以做什么事，比如你能不能做记者、工程师、医生、律师，等等。这些职业都对智商和技能有比较高的要求，它决定你是否能处理复杂多样的信息，应对复杂的概念。但是所有进入这个领域的人，一般都有这个职业所需要的基本能力。这时，区别一个人能否成功，IQ 就不起作用了，而 EQ 则成为判断一个人能否成功的主要因素。

所以说：在社会中，智商决定了我们的职业；在职业生涯中，情商决定了我们能否实现自己的人生目标。在今后的社会中，无论哪个行业，人们不仅要会做事，更要会做人。情商高的人说话得体、办事得当、才思敏捷，"人见人爱"，取得成功的机会要远远大于情商低的人。

因此，要想自己在激烈的竞争中脱颖而出，成为新时代高情商的人，就从历练上述几种能力结构入手吧！

案例解析：谁动了我的情绪奶酪

许多人都在抱怨自己的位子不适合自己，自己的工作是对自己的束缚，看到别人的位子总以为自己会干得更好，其实，这是典型的眼高手低。

抱怨自己不得志的人，往往不是智商的问题，大多是由于情商出现了问题。看到他人的华丽外表，看不到他人付出的艰辛，永远实现不了自己的人生目标。寻找自己的人生地位固然很重要，但是，找到之后该怎么办呢？

你是不是也会在失去的时候大声叫:"谁动了我的奶酪!谁动了我的奶酪?"

如今的世界瞬息万变,这的确是一个迷宫的时代,信息社会里,我们不知道下一步是怎样的境遇,我们只能,不停地努力。当我们又有了一些成就的时候,尤其要有这样的意识:这是一个迷宫的时代,说不定那一天,我们所有的一切都会从眼前消失。有些读者读完故事本身后就停下来,不再继续阅读关于这个故事的讨论。另外一些人则更乐于后面的"讨论",因为他们认为从中可以受到启发,可以思考如何将从故事中学到的东西运用到他们的实际生活中去。无论怎样,我们都真诚地希望各位在每次阅读这个故事的时候,都能从中领悟到一些新的、有用的东西;希望它能帮助我们妥善地应对各种变化,不论你的成功目标是什么,它都能助你走向成功。我希望你们能欢欣于你们从故事中所发现的道理,并能享受到这一发现的乐趣。请记住一句话:随着奶酪的变化而变化。不要大声抱怨:"谁动了我的奶酪!"下面简单介绍一下这本书的内容:

《谁动了我的奶酪》一书包括三个部分。第一部分,"同学聚会"——讲述了一群过去的同窗在一次聚会上讨论如何应对生活中的种种变化。第二部分是全书的核心——"谁动了我的奶酪"的故事。第三部分继续"讨论"——是那些同窗好友们围绕这个故事展开的讨论,他们讨论这个故事的意味,以及如何把这个故事带给人们的启迪运用到生活与工作中去。谁动了我的奶酪?带给我们面对改变和危机的新视角,一则看似简单的寓言故事,提示我们在今天的变革时代笑对变化、取得成功的方法,运用这种方法,您就可以获得生命中最想得到的东西,也就是书中的"奶酪"——无论它是一份工作、健康、人际关系,还是爱情、金钱……

故事中,讲了两个老鼠和两个小矮人每天都在迷宫中度过,在其中寻找他们各自喜欢的奶酪。嗅嗅、匆匆是老鼠,它们的大脑和其他啮齿类动物差不多一样简单,但它们有很好的直觉。和别的老鼠一样,它们喜欢的是那种适合啃咬的、硬一点的奶酪。而那两个小矮人,哼哼和唧唧,则靠脑袋行事，他们的脑袋里装满了各种信念和情感。他们要找的是一种带字母"C"的奶酪。他们相信，这样的奶酪会给他们带来幸福，使他们成功。

后来他们的经历让我们看到，当面对变化时，头脑简单的两个老鼠做得比两个小矮人要好，因为它们总是把事情简单化；而两个小矮人所具有的复杂的脑筋和人类的情感，却总是把事情变得复杂化。这并不是说老鼠比人更聪明，我们都知道人类更具智慧。但换个角度想，人类那些过于复杂的智慧和情感有时又何尝不是前进道路上的阻碍呢？对老鼠来说，问题和答案都是一样的简单。奶酪C站的情况发生了变化，所以，它们也决定随之而变化。它们同时望向迷宫深处。嗅嗅扬起它的鼻子闻了闻，朝匆匆点点头，匆匆立刻拔腿跑向迷宫的深处，嗅嗅则紧跟其后。它们开始迅速行动，去别的地方寻找新的奶酪，甚至连头都没有回一下。

要知道找到奶酪并不是一件容易的事情。更何况，对这两个小矮人来说，奶酪绝不仅仅只是一样填饱肚子的东西，它意味着他们悠闲的生活、意味着他们的荣誉、意味着他们的社交关系以及更多重要的事情。对他们来说，找到奶酪是获得幸福的唯一途径。根据不同的偏爱，他们对奶酪的意义有各自的看法。对有些人而言，奶酪代表的是一种物质上的享受；而对另一些人来说，奶酪意味着健康的生活，或者是一种安宁富足的精神世界。对唧唧来说，奶酪意味着安定，意味着某一天能够拥有一个可爱的家庭，生活在名人社区的一座舒适的别墅里。对哼哼来说，拥有奶酪可以使他成为大人物，可以领导很多很多的人，而且可以在卡米伯特山顶上拥有一座华丽的宫殿。由于奶酪对他们实在太重要了，所以这两个小矮人花了很长时间试图决定该怎么办。但他们所能够想到的，只是在奶酪C站里寻找，看看奶酪是否真的不存在了。

当确认奶酪真的不见了，他们的反应是不一样的，当嗅嗅和匆匆已经在迅速行动的时候，哼哼和唧唧还在那里不停地哼哼唧唧、犹豫不决。他们情绪激动，大声叫骂这世界的不公平，用尽一切恶毒的语言去诅咒那个搬走了他们的奶酪的黑心贼。然后唧唧开始变得消沉起来，没有了奶酪，明天会怎样？他对未来的计划可是完完全全都建立在这些奶酪的基础上面的啊！这两个小矮人就是不能接受这一切。这一切怎么可能发生呢？没有任何人警告过他们，这是不对的，事情不应该是这个样子的，他们始终无法相信眼前的事实。于是唧唧转身来对哼哼说："哼哼，有时候，事情发生了改变，就再也变不回原来的样子了。我们现在遇到的情况就是这样。这就是生活！生活在变化，日子在往前走，我们也应随之改变，而不是在原地踟蹰不前。"

唧唧看着他那因饥饿和沮丧而显得有些憔悴的朋友，试图给予他分析一些道理。但是，哼哼的畏惧早已变成了气恼，他什么也听不进去。唧唧并不想冒犯他的朋友，但是，他还是忍不住要嘲笑他们自己，因为现在看起来他们俩真的是又狼狈又愚蠢。当唧唧准备要出发的时候，他觉得自己整个人都变得都充满了活力，他挺起了胸膛，他的精神开始振作起来："让我们出发吧。"唧唧临走的时候，拾起一块尖硬的小石头，在墙上写下的一句恳切的话，留给哼哼去思考。他还没有忘记自己的习惯，在这句话的周围画上奶酪的图案。唧唧希望这幅画能给哼哼带来一丝希望，会对哼哼有所启发，并促使哼哼起身去追寻新的奶酪。墙上的话是：如果你不改变，你就会被淘汰。

在墙上留完言后，唧唧伸出脑袋小心翼翼地朝迷宫中望了望，回想着到达奶酪C站以前所走过的路线。他曾经想过，也许迷宫中再也没有奶酪了，或者，他可能永远也找不到奶酪。这种悲观的情绪曾经那样深地根植于他的心底，以至于差一点就毁了他。想到这里，唧唧会心地微笑起来。他知道，哼哼现在一定还在原地懊恼："究竟是谁动了我的奶酪？"而唧唧此刻想的却是："我为什么没有早点行动起来，跟随着奶酪移动呢？"当唧唧终于走出奶酪C站踏入黑暗的迷宫时，他忍不住回头看了看这个曾经伴随他和哼哼很长一段时间的地方。那一瞬间他几乎无法控制自己，又想走回那个熟悉的地方，又想躲进那个虽已没有奶酪但很安全的地方。

唧唧又有些担心起来，拿不准自己是否真的想要进入到迷宫中去。片刻以后，他又拿起石块在面前的墙上写下一句话，盯着它看了许久：如果你无所畏惧，你会怎样做呢？有时候，有所畏惧是有好处的。当你害怕不做某些事情会使事情变得越来越糟糕时，恐惧心反而会激起你采取行动。但是，如果你因为过分害怕而不敢采取任何行动时，恐惧心就会变成前进道路上最大的障碍。唧唧朝迷宫的右侧瞧了瞧，心中生出了恐惧，因为他从未到过那里面。然后，他深吸了一口气，朝迷宫的右侧缓步跑去，跑向那片未知的领地。他知道，他需要做出更快的调整。因为，如果不能及时调整自己，就可能永远找不到属于自己的奶酪。

我们都曾经那样地惧怕改变，都真的希望生活能够永远按照原有的样子继续。但是，世界的变化不容我们原地不动，更不会向着我们的美好理想发展。只有早早地意识到生活并不会遵从某个人的愿望发展，改变随时有可能降临，而且积极地面对改变还会让你发现更好的奶酪，真的是塞翁失马，焉知非福。

观察故事中四个角色的行为时，我们会发现，其实老鼠和小矮人代表我们自身的不同方面——简单的一面和复杂的一面。当事物发生变化时，或许简单行事会给我们带来许多的便利和益处。有些畏惧是需要加以认真对待的，它会帮助你避开真正的危险。但绝大部分的恐惧都是不明智的，它们只会在你需要改变的时候，使你回避这种改变。

还有一点必须承认，那就是阻止你发生改变的最大的制约因素就是你自己。只有自己发生了改变，事情才会开始好转。最重要的是，新奶酪始终是存在于某个地方，不管你是否已经意识到了它的存在。只有当你克服了自己的恐惧念头，并且勇于走出久已习惯的生活，去享受冒险带来的喜悦的时候，你才会得到新奶酪带给你的报偿和奖赏。

在许多时候，我们往往不能转变自己的思维定势，尤其是在自己陷入困境中的时候，有些人总是怨天尤人，片面强调外部环境和客观条件，而忽视自我因素和主观能动性。这些人认为，他们所处的境况不是他们自己能控制的。其实，我们的境况不是周围环境而是我们自己造成的。说到底，是由我们自己决定的。然而，人们有一种根深蒂固的错误观念，即认为成功有赖于某种天才和外部条件。它通常表现为："如果我有……就好了"。可是，成功的要素很大程度上，恰恰掌握在我们自己手中，人生的成败受心态的制约很大。

我们怎样对待生活，生活就怎样对待我们。我们怎么对待别人，别人就怎么对待我们。我们在一项任务刚开始时的心态，就决定了最终会有多大的成功。失败者与成功者的最大区别是：失败者找理由，成功者找方法；失败者逃避和推卸责任，成功者敢于承担责任；失败者在顺境中狂妄自大，成功者在顺境中保持冷静与远见；失败者在逆境中悲观颓废，成功者在逆境中奋发图强。据心理学家统计，我们所埋怨的事99%导致了消极情绪。因此，克服消极心态的关键在于不要埋怨，彻底切断"树根"，做责任者和积极者，大声对自己说："我是责任者，我负全责；我是积极者，我专注于下一步该怎么做！"

在人生道路上，我们不可能总是风调雨顺，任何企业单位的发展都曾充满艰辛，任何一个强大的企业都经历了由小到大、由弱到强的曲折过程。

让我们来读看一个来自法国的小故事：

让我知道将来如何过日子

法国一个偏僻的小镇，据传有一个特别灵验的水泉，常会出现神迹，可以医治各种疾病。有一天，一个挂着拐杖，少了一条腿的退伍军人，一跛一跛的走过镇上的马路，旁边的镇民带着同情的口吻说："可怜的家伙，难道他要向上帝祈求再有一条腿吗？"这一句话被退伍的军人听到了，他转过身对他们说："我不是要向上帝祈求有一条新腿，而是要祈求他帮助我，叫我没有一条腿后，也知道如何过日子。"

试想，学会为所拥有的感恩，接纳已经失去的事实、不再为过去掉泪，不管人生的得失，总是要让自己的生命充满亮丽与光彩，努力地活出自己，这样的恩赐，难道不比一条腿的价值更大吗？生理的残疾固然可怕，心里的残疾才是人生真正的杀手锏、致命伤。在失败面前，我们作出的判断如果是："外在环境是造成问题的症结所在"，这种想法不但错误，而且正是问题的根源。

正确的做法应该是，先改变个人的行为，做个更充实、更勤奋、更具创意、更能合作的人，然后再去以自己的言行去影响环境，让周遭真正为我所用。

提升篇

唤醒内在情商潜能

当你对情商概念有了充分的了解,你对自身的情感也会有一个突破性的认识。正常人的智商相差不大,情商却可导致智商差异不大的人的幸福指数产生天壤之别。其实,你也能够很成功、很幸福,只要你能充分唤醒你的情商潜能。

Part3 充分认识自身的情绪

情绪是多种感觉、思想和行为综合产生的心理和生理状态，常和心情、性格、脾气、目的等因素互相作用，当然也受到荷尔蒙和神经递质的影响。无论是正面情绪还是负面情绪，都会引发人们行为的动机。而我们常说的情商指的就是情绪商数。

情绪全面影响人的心理

生活中你一定有过这样的体验：在情绪好、心情爽的时候，思路开阔、思维敏捷，学习效率和工作效率都很高；而在情绪低沉、心情抑郁的时候，则思路阻塞、操作迟缓，学习工作效率低。也就是说，情绪会左右人的认知和行为，具体表现在如下几方面：

1. 情绪影响人的心理动机

情绪能够影响人的心理动机，可以激励人的行为，改变人的行为效率。积极的情绪可以提高行为效率，加强心理动机；消极的情绪则会阻碍降低行为效率，减弱心理动机。一定的情绪兴奋度能使人的身心处于最佳活动状态，发挥最高的行为效率。这个最佳兴奋度因人而异。

2. 情绪影响人的智力活动

情绪对记忆和思维活动有明显的影响。例如，人们往往更容易记住那些自己喜欢的事物，而对不喜欢的东西记起来则比较吃力；人在高兴时思维会很敏捷，思路也很开阔，而悲观抑郁时会感到思维迟钝。

3. 情绪影响人际信息的交流

情绪不仅仅存在于一个人的内心，它还可以在人与人之间进行传递，而成为人际信息交流的一种重要形式和手段。

人的情绪通常伴有一定的外部表现，主要有面部表情、身体动作和言语声调变化三种形式。比如，人们高兴时眉开眼笑，手舞足蹈，讲起话来神采飞扬；发怒时横眉立目，握紧拳头，大声吼叫；悲哀、悔恨、失望时则语言哽咽、顿足捶胸、垂头丧气……

德国心理学家发现，人的思维和情绪存在各种联系。其中最主要的是：情绪越好，学习效果越佳。实验表明，情绪高涨、轻松、愉快的学生比情绪低落、忧郁、愤懑的学生，学习成绩要至少高20%左右。特别是在那些需要想象力的功课上，情绪的影响更为突出。这是因为学生在轻松愉快的状态下，心窗打开，可以吸收较多的信息，而且脑筋动得快，联想丰富。

印度的教经《吠陀》素以浩繁著称，共四大卷，仅其中第三卷就有十五万三千多个单词，而教门却能使学僧熟记《吠陀》。是什么妙法使学僧产生惊人的记忆力呢？据说，是"瑜伽术"，它使学僧处于轻松愉快的心理状态中，产生了超强的记忆力。

心理学里有诸多值得玩味的有趣实验，下面即为其中之一。水平相同的两班学生解答同样的试题，无论成绩如何，对其中一班学生赞赏地说："这样的难题，能答这么好，真难得呀！"这班学生感到很高兴。而对另一班学生严加责备："这种题目都答不好，你们无可救药了！"他们垂头丧气。然后，以同样的试题考查，结果受表扬的那一班获得意想不到的好成绩，而受责备的班的成绩一塌糊涂。

从这项实验中可以看出，情绪对人的学习成绩有多么重要。消极的心情必然导致学习和考试的失败。

一般来说，情绪高涨，有利于我们工作学习水平的发挥。是不是情绪越高涨，成绩会越好呢？并非如此。

国外心理学家曾经做过这样的一个实验：停止供应食物给黑猩猩一段时间，然后观察它们使用工具获取食物的成功率。结果表明，停止供应食物的时间在 6 小时以内，或者超过 24 小时，黑猩猩的成功率都很低。成功率最高是在停止供应食物 6~24 小时这段时间。为什么会这样呢？心理学家做出如下解释：黑猩猩不太饿时，获取食物的内驱力就不强，结果它们解决问题时的注意力不集中，经常由于其他干扰而中断动作；黑猩猩饿极了时，由于获取食物内驱力过强，而忽略了取得食物的各种必要步骤，也不能很好地解决问题。只有在饥饿适度时，由于内驱力强度适中，它们在解决问题时注意力集中，行动灵活，所以成功率很高。

从这个实验可以看到，情绪的强弱与解决问题之间存在着一种曲线关系，情绪低落和情绪过于高涨时都不利于问题的解决；只有当情绪既积极振奋又不乏镇定从容的情况下，才能很好地解决问题。

有人可能会对此提出异议，动物怎能跟人相比，人除了受情绪支配外，还要受理智支配，上面的实验结果不能推广到人类中去。

无独有偶，心理学家在人群中做过类似的试验。美国心理学家赫布曾就情绪唤醒水平和操作效率的关系进行过调查。统计分析结果是：人刚刚从睡眠中醒过来时，操作效率很低，中等水平时效率最高，高水平的情绪唤醒反而导致效率的下降。其理由也跟黑猩猩试验相似，因为人们面临的任务是相当复杂的，有一些特殊的专业问题需要灵活的反应和敏捷的思维才能取得最佳的效果。情绪唤醒水平太低固然不利于操作，情绪水平太高会使中枢神经系统反应过于活跃，在同一时刻应对过多方面的反应，结果反而阻碍了对工作本身有关的最佳反应的出现。

实际上，做任何事情，情绪的稳定和良好的自控都是非常重要的。

运动员都会告诉你，为了成为一个获胜者，你必须认为你是个获胜者。

因为当你信心百倍地参与竞争时，会领略到"搏杀"的刺激，获得成功瞬间的兴奋满足；当你心事重重、无精打采，或过度紧张时，又会尝到不安、沮丧烦躁和焦虑的滋味。临场的这些心理体验会直接影响到你的成败。

拳击就是很好的例子。拳击比赛很容易得出结果：一胜一负。但总是力量最大、速度最快、耐力最强的一方获胜吗？事实并非如此。如果体质较弱的一方有较好的自我感觉，也有可能获胜。相信自己会胜的一方比没有这一信心的另一方具有明显的优势。在拳击术语中，这叫"最佳竞技状态"。带着自我失败感觉的拳击手的发挥容易失常：他会故意不用力，因为他害怕他的对手避开他。

情绪好会使一个人有更大的耐力，反应更为敏锐。它使肾上腺素流动，给拳击手补充其他一些东西，使他发现自己做什么事情都得心应手。身心配合默契，就不容易失败。

生活中的道理也与此类似。常常可以听到这样的事情：考场上，一个平时成绩优秀的学生会因临场的状态不佳，而使头脑一片空白，反应迟钝、思路闭塞，表现出浮躁不安，结果高考落榜。

每个人都拥有若干种能力。在很多事情上，你都有自信、勇气、冲动，或者是冷静、轻松、坚定、决心、创造力、幽默感、敢冒险、灵活、随机应变……所有这些能力，细想一下，你会发觉它们都是一种感觉，一种内心里的感觉。

即使有知识、技能和其他的资源能助你，使用这些资源的原动力，仍是这种内心里的感觉。没有这种感觉，我们即使具备了这些资源也不会去用，或者用不好。

因此，生活中情绪健康的人，往往表现出坚毅、爱和面对现实的活力。他们神采焕然，专注负责，勇于开拓，肯冒险犯难；他们能及时把握机会，而不优柔寡断；他们不逃避现实，所以了了分明，好运气更容易降临在他们身上。这样的人处于最佳竞技状态中。相反，情绪不健康的人，竞技状态比较差，更容易遇到失败。

当人们面对"危险"情绪时，如果不能及时缓解，可能变成绝望，而所有的这些情绪都和疾病相关。如果这些"危险"情绪困扰着你，你感受到快乐和温情的时候就非常少。

高情商的典型表现

- 自动自发、目标远大；
- 控制情绪、认识自我；
- 掌握人际技巧，与人友好相处；
- 清醒地谁知自我，能承受压力；
- 自信不自满，认真待每一件事；
- 妥善处理遇到的各方面的问题。

身心健康影响情绪智商

健康是一切快乐的源泉，也是人们从事一切事业达成梦想的基础。如果没有健康的体魄、健全的身心，再美的理想都是空谈。身心健康的人总能保持好情绪，总能感受到生活中的快乐，而身心不健康的人看到的永远是黑暗的一面。内心没有阳光，生活注定充满黑暗的色彩。

那么，身心健康是如何影响情绪智商的呢？

在经济快速发展、竞争日益激烈的当今社会，人们的压力越来越大。因此，人们普遍关心的一个重要问题是如何有效应对各种压力以保持健康。健康是一种良好的生活状态，它可以帮助你塑造积极的形象，这种积极的心理和生理状态也能帮助你有效地防止压力带来的威胁和伤害。阅读下列题目，根据有关陈述与你实际情况的符合程度，给出"是"或"否"的回答。

表 3-1 测验题目与答案对照表

题号	测验题目	答案	
1	我对饮食很节制,而且选择新鲜食品而非加工食品。	是	否
2	我从来没有碰到入睡困难的情况。	是	否
3	我每周至少要有效锻炼3次,每次至少在20分钟以上。	是	否
4	失望和失败也许会让我暂时提不起精神来,但是我会试图看到事态好的一面。	是	否
5	我早晨一起床就觉得精力充沛,而且会一直维持到入睡。	是	否
6	我非常在乎如何照顾好自己。	是	否
7	在过去一年中,我生病的天数加起来不超过5天。	是	否
8	日常生活中我不需要任何药品来维持身体正常运转。	是	否
9	我相信我的健康状况很不错。	是	否
10	我非常注意饮食,并且限制过量摄入酒精、糖、盐和脂肪。	是	否
11	我的血压是120／80,或者更低些。	是	否
12	我每天至少给自己留20分钟的时间做自己喜欢的事情。	是	否
13	我没有抽烟和喝酒的习惯。	是	否
14	我关心我的未来,但并不会因此让任何恐惧持久驻留心间。	是	否
15	我接受生活总会有压力的现实,而且相信自己可以应对大多数压力。	是	否
16	除了偶尔因为一些小病的原因,我的身体没有持久的疼痛感觉。	是	否
17	我找到了生活的意义,而且不会因为人终有一死而感到非常恐惧。	是	否
18	人们认为我的体形比较标准,并不肥胖。	是	否
19	我至少有一项兴趣爱好或让我充满热情的创新活动(如音乐、艺术、园艺)。	是	否
20	我与身边的人通常能够相处得很融洽。	是	否
21	当我放松或经受压力的时候,我能清楚地意识到身体的感觉。	是	否
22	我对于自己的个人目标和人生选择有很清晰的想法。	是	否
23	我能够经常亲近自然,并对此感到十分快乐。	是	否
24	我知道自己需要多少睡眠时间,并且可以保证充足的睡眠时间。	是	否
25	我可以与他人分享自己的感情,并且可以让他人与我分享他们的感情。	是	否

1. 计分标准：如果回答"是"，则每题加上 4 分。
2. 得分解释：

表 3-2　测验结果统计表

得分范围	健康状况评价
80~100 分	具有很好的健康意识，你能够非常好地应对压力。
60~80 分	具有较好的健康意识，但需要对回答"否"的问题给予一定的关注。
60 分以下	你需要对自己的健康习惯重新省视以提高健康水平和应对压力的能力。

对于健康的一个重大挑战就是压力。从技术层面上说，压力是指当人们认知到威胁或者无法应对的情况时所产生的生理和心理状况。而压力诱发因素是指带来压力的外部或者内部力量。

另外，如果长期经受压力，那么就会精疲力竭。精疲力竭是指长期经受压力时出现的情况。请记住以下关系：

压力诱发因素→压力→精疲力竭。

压力下的症状和后果可以分为四个大类：生理、心理、行为和工作绩效。伴随压力而出现的工作绩效变化是其他三类症状和后果的副产品。

1. 生理症状

压力所造成的生理反应主要有心率加快，血压升高，血糖增多，血粘度增加。另外一些不太为人所察觉的反应包括血液回流大脑、肌肉紧张以及全身各个器官将储存的能量释放到血液中。

如果伴有这些短期生理变化的压力持续存在，那么就可能发生一些危及身体健康的恼人情况，包括心脏病突发、中风、过度紧张、有害胆固醇水平增高、偏头痛、皮疹、肿瘤、过敏和肠炎。持续的压力还会弱化免疫系统。原因是，当一个人在一定时间内需要太多能量来应对压力的时候，免疫系统会因为没有能量而瓦解，这样，人们就容易得病。总而言之，任何被归为身心失调的症状都是由于精神压力造成的。

2. 心理症状

压力的心理症状有很多种类。主要的积极后果是警觉性和认知能力有所提高，而同时会产生更多的负面后果，包括紧张、焦虑、情绪低落、烦躁、抱怨、疲劳、绝望以及各种防御性的想法和行为。高强度的长期压力还会让人心智紊乱。

3. 行为症状和后果

压力的心理症状说明了人们遭遇工作和个人压力的时候是如何思考和感觉的。而这些心理症状会导致真实的行为结果。人们在压力下的一个普遍行为症状是放大缺点。比如，一个脾气不好的人也许在平时可以控制情绪，但是在压力之下会极度暴躁。压力导致的频发后果包括：

（1）易怒、焦躁以及其他明显的紧张表现，包括在开会就坐的时候前后移动双腿。

（2）饮食习惯的剧烈变化，包括暴饮暴食或者厌食。在面对沉重压力的时候，某些人会对垃圾食品上瘾。

（3）频繁吸烟，酒精的摄入增多，甚至吸食毒品。

（4）一些处方药的使用增多，比如镇静剂、安非他命以及减肥药。

（5）精神无法集中，判断经常失误。

（6）出现类似疯狂的举动，比如决策冲动。

精疲力竭是压力造成的一种极端行为后果，包括情绪上的、心理上的以及生理上的精疲力竭。精疲力竭的后果到底怎样还取决于个人对于造成精疲力竭原因的认知。当人们认为这些原因是来源于外部，不是由自己控制，而是由组织内的其他人控制的时候（比如缺乏他人对自己的欣赏），那么精疲力竭往往会伴随着对于组织不忠诚以及过分挑剔的现象；当把精疲力竭的原因归结在自己身上时（比如给自己设定了过高的目标），那么人们有关工作的自尊就会受到损害。

4. 压力对于工作绩效造成的后果

几乎人人都会碰到工作压力。在大多数情况下，工作压力太小会让人慵懒疲沓，注意力无法集中；工作压力适中往往能取得良好的工作绩效；工作压力过大会让人无法集中注意力或者思维枯竭，进而降低工作绩效。

一项关于压力的研究分析显示，有一些因素会对压力给工作绩效造成负面作用的程度产生影响。当员工非常清楚自己的职责和任务时，压力往往不会降低工作绩效。同时，当员工具有很强的自尊、自信，对于组织非常忠诚，同时具有较少Ａ型行为（不耐烦和敌意）特征的时候，往往也可以防止压力对工作绩效产生负面效应。而另一项结论是，对于大多数人，挑战和刺激可以提高工作绩效。而令人愤怒的以及具有威胁的事情，比如老板总是威胁下属，则会降低工作绩效。

有4种人格特质会让人陷入工作或生活压力中饱受煎熬，它们分别是Ａ型行为、消极情感、知觉性控制能力低下以及工作效能低下。

1. Ａ型行为

一个具有Ａ型行为的人往往是苛刻的、烦躁的以及过分努力的，因此他们很容易感到紧张和忧虑。Ａ型行为有两个主要的组成部分，其中的一个倾向是希望在很少的时间里完成很多的事情，这让具有Ａ型行为的人变得苛刻和烦躁不安；另一个倾向是对他人充满敌意。正因为如此，具有Ａ型行为的人总是被一些琐事惹得心烦意乱。在工作中，这些人往往富有攻击性，也非常努力。下班后，这些人还会忙碌于各种事务。如果具有这种行为特质的人是学生，那么他们往往也会给自己加上难以承载的学业负担。

具有Ａ型行为的人在年轻的时候就很容易患有各种心血管疾病，比如心脏病、中风等。但需要指出的是，Ａ型行为中只有一部分行为特征可能与心血管疾病相关。Ａ型行为中的敌意、发怒、吹毛求疵、疑心都会引发心血管疾病，而不耐烦、雄心壮志以及努力工作却不会直接引发心血管疾病。那些具有Ａ型行为并且喜欢自己的行为风格的人们往往比一般人更有能力，也过得更健康，这些人包括许多公司的高层经理和专业人士。那些具有Ａ型行为的成功人士不但拥有很高的成就需要，而且往往也非常乐观。具有高成就需要的人往往血压比较低，这样也就降低了心脏病突发的可能性。

2. 悲观情感

另一项容易导致压力的主要因素就是消极情感。消极情感是指容易体验消极情绪状态的倾向。更具体地说，具有消极情感的人容易感受到各种消极情绪，包括紧张、不安、忧虑、悲伤，同时还伴有各种消极行为，包括发怒、轻蔑、退缩、有负罪感以及对自己感到不满。具有这种消极特质的人往往过于在乎理想和现实之间的显著差距。一种情况对于他人来说也许是刺激而富有挑战的，而对于悲观的人来说就会变得压力重重。

最近有许多关于工作压力的研究显示消极情感这种特质并没有之前的那些研究认为的那么稳定。一种解释认为，消极情感多少受到所处环境的影响。然而，如果在人生过去的岁月中总是那么消极，那么在将来可能更容易受到压力的负面影响。

3. 知觉性控制能力低下

知觉性控制能力是指个人认识到自己能够控制事态负面影响的能力。对于100多项研究的总结分析指出，那些认为自己控制事态负面影响能力高的人在经受压力时，往往较少发生生理或者心理症状，而且往往具有相对较高的工作满意度和相对较好的工作绩效。相反地，认为自己控制事态负面影响能力低下的人在经受压力时往往遭受更多打击。

4. 工作效能低下

工作效能低下的表现是：

（1）对工作压力持有不正确的态度，喜欢没有一点压力的工作，久而久之，人变得松散疲沓，遇到一点压力就会承受不了。

（2）在不可避免地面对压力时，缺乏有效的压力管理计划，不去试图消除或改变引发过度压力的因素，被动应付，压力过大时甚至自暴自弃。

如果不对压力进行有效管理的话，可能会造成长期的伤害，比如患有影响正常工作的慢性疾病等。压力管理是指将压力转变为积极的影响因素这一过程，既是指预防压力，也是指减缓压力。然而预防压力和减缓压力的方法之间却没有非常清晰的划分，比如，锻炼身体不但可以缓解压力，而且可以培养健康的生活方式来预防压力的产生。压力管理所使用的方法多种多样，有诸如练习松弛反应这样非常具体的技巧，也有诸如采用健康生活方式、健康饮食这样的普遍原则。

压力管理与情绪恢复能力

要管理压力首先必须具备识别压力的能力。设法识别自己独有的对于压力的反应，当这些症状发生的时候请用纸笔记录下它们发生的时间和强度，哪怕仅仅是记录这些症状都能减少这些症状发生的次数和强度。这一行为意味着你开始掌控自己的健康状态。

在清楚识别压力引发的症状后，下一步就是搞清楚这些症状发生之前你都想了些什么，有什么感受。

学会如何消除这些没有建设性的忧虑是非常重要的。当你陷入这些消极想法的时候，不妨试着在心里反复默念"停止"。刚开始的时候，也许每天要重复默念"停止"达50~100次。

管理压力最有效的办法就是消除或者改变给你带来压力的诱发因素。镇静剂的一个重要价值在于它可以让人足够冷静，这样人们就能富有建设性地处理诱发压力的事件。处理压力诱发因素的一个有效方法步骤是：搞清问题产生的原因，充分挖掘解决方案，评判各种备选方案，选择最优方案，然后执行，等等。

当然，一个人对于真实问题的评估可能未必准确，因此自我分析总是存在局限性。假如一个人因为工作中的一点小问题就觉得压力重重，那么他应该先冷静下来，好好分析一下。说不定会发现问题不是出在工作中，而是自己的财务危机已经让他倍感压力，以至于工作中的一点点小干扰就会让他难以忍受。因此，这个人应该开源节流来解决自己的财务问题。生活中的压力解决了，工作中的问题也就可以用比较平和的心态来处理。

练习日常用来减少压力的技巧

学会用简单方法放松自己是有效减轻各种压力所导致的紧张不安的一种重要途径。下面列出了日常减轻压力的一些方法，如果你能够实践这些方法，那么就可能不再需要使用镇静剂等药物来让自己冷静。

（1）当面对重压的时候小睡一会儿：小睡被认为是能够有效减轻和预防压力的最有效方法之一。

（2）顺应自己的情绪：如果你生气、厌恶或者疑惑，那就坦然接受这些情绪的存在；压抑自己的情绪会增加压力。

（3）从高压的环境中暂时抽身出来做一些小而有建设性的事情，比如洗车、理发或者清空垃圾箱等。

（4）请人按摩一下，因为按摩可以放松紧张的肌肉，加快血液循环，并使人安静下来。

（5）向你的同事、老板或者朋友寻求帮助。

（6）集中精力于阅读、网上冲浪、运动或者兴趣爱好。

（7）营造一个安宁的家庭环境，并且每天休息一会。

（8）抽出一天时间好好休息。

（9）完成某些小事，无论多小，完成事情的感觉会释放部分压力。

（10）停下来闻闻花香，和孩子或者年轻人交交朋友，或者和小猫或其他小动物玩耍。

（11）努力做好工作，但不是一味追求完美。

（12）做做手工，干一些开心的小事情。

（13）找点乐子，比如卡通、电影、电视节目或者幽默网站等，甚至和自己开开玩笑也无妨。

（14）尽量不要喝含有咖啡因和酒精的饮料，可以喝果汁和水；拿起一个水果而不是一罐啤酒。

（15）练习放松反应技巧。

放松反应是指当你呼吸心跳放慢、血压降低、新陈代谢减慢时的身体反应。可以通过许多方法来激发这一反应，比如冥想、练习或者祈祷。通过练习学会放松反应以后，你在遇到压力的时候就不会非战即逃，而是冷静地、建设性地想办法解决问题。

具有在挫折中重新振作的能力是成功人士的一个重要特征。受挫恢复能力是指能够顶住压力并且顽强奋起的能力，这种能力对于健康非常重要。人生总要经历各种各样的坎坷和风雨，失去亲人、因为大火失去家园、家庭破裂或是失业都会给个人以打击。具有从这些挫折中振作起来的能力可以帮助一个人保持健康，从长远来看，甚至能改善一个人的健康状况。

恢复能力还包括面对挑战的时候永不退缩的勇气，这种能力也是情绪智力的一部分。从情绪智力的角度来看，恢复能力是指具有坚韧不拔的毅力，并且在遭受挫折的时候能够保持乐观。具有良好恢复能力的人往往也是自信的人，而且也能更好地应对压力。

如何提高自己的恢复能力

➢ 不避讳问题，正视困难；

➢ 富有幽默感，会自我调侃；

➢ 习惯从自己和他人的经验中学习；

➢ 具有很强的灵活性和对变化的适应能力；

➢ 很好地倾听和感知他人，包括有困难的人；

➢ 能在事故或者不好的事件中找到有价值的东西；

➢ 具有好奇心，喜欢提出问题，探究原因，富有实验精神；

➢ 能够迅速从负面的情绪中恢复过来，收拾好心情继续上路。

自我认知是情商培训的关键

自我认知是在情感发生时对情感的识别能力,这种能力是情商培训的关键所在。自我认知就是了解自己的想法和情感,只有对自己有一个正确的认识,才会具备作出更好选择的能力。

人的大脑共分三部分,分别是直觉、情感和逻辑,它们像一个咨询团队的三个咨询专家那样一起工作,其目的是保证你的安全并向你提出建议。每一个咨询专家都有一套不同的方法,有时它们向你提供相互冲突的建议,有时它们又保持沉默。你的任务是学会如何听懂三个专家的建议并依据它们共同输入的信息选择其最佳者,然后作出正确决定。

了解三个专家如何工作的最佳方法是在实际情况中观察它们的行为。例如,苏珊开完会后深夜独自回家,她开车进入车库,下了车,步行回家。一个戴着滑雪面罩的人突然跳出灌木丛出现在她的面前,并用枪指着她的脸说:"把钱包给我。"对此,苏珊应该如何使用她的专家系统作出决定?

表 3-3 咨询专家的技巧

	三个咨询专家		
	直觉专家	情感专家	逻辑专家
技巧	辨认危险,建议你反击或跑开。	用你的记忆,回想你以前学习过什么应对措施。	全面分析问题的严重性并作出选择。
优势	让你不加思考迅速行动。	依据以往的经验和知识帮助你迅速地作出决定。	帮助你仔细考虑,作出理性的选择,以备将来使用。
弱点	可能令你不假思索地作出危险的行动。	可能把事情弄糟。	需要时间和较精确的信息以全面地考虑所有可能的选择。

请记住，来自一个专家的指导可能被其他专家的建议所淹没，尤其当后者的力量较强时。例如，当直觉专家和情感专家向你大声疾呼时，你不可能听到逻辑专家的建议。

时刻倾听并了解三位专家的建议，你才能明智地思考，做好计划和准备是你采用全部专家建议的最好途径之一。

当出现危机时，你如何反应？在危机状态下，你很难听到来自逻辑专家的建议。大多数人所谓的"感觉还好"实际上只是综合了直觉专家和情感专家的意见，不综合权衡三个专家的建议就片面地作出决定是危险的。

在前边遇到蒙面枪手的例子中，苏珊遇到危险情况时应如何采取行动，她的理性可能告诉她首先应保护自己，然后才是财产。

虽然大多数人很少面对有生命危险的情况，但是，每天面对时间安排被打乱、易暴躁的人及个人问题等都需要你清醒地思考。每个人都有周期性的危机感，这些危机感使人很难保持平静和头脑清醒。

运用以下四种技巧，找出你面对危机和压力作出某种反应的原因，试着更多地了解自己。你将来会如何思考和反应，精神上应有些准备。

人在危险和恐惧的束缚下，很难做到头脑清楚。放松能够使你的大脑处于更平和的状态，有助于你冷静地思考。当你感到心情平静时，就会清楚自己的感情、身体和大脑在做什么。

深呼吸几次，让你绷紧的肌肉松弛下来，使你了解自己的感觉、想法和反应。

在放松状态下，重新审视令你烦躁不安的原因，它可能是顾客的抱怨、公司裁员、配偶责备你没做家务事，或者是一个合作伙伴对你撒慌。

现在，请记住事件发生时你的感觉和想法，在全面分析了你的情感之后，你能够把你的想法引向明智的行动。

问你自己"在感受如何方面，我的身体告诉我什么？我什么地方感到紧张？是手、胳膊、后背、颈还是肠胃？我是否头痛？反抗和溜走哪个是我应做的反应？想到与那个人共事，我非常生气吗？"

引起你强烈反应（如生气、复仇、恐惧、悲伤、疲倦等）的真正原因可能并不明显。认真地研究隐藏在背后的真相，用提问（谁、什么、为什么、何时、怎样等）的方式剥开层层外衣，发现隐藏其中的真正原因。

更深地探究你的困境，以发现深藏其中的原因。多问自己几个"为什么"："为什么当……发生的时候我感到烦乱？"

持续提问并回答，直到你确信找到了你的真实情感。

激励是人们做事的动力，就像燃料可以使汽车工作。激励是影响你如何做决定及如何处理人际关系挑战的力量源泉。一旦你知道是什么力量在驱使着你，你就能够改善自己的思维方式并作出更好的选择。

情商评估助你正视情绪

情商评估会让情商训练不只是停留在原地或单纯的愿望上。当知道情商得分时，你会发现，对情商的体验是更为真实、中肯和更加针对个人的，也更加有利于帮助你提高情商技巧。

评估情商的价值有点类似于你想知道你与现在舞伴是否合作愉快。

当然不是绝对。本书中讨论的情商策略并不依赖于你知道你在情商评估中能得多少分。尽管这个评估给你的情商技巧提供了另一种观点，但你仍然可以在没有接受这个评估的情况下很轻松地发展这些技巧。这个评估为你提供了一个客观的新视角来描述你的行为特征，它可以用于你在本书中所学到东西的补充，但是决不能替代你从读到的东西中获益。

第一位的也是最重要的是，情商评估将会告诉你哪种技能是你的强项和哪个领域需要花费时间与精力来提高。你将会知道更多的关于你自己的倾向性和行为特征，比你单纯依靠你自己认识到的内容要多得多。评估中对你的简要描述将会给你提供一个整体情商得分、个人能力和社会能力得分以及在四项情商技巧中每一项的得分。得分高低会表示出你在提高情商方面最需要采取的行动。

一个关于情商的测验

评估题目对情商的描述将会帮助你理解你的强项和目前具备的技能，这些技能将给你提供改进的最大机会。通过客观评估、学习和实践可以改善你的情商技巧，这与改善你的数学、语言、体育和音乐技巧是相同的。

测验说明

在每个测验的每道题目下面，都有三个选项 A、B 和 C，请选择其中一项并在该项上画个圈。请记住，为了评估的准确性，你选择的答案应该最接近你的真实做法，不管是你将会采取这种方法去处理事情，还是你曾经使用过这种方法。请不要根据你目前的想法，认为某一项是最佳的选择，或者是最值得人称道的做法而进行选择。虽然做任何事情都想得到他人的称许，但这并不是情感聪明的反应方式。最后提供了一份标准答案，可供你回答完全部测验题后对自己的测验结果有一个比较明确的了解。

测验题目

1. 你被要求完成一项难度很大的任务，为此你很沮丧、生气。对此，你会如何应对？

A. 稍稍喘口气，休息一下。然后理清自己的思绪，制定出计划，有效地完成这份工作。

B. 仍然觉得非常地沮丧，但与此同时尽最大努力继续应付这项任务。

C. 找一个愿意听自己倾诉的人，发发牢骚，宣泄一番，然后尽快地把任务做完了事。

2. 你正在完成一项非常重要的任务。你曾经觉得它很有趣，但是因为经常重复做同样的事情，现在你已经感到有所厌烦了。对此，你会如何应对？

A. 在此时此刻，先想一个尽可能迅速有效的方法把任务完成，然后再找机会换一份工作。

B. 把它放在一大堆资料的最下面，然后继续做其他比较有意思的事情。

C. 投入最短的时间、最少的精力继续把事情做完。

3. 为了实现目标，你非常努力地工作。最后发现，自己收获到的比预想的要多得多。对此，你会如何应对？

A. 享受成功的时光，然后坐下来开始休息，不再工作，靠吃老本过日子。

B. 在这成功的基础上，为自己设立一些新的目标去努力、去奋斗。

C. 继续保持努力，这样自己的表现就不会与自己之前设定的标准有落差。

4. 为了解决某个问题你想了一些方案。但是其他人告诉你，你的方案成功的可能性很小。对此，你会如何应对？

A. 考虑其他人的意见，修改自己的方案。然后计算方案实施的风险成本有多少。

B. 向其他人提出的意见低头，把自己想到的全部方案都否定掉。

C. 忽略他们的建议，相信自己的判断能力，继续实施方案。

5. 你已经在一件事情上工作了一段时间，但是觉得很难评价自己做到什么程度了以及还可以做出怎样的改进。对此，你会如何应对？

A. 继续做自己已经在做的事情，因为到目前为止还没有人对自己的表现提出任何的不满。

B. 相信自己的判断能力，并对自己的行动相应作出一些调整。

C. 完成一份自评问卷，并找一个自己信任其意见的人一起讨论，然后对自己的行动再作出一些调整。

6. 为了进行某项决策，你正在核对数据，但是你发现有一些很重要的信息缺失了。对此，你会如何应对？

A. 设想缺失的数据都是无关紧要的，然后根据自己已经处理过的信息来进行最终的决策。

B. 不怕麻烦地追查缺失的数据，等到所有的数据都收集到手时才作出决策。

C. 基于可靠信息，对缺失的数据给予推测赋值，然后相应地作出决策。

7. 他人要求你完成一项你极其不喜欢做的任务。对此，你会如何应对？

A. 付出最小的努力，尽快把任务做完。

B. 一直拖延任务，先把自己喜欢做的事情做完。

C. 投入自己尽可能多的时间和努力，尽自己最大的能力去完成这项任务。

8. 你正在完成一项很重要的任务。几个同事让你暂停手中的工作，一起去喝酒（打牌）。对此，你会如何应对？

A. 感谢他们的邀请，向他们解释在这个时候不能与他们一起去的原因。

B. 没有向对方致谢，断然拒绝他们的邀请。

C. 向对方表示，如果可能的话随后再加入他们，尽管这样的表示仅仅出于礼貌。

9. 你正面临着一项持续时间长、实施起来很困难的任务。这项任务要求你努力工作，密切注意每一个细节才能达到目标。某个人向你提出建议，可以用一个快捷、简便的方式来完成它。对此，你会如何应对？

A. 认真考虑对方的建议，但是对可能影响到自己工作原则与标准的任何事则一概表示拒绝。

B. 不理会对方的建议，坚持用经过试验有保障的以及正确的方法来完成任务，不管这会花费多少时间。

C. 立即采纳对方的建议，并尽快地把事情做完。

10. 组织要求你承担额外的责任，你知道这对自己所在的团队来说具有非常重要的意义。但是你觉得自己不能胜任新的角色。对此，你会如何应对？

A. 表示同意。不带任何居心地把自己现有的任务先放在一边，优先考虑完成新承担的职务。

B. 以自己已经有很多的事情要完成为理由，拒绝承担额外的责任。

C. 表示尽管承担额外的责任会让自己工作很辛苦，但是你愿意去准备面对新的挑战。

11. 你所在的团队一直都很成功，但是在团队取得的各种成绩中，你个人发挥的作用却只占很小的一部分。对此，你会如何反应？

A. 不管自己的作用有多小，为团队取得的成绩感到高兴，并以自己在其中作出的贡献为荣。

B. 向自己的队友表示祝贺，然后继续做自己手中的事情；留下他们为取得的成绩庆祝。

C. 以自己和团队取得的成功没有多大关系为理由，拒绝加入庆祝活动。

12. 为了提高绩效，几个月来你一直在很努力地工作。但是到目前为止，还没有多少成功的迹象。对此，你会如何反应？

A. 继续努力，相信你为自己订立高目标的做法是正确的，在某个适当的时候，自己的目标一定会得以实现。

B. 减少付出努力，因为觉得自己不用那么辛苦工作，在某个水平上随意发挥一下就可以满足他人的要求。

C. 为了实现目标，再次肯定自己付出的努力不会白费。但是寻求方法上的改进，以取得最后的成功。

13. 你们团队正在做的某件事情出现了一点问题，你觉得自己可以解决这个问题。为此，你会如何反应？

A. 马上提出自己的方案，不给其他人抢在自己面前表现的机会。

B. 等待他人询问自己是否有什么办法，可以帮忙解决这个问题。

C. 充满自信地在团队成员面前陈述自己的看法，邀请他们帮助自己一起实施解决问题的方案。

14. 你所在的小组正面临着一项很重要的任务，但是没有人自愿承担来完成它。而你有自信把这项任务干好。你会如何反应？

A. 守株待兔，等待他人来询问自己对此是否有意愿。

B. 让小组成员明白，自己有意愿承担这项任务，而且如果有了他们的支持，自己会更有信心、有能力把事情做好。

C. 毫不犹豫、没有咨询他人的意见就自愿报名承担这项任务。

15. 某项职位刚好有一个空缺，但是它要求你承担额外的工作和责任。对此，你会如何反应？

A. 不提出申请，因为觉得自己毫无争议就可以得到这个职务。

B. 提交申请，表明自己有能力胜任这份工作。

C. 袖手旁观，看是否有人比自己更适合来担任这个职务，然后再决定是否提交申请。

16. 为了研究某个问题的各种应对方法，将成立一个高层的工作小组。虽然目前还没有人邀请你加入这个小组，但是你明白他们会考虑那些志愿参加的人。你会如何反应？

A. 不愿意自我推荐，因为觉得如果没有人向自己提出邀请，那么一定是他们觉得自己不适合参加小组，不具备研究的能力。

B. 自我推荐，志愿为小组服务。并让他人知道，自己有能力为小组的工作作出积极的贡献。

C. 让其他人知道，如果没有人自愿加入，那么自己乐于去做。

17. 你注意到某个危机正在逐步凸现出来，而且似乎没有人愿意掌控局面。对此，你会如何反应？

A. 积极主动，带头对不利局面采取一定的控制，直到得到外界必需的支持为止。

B. 尽可能快地在第一时间找一个有能力掌控当时局面的人来维持秩序。

C. 管好自己的事情。不希望因为自己积极出头出了差错而受到他人谴责。

18. 有人问你是否愿意作为主队的候补人员参加一项赛事，但是可能不会邀请你做任何事情。对此，你会如何反应？

A. 接受对方的邀请，把它当作是一次加入新团体、体验以及学习新事物的机会。

B. 拒绝对方的邀请，觉得自己可以用那段时间去做更有意义、更有价值的事情。

C. 接受邀请，但是让对方了解到，比起去当他们的候补，自己更愿意去做其他的事情。

19. 有些预想不到的坏消息传来，让你和你的同事对自己将来的发展前景感到焦虑，十分抑郁。对此，你会如何应对？

A. 希望大家都能快乐一点，振作起来。建议大家晚上一起出去玩，别把坏消息放在心上。

B. 让自己陷入消极悲观的心境当中，并持续一段时间。

C. 尽量让自己保持快乐的心境，集中所有思绪，努力寻找各种办法，试图把局势扭转到对自己有利的一面。

20. 出乎意料，他人针对你的表现，提出了一些负面的反馈。对此，你会如何应对？

A. 听着他们提出的各种批评意见，不发表自己的任何看法，但是在心里表示不服。

B. 坚决表示反对，认为对方的意见毫无道理，不可接受。

C. 认真倾听他人的反馈，结合自己的评估，思考可以使用的各种方法，改善自我的表现。

21. 尽管已付出了最大的努力，但是你一直未能实现自己设定的目标。为此，你会如何应对？

A. 坚持自己的目标，但是重新检查寻求实现目标的方法，看它们是否恰当。如果有必要，将付出更多的努力。

B. 不愿放弃，下定决心以后要更加努力。

C. 重新调整自己的目标，把它调整到自己能够实现的水平。

22. 在没有任何思想准备的情况下，要求你调整自己在团队中的职位，到一个全新的、你完全不熟悉的位置上去工作。对此，你会如何应对？

A. 拒绝工作上的变动，因为你觉得在短时间内要求你承担新的职责，对你来说并不公平。

B. 与他人讨论新的职责要求承担哪些具体的义务。然后在经过充分的思考之后，依靠自己的能力回应挑战，接受新的工作。

C. 如果条件确定都符合，那么同意在试用期内从事新的工作。

23. 你正赶着在最后的期限内完成一项很重要的工程，但是在这时你遇到了意想不到的麻烦。你会如何应对？

A. 竭尽所能，不管怎样尽可能高水准的按时完成任务。

B. 向他人解释自己遇到的特殊情况，请求增加额外的时间来完成任务，以达到让你满意的程度。

C. 对问题保持沉默，满足于当时情况下自己的尽力而为。如果有必要，甚至选择走捷径。

24. 你参加了一份工作的面试，但是没有取得成功。尽管在所有的候选人当中，你是看上去条件最符合的一位。你会如何应对？

A. 表示你觉得自己在面试中表现得很好。不过，那天一定是遇到一个发挥得比你要好的人，所以自己才没有成功。

B. 责备自己，没有为面试做好充分的准备。

C. 自称在面试中表现不理想，是因为你并不是很想得到那份工作。

测验结果统计：

对照下列标准，对你的情商测验结果进行统计：

比较你自己在测验中的回答与表 3-1 中给出的标准答案是否一样，如果一致，请在相关的选项上打一个"√"；不一致则不需做其他标志。最后在表 3-2 中统计出你三个等次的"√"数量。

表 3-4　测验题号与标准答案对照表

测验题号	测验题目给出的答案		
	EQ 最高	EQ 最低	中间水平
1	A	C	B
2	A	B	C
3	B	A	C
4	A	B	C

5	C	A	B
6	B	A	C
7	C	B	A
8	A	B	C
9	A	C	B
10	C	B	A
11	A	C	B
12	C	B	A
13	C	B	A
14	B	A	C
15	B	A	C
16	B	A	C
17	A	C	B
18	A	B	C
19	C	B	A
20	C	B	A
21	A	B	C
22	B	A	C
23	A	C	B
24	A	C	B

表 3-5　测验结果统计表

水平分类	EQ 最高	EQ 最低	中间水平
对应结果			

【测验结果说明】

"√"数量最多的那一列就代表了你的情商水平。

一个关于情绪智商分类的测试

为了更好地了解自己的情绪智商数于哪一类,我们有必要做一个情绪智商分类测试。下面的每一道题里,都有三个备选答案:A、B 或 C,在每道题的三个答案里面,有一个代表的是情感表现最聪明的反应方式,另外一个代表的是最糟糕的反应,第三个描述的则是前两种反应的折中水平。

有的时候,你会觉得在三个选项里面,自己有两个答案都可以选。如果是这样,请尽量选择能反应你最真实、最具深度一面的那一项。在每一道题目提供的背景下,选择在该情景中最接近你个人做法或者你曾经这样做过的一项,并在相应的答案 A、B 或 C 上划圈。

1. 有人对你所说的表示质疑。你会如何反应?

A. 你会说,"我就知道你会这么反应。"

B. 询问对方,"我的观点存在哪些问题?"

C. 你会说,"我有其他的想法,但是我想先听听其他人的意见。"

这道题要评价的是自我调节中的"保持开放的心态"。选项 C 代表的是情感表现最聪明的反应,因为这种质疑、挑战,对方并不是针对个人有意发出的,而是从旁观者的角度寻求展开一场讨论;同时,这也表明,回答者对此有其他不同的观点。相反,选项 A 由于对发出质疑者表现出了一种攻击性,可能引起双方"互相谩骂",而不是彼此有序地互换观点,因此是情感表现最愚笨的反应方式。

2. 你急需一份报告书。你如何对这份报告的起草人表达你的意思?

A. "我要你在今天把报告递交给我。"

B. "我们今天需要用到那份报告。"

C. "今天要用到那份报告。"

这个问题评价的是自我调节中的"武断、过分自信"。首选答案是 A,

因为它表示了个人亲自解决这个问题的意愿，而不是躲在"我们"后面，掩饰了个人的意思；或者如答案 C 那样，以一种与己无关的语气要求对方。就答案 B 来说，至少"我们"这个词的使用表明了一些个人关联以及责任分担的存在。因此 B 和 C 都不是最佳的答案。

3. 你给一个朋友看你的一些假期的照片，他（她）称赞你在照片中拍得很漂亮。对此，你会如何反应？

A. 你会说，"你肯定是在开玩笑，我太胖了，最少还需要瘦几斤，看看那些下巴就知道了。"

B. 你会说，"谢谢，我整个假期都觉得非常好，感觉过得很开心。"

C. 你会说，"是的，照片拍得还凑合，而且刚好当时天气也不错。"

这个问题评价的是自我觉察中的"不要总是自我抱怨"。选择答案 A，是最不自信的表现。答案 C 带了一点自我贬低的味道，但是比 A 要好一些。在本题中，答案 B 显示了个体健康、良好的自尊。

4. 你离开办公室，和几个同事在一起。在休息期间，你打电话到办公室想看看自己是否有一些信息或者留言。在通话过程中你会做些什么？

A. 如果有信息的话，看看都是些什么信息，并且询问某某人正在办公室干什么。

B. 如果有信息的话，看看都是些什么信息；并且顺便带你的同事们看看他们是否也有一些信息。

C. 如果有信息的话，看看都是些什么信息。

这个问题评价的是同理心中的"以自我为中心"。以自我为中心的人只对自己的利益感兴趣。任何回答 C 的人都能为自己找到合理的解释，但是他们并没有考虑到和自己在一起的那些人的利益。与身边的同事、朋友互相帮助、互惠互利，并且做到"己所不欲，勿施于人"。这样我们的社交生活才能得以拓展、延续。因此相比较而言，三种答案中 B 是情感表现最聪明的回答。

5. 你所在的小组，赶着在最后期限内完成一项重要的任务。但是，有一个同事总是在胡闹，让你注意力无法集中。对此，你会如何反应？

　　A. 通过命令对方"闭嘴，表现得成熟点"，表明你对他的行为已经忍无可忍。

　　B. 建议小组进行工作进展的核查，制定出各种计划，按期完成任务。

　　C. 忽视同事的不良行为，尽量把注意力集中在当前的任务上，并提醒小组成员限期将至，应加紧努力。

　　这个问题评价的是动机中的"努力达到高标准要求"。答案 A 意味着以自我为中心，由于工作没有取得进展，而把责任推到某一个人身上，并且还有可能冒着疏远小组其他成员的风险。答案 C 比 A 要好，因为它表明，你希望能够按期完成任务，但是这样做也还是在不停地催促大家干活而已，可能效果并不好。所以，答案 B 是情感表现最聪明的回答，这种做法努力寻求事情的进展，把小组全体成员（包括制造事端的那个同事）的努力都集中于应付当前手中的任务。

　　6. 有一个生气的顾客因为产品出了问题，打电话给你，希望得到你满意的答复。对此，你会如何反应？

　　A. 与顾客争论产品的问题所在，并询问问题产生的原因。认为：如果产品的质量的确是那么糟糕的话，为什么公司没有收到其他顾客的投诉与抱怨呢？

　　B. 向顾客指出，如果产品有问题的话，通常都是由于使用或者储存方法不当引起的。不过，公司允许给顾客退款或者换一件新的产品。

　　C. 向顾客说明，你会给他（她）重新换一件产品或者办理退款。不过，希望顾客做出解释，产品是在什么样的情况下出现了问题。

　　这个问题评价了社会性技能中的"良好沟通能力"，尤其是在顾客服务这一情商水平备受重视的领域。因此，大家应该很容易明白，为什么答案 A 是情感表现最不聪明的反应，而答案 C 最能让人接受。

　　7. 你意识到自己做了一个错误的决定，将给其他人带来不利的影响。对此，你会如何反应？

A. 努力想各种办法，尽量减少自己造成的损失。

B. 对事件保持沉默，与此同时为自己寻找替罪羊。

C. 向事件的相关人员表示歉意，并提出一些弥补损失的建议。

这个问题评价的是社会性技能中"与他人和谐共事"的能力。把情商用在工作中，如果你把事情弄糟了，你最好为此承担责任，并且积极寻求各种各样的解决办法，弥补自己已造成的损失（答案C），而不是设法把责任推到你的同事身上，自己却逃之夭夭（答案B）。当然，如果选择自己一个人孤军作战，努力降低损失（答案A），结果可能只会把事情弄得更糟糕，而不是更好，无益于事情的解决。

准确评估你的情绪智商技巧

通过上一章节的测试，你对自己的情绪智商有了比之前更充分的了解。那么，如何准确地评估你的情绪智商技巧呢？不妨运用以下四个步骤来完成你的情商技巧评估。

步骤一：做好准备

回答下面所列问题，你需诚实而客观，该怎么样就怎么样。如果你希望在工作中提升你的情商，可以选择你的直接上级、一个商业伙伴或同一团队成员给你一个客观而有帮助的反馈。如果你希望在个人生活中提升你的情商，可以选择你的配偶或亲密的朋友帮你完成此评估。

步骤二：完成评估

下列陈述是否在75%以上与你的情况相符？请在对应栏内打一个"√"。

表 3-6

题号	测验题目	答案	
1	在作出决定或采取行动前，我会听听他人的意见。	是	否

2	我有良好的幽默感。	是	否
3	我可以从他人的角度观察和感受事情。	是	否
4	我能冷静和健康地面对管理上的压力。	是	否
5	在与他人沟通时,我会让他感觉良好。	是	否
6	在处于冲突和困难的情况下,我仍能积极思考。	是	否
7	在开始生气或冒犯他人时我头脑清醒。	是	否
8	当进行变革时,我会考虑到他人的感受。	是	否
9	除了出现挫折或问题,我会一直默默无闻地工作。	是	否
10	当使用否定的想法时,我能保持头脑清醒。	是	否
11	我以遵循计划、支持他人、建立互信的原则工作。	是	否
12	我一直保持快乐并乐于为新主意付出劳动。	是	否
13	我会帮助意见不同的人达成一致。	是	否
14	当面对他人的火气时,我能保持放松而且目标明确。	是	否
15	为了解决冲突,我提倡公平和互相尊重的讨论。	是	否

步骤三:得分统计及解释

你选择了多少个"是",按照选择一个"是"记 1 分的标准,你将得出你的情商技巧总体得分为和相应的得分解释:

(1) 13~15 分,表明你的情商非常高;

(2) 10~12 分,表明你的情商比较高;

(3) 7~9 分,表明你的情商处于中等水平;

(4) 4~6 分,表明你的情商低于平均水平;

(5) 1~3 分,表明你的情商远低于平均水平。

步骤四:评估你现有情商技巧的优势和弱点

步骤二列出的 15 个评估选项中的每一个均反映了你在五类情商技巧中的某一类水平。这五类情商技巧是:自我认知、社交技巧、乐观态度、情感控制和灵活性。为了统计你每一类技巧的得分,我们提供了下面的问题编号与对应的情商技巧表。

使用说明：如果你在第一个问题上划"是"，说明你在自我认知上得1分；如果你没有画"是"，则不得分。如果你在第二个问题上划"是"，说明你在自我认知、社交技巧、情感控制和灵活性上分别得1分；如果你没有画"是"，则对应的四类技巧均不得分。

表 3-7

问题编号	对应的情商技巧				
	自我认知	社交技巧	乐观态度	情感控制	灵活性
1	是				
2	是	是		是	是
3			是	是	
4	是	是	是		
5	是		是	是	是
6	是		是		是
7		是			
8		是	是	是	是
9		是	是		是
10	是	是		是	是
11		是		是	是
12	是	是			
13	是		是		是
14				是	
15			是		
技巧总数					
水平等次					

统计出"技巧总数"后，据此确定每一类情商技巧的水平等次，分别填入"水平等次"栏中。例如，若自我认知的得分是8分，则在其下面的"水平等次"栏内填"非常高"。若社交技巧的得分是6~7分，则在其下面的

"水平等次"栏内填"高"。水平等次的确定标准为：8=非常高，6~7=高，4~5=平均，2~3=低于平均，0~1=远低于平均。

自我认知技巧高的人会清醒地意识到他们的感觉怎样，被什么激励，阻碍他们的是什么以及他们怎样影响别人。

社交技巧高的人能与他人进行有效的沟通并保持良好关系，他们会专注地聆听他人的发言并用最恰当的沟通方式满足他人的独特需要。

乐观态度技巧高的人有积极和乐观的生活形象，他们的精神状态使他们朝着目标按部就班地工作，即使遇到挫折也不放弃。

情感控制技巧高的人善于冷静地处理压力，能够应付情感受压迫的环境，如环境变化或人际关系冲突。灵活性技巧高的人能够适应各种变化，善于运用各种方法解决问题，也更容易更快地取得成功。

Part4 妥善管理自己的情绪

妥善管理自己的情绪，即自控，就是能够适应性地调节、引导、控制和改善自己的情绪，能够使自己摆脱强烈的焦虑、忧郁等情绪，积极地应对危机，增进实现目标的情绪力量。

控制情绪利于提高情商

一个能控制自己情绪的人，必是一个自控能力极强的人。自控包括：自我监督、自我管理、自我约束、自我疏导、尊重现实。尊重现实包括尊重自己和他人的现实，以及尊重周围环境的现实。

你可曾有过类似的经历？譬如：考试前焦虑不安、坐卧不宁；受到老师、父母批评后脑子里一片空白，不愿上学；和同学朋友争吵后，气得上街乱逛，买一堆不合时宜的东西泄愤。

像这类"犯规"的举止，偶尔一次还不要紧，如果经常这样，就要小心了！因为不知不觉中，你已经成了"感觉"的奴隶，陷于情绪的泥淖而无法自拔。所以一旦心情不好，就"不得不"坐立不安、"不得不"旷工、"不得不"乱花钱、"不得不"酗酒滋事。这样做不仅扰乱了自己的生活秩序，也干扰了别人的工作、生活，丧失了别人对你的信任。

对有些人而言，情绪这个字眼无异于洪水猛兽，唯恐避之不及！领导常常对员工说："上班时间不要带着情绪。"妻子常常对丈夫说："不要把情绪带回家。"……这表达出我们对情绪的恐惧及无奈。也因此很多人在坏情绪来临时，莽莽撞撞，处理不当，轻者影响日常工作的发挥，重者使人际关系受损，更甚者导致身心疾病的侵袭。

美国著名心理学家丹尼尔认为，一个人的成功，只有20％是靠IQ（智商），80％是凭借EQ（情商）而获得。而EQ管理的理念即是用科学的、人性的态度和技巧来管理人们的情绪，善用情绪带来的正面价值与意义帮助人们成功。

真正健康、有活力的人，是和自己情绪感觉充分在一起的人，是不会担心自己一旦情绪失控会影响到生活，因为他们懂得驾驭、协调和管理自己的情绪，让情绪为自己服务。

当你明白自己的情绪不对劲后，要去认识有哪些责任是自己应该负责却没有做好的，又有哪些责任是外在的原因造成的。比如，你因迟到遭到上司的罚款处罚，心情很沮丧。你就要追问自己："此事是自己的原因还是外部的原因？"

如果是属于堵车之类的外部原因，那么不必太在意。如果是自己动作慢，常起晚，那就改变习惯而不是谴责自己。如果因此养成了良好的习惯，领导的处罚就是值得的。

通常情况下，人们会将自己遭遇的不幸归因到外界。比如，上司批评自己是因为一直就看不惯自己，而这种假想出来的不公平感会让人的情绪雪上加霜。

此时，如果你能够及时地消除对方的"假想"，并现身说法，可以帮助对方卸掉一个沉重的包袱。

此外，对于已发生的事情，可能已经对现实造成了一定的影响，比如你说错了一句话，可能得罪了上司。

你除了要认识到无论之前发生了什么，都属于过去外，还要帮助自己寻找一些解决问题的具体措施。

比如，要如何做才能减轻自己给领导造成的负面印象？怎样才能让领导重新信任自己？为此，你可问自己几个问题：

这件事的发生对自己有什么好处？

现在的状况还有哪些不完善？

你现在要做哪些事情才能达成你需要的结果？

在达成结果的过程里，哪些错误你不能再犯？

当人面对自己有危险的事情时，会产生恐惧、担忧、焦虑，而一旦思索了解决问题的方法，正是帮助自己增强对事情的"可控制力"，你的负面情绪就会得到缓解。

有的人比较内向，容易压抑内心真实的感觉。心情很沮丧时，往往说成是头痛、不得劲儿、不太舒服；

焦虑不安时，常以为是胃痛、肚子不好受。解决的办法，多半是找几片药片吃了了事，很少真正去面对自己的问题，更别说能看穿自己是否被情绪牵着鼻子走了。

每个人的情绪都会时好时坏。卡耐基说："学会控制情绪是我们成功和快乐的要诀。"

没有任何东西比我们的情绪，也就是我们心里的感觉更能影响我们的生活了。

长期的消沉情绪对身体各系统的功能有极大的影响。每个人都会遇到这样和那样不顺心的事情，天灾人祸随时会降到你的头上，还有疾病的袭击。如果你总是闷闷不乐地活着，总是在抱怨自己倒霉，不顺心的事情为什么都会降临到我头上？那么你的心情是难以快乐的。

情绪的好坏是自己所掌握的，以积极的心态去看待一切事情，你就是快乐的。要是以消极的态度去看待身边的事情，你就是悲伤的，快乐与不快乐就是一种感觉。

摆脱和消除不良情绪七法

- 针对问题设法找到消极情绪的根源；
- 对事态加以重新估计，不要只看坏的一面，还要看到好的一面；
- 提醒自己，不要忘记在其他方面取得的成就；
- 不妨自我犒劳一番，譬如去逛街、逛商场，去饭店美餐一顿，听歌赏舞；
- 思考一下，避免今后出现类似的问题；
- 想一想还有许多处境或成绩不如自己的人；
- 将自己目前处境和往昔做一对比，常会顿悟"知足常乐"。

适时把情绪调成"静音"

日常生活中，总有些人遇事控制不住火爆脾气，动不动就大发雷霆。这种做法不但不能很好地解决问题，更有可能加剧矛盾。每当你想发火时，不妨将情绪当成手机并调成"静音"模式，先让自己安静下来。等心静平衡了，再想办法解决问题。

将情绪调成静音，需要有准确地判断感情的能力。在我们的感情蓝图中，判断感情是第一项能力。具备准确判断感情的能力不仅对事业的成功和人生的幸福来说很重要，而且对我们的生存来说也不例外。

美国德克萨斯州立大学的史密斯教授，曾经针对受测者情绪的变化及其个人生理心理状态做了一个实验。

他在实验报告中指出：一般人情绪大多在处于焦虑、愤怒、恐惧时会有一种来自脑下腺的肾上腺皮质刺激素，分泌出来刺激肾上腺，因而影响受测者的生理状态。在这种情况下，受测者极易产生心跳加速、口干、胃部胀痛等生理现象。这种情形如果持续进行，就容易引起心脏病、高血压或胃溃疡等后遗症。

天有不测风云，人有旦夕祸福。日常生活中我们难免会遇到一些挫折、困苦等不愉快的事，而一味地生气、焦虑、怨恨，不但不会使事情好转，反而会严重伤害身心健康。

人不会永远都有好情绪，任何人遇到灾难，情绪都会受到一定影响。这时，你一定要操纵好情绪的转换器。面对无法改变的不幸或无能为力的事，就抬起头来，对天大喊："这没有什么了不起，它不可能打败我。"或者耸耸肩，默默地告诉自己："忘掉它吧，这一切都会过去！"

被称为世界剧坛女王的拉莎·贝纳尔，突遇风暴，不幸在甲板上滚落，足部受了重伤。当她被推进手术室，面临锯腿的厄运时，突然念起自己演过的一段台词。记者们以为她是为了缓和一下自己的紧张情绪，可她说："不是的，是为了给医生和护士们打气。你瞧，他们不是太正儿八经了吗？"

拉莎·贝纳尔在面对无法抗拒的灾难时，没有恨天怨地，没有抱怨命运不公。相反，她勇敢地跳出悲伤、焦虑的圈子，重新燃起生活的激情。

一句"他们不是太正儿八经了吗"，说这话时，她心中的情绪转换器调整到了最佳状态！拉莎手术圆满成功后，她虽然不能再演戏了，但她还能讲演。她的充满生命热情的讲演使她的戏迷再次为她鼓掌。情绪是可以调适的，只要操纵好情绪的转换器，随时提醒自己、鼓励自己、就能常常有好情绪。

那么，当坏情绪突然来临时，如何调适操纵情绪的转换器呢？下面的方法可供参考：散散步，把不满的情绪发泄在散步上，尽量使心境平和，在平和的心境下，情绪就会慢慢缓和而轻松。

最好的办法是用繁忙的工作，也可以通过参加有兴趣的活动去补充，去转换。如果这时有新的思想，新的意识突发出来，那就是最佳的补充和转换。

坏情绪会来，也会去。没什么了不得。没什么好恐慌。轻松地面对它，接纳它。它会感谢你的盛情，不再打扰你。

人的情绪是人对现实生活的一种特殊的反应，生活中的事是否符合自己的需要，就会产生种种心理体验。良好的情绪能够成为事业、学习和生活的内驱力，而不良、消极的情绪则会对身心健康、人际交往等产生破坏作用。因而，不断把自身情绪提升到有益于个人进步和社会发展的高度，是十分必要的。人的情绪是能够主动地调控的，你可以试着用理智来驾驭情绪，使自己的情绪逐渐成熟起来。

自我调节是提高情商的关键

我们非常喜欢用火山爆发来比喻人们发怒的情形，但火山是没有生命的，受自然物理力量的驱使，除了爆发之外，自己一点作用都发挥不了。可是，我们是人，我们可以发挥自己的作用，帮助自己处理好各种情绪，因为我们具备自我调节的能力。

接纳自己的情绪，与你的情绪状态一起投入到工作中，而不是沉浸在情绪状态中无法自拔。当一种情绪产生时，与其想着"我必须现在处理自己的情绪"，或者"我必须把压在胸口的情绪发泄出来"，倒不如试着换一种思维方式："我真的要现在就处理自己的情绪吗"或者"我真的要处理自己的情绪吗"又或者"我如果现在处理自己的情绪，要付出什么代价"。通过延迟获得满足，抑制你的冲动，你实现了对自我进行良好的控制。所以，在与那些一遇到各种情绪、本能驱使就马上陷入其中、无法自拔的人相比较的情况下，你的优势立刻就体现出来了。

情绪调节是否存在着一个下限呢？有没有可能过于强调对情绪的控制，而出现情绪控制过度的情况？我们都熟悉那些不能或者不愿意表达内心感受的人，并且，经常会给他们贴一些标签，如"保守的""冷冰冰的处女""木头人"等。把不善于表达情绪、情感的人当作笑料，取笑他们，是件很容易的事情。同样，众目睽睽之下掉眼泪、哭泣，也不难做到。对于我们来说，应该记住一个普通的规则，那就是：尽管内心有些情绪让你或者他人感到无比的沮丧、厌倦和吃力，但是设法控制住你的各种情绪状态，总是一个更为上乘的选择。

总之，自我调节关注的是，寻求达到一种平衡。在情绪的调节过度与调节不足两者之间，就如同有一个金矿那样值得我们去探索，这个金矿的位置要更接近情绪调节过度这端，稍偏离于情绪调节不足。

自我调节情绪的诀窍

想要妥善管理自己的情绪，掌握自我调节情绪的诀窍尤为必要。下面就是一些调节情绪的窍门，你一定要运用好。

1. 延迟评判：抑制冲动

你越挑剔，你就会发现有越多的事情让自己感到生气。举个例子，如果你觉得甚至连道路上穿行的各种各样的车辆，如飞驰而过的小汽车、只有一个前灯的车、在人群通道中间拱起来的长途公共汽车等，都会让自己感到非常愤怒与不适的话，那么，你已经离"道路狂躁症"不远了。如果你偶尔延迟对事情发表意见，而不是马上给予判断，那么你的生活肯定会轻松简单很多。

当然，如果加以正确合理的引导，我们的各种本能可以给我们的生活带来许多开心无比的瞬间。例如，一些朋友带着礼物不期而至，他们是想为彼此多年的深厚友谊庆祝一番。也许当时你的反应是，不假思索地把自己珍藏多年的佳酿拿出来与朋友分享；接下来发生的便是让人感到非常美好的一晚。我们在这个例子中看到的是冲动行为好的一面。但是，如果你养成习惯，总是冲动行事，草率地作出许多决策，那么你的烦恼也就开始了。

抑制冲动需要灵活处理。接受"一直数数数到10（或者甚至是到100）"的建议，是个不错的主意。所以，为什么不愿意投入部分时间，检查一下自己曾经因一时感情冲动而做出的一些失去理性的行为呢？在此过程中，深入反思这些行为给你和其他人带来了哪些后果。也许你会发现，许多过去引起你做出冲动性行为的因素，在事后看来是显得如此地微不足道。往往是那些在冲动之下作出的重大决策，结果证明其代价惨重。例如，许多人只是考虑到经济因素，没有认真看房子，或没仔细考察过房子所在地区的环境、条件如何，就匆匆地把房子给买了下来。还有，只是因为夏日度假，而举家搬迁到海边去住，结果发现那里冬天太冷、太静，不适宜居住而犯了一个重大的错误。因此，要注意你内心深处那些不受约束的各种本能、冲动！防止它们影响你作出正确的判断。

2. 搁置问题：转移注意力

当人们被激怒时，通常身边的人会劝他们说"别把事情放在心上"，无论是什么让他们感到不幸、忧伤，都要把注意力从那些事情中转移出来。实际上，这是在建议他们"把问题先搁在一边"，如果实在没办法，非处理不可，那么等他们的情绪平静下来，心情好一些时再回来解决这些问题。例如，住在楼上的人直到深夜还在大声地播放音乐，让你根本无法入眠；或者你的一个邻居拒绝把挡住光线的栅栏拆掉。这些小小的刺激都能成为你的困扰、碍眼之物，让你变得心情焦躁不安。在遇到这种情况时，有没有一种情感显得比较聪明的应对方式呢？如果有的话，会是什么？

你需要做的是，努力尝试着把激惹你的那些人或者事先放在一边，暂时不去理会，最好等你对问题有了一个新的看法时再回去处理它们。当然，说比做要容易得多，而且你也不可能对问题完全置之不理，因为问题摆在那里不去解决的话，事情不会有任何的改观。这就是为什么有的时候，在不做出任何反应过激行为的前提下，你需要适当表达自己的不满和委屈，让他人知道你对事情的感受有多么地强烈。但是，你也应该意识到，自己有充分的理由，应该及时克服困扰你的问题，不让它进一步对你造成影响。因为河流最终会汇入大海，所以，你也不用在问题发生以前袖手旁观、一直等待，可以先做一些未雨绸缪的预防工作。这种意识能给你带来一种内心的安宁感，可以把这种状态称之为"沉着的乐观主义"。对于那些容易被激怒的人来说，值得努力去达到这种状态。

另一种方法是，学会按照事情的轻重缓急来安排时间，而不是同时完成所有的事情，成为一个做事情有轻重之分的人。想一想你的生活以及你正在努力应对的事情。你是按照事情的轻重缓急来安排时间呢，还是只是企图同时完成所有的事情？如果是后者的话，你意识到自己正处于紧张的状态吗？有没有一些事情是你可以暂且不管的呢？有没有一个问题是你能够转移自己的注意力，把它先放在一边的呢？

如果你会思考以上提出的问题，你就会体会到：常常是因为我们经常想把太多的事情同时做完，这让我们感到紧张、不安和冲动。所以，如果花一些时间好好想想，把我们要做的事情按照轻重缓急安排妥当的话，必然有些事情将会放到后面再进行处理，而有些问题甚至会被完全抛开不理。因此，如果我们认为某些事情相对显得没有那么重要，为什么我们还要花时间去认真处理它们呢？为什么还让这些事情给我们的情绪带来种种不好的影响呢？为此，请接受这样两个建议："有序地把你的事情安排好"以及"保持一种协调感"。

3. 坚定果断而非盛气凌人地表达自己

硬起心肠让自己变得坚定果断一些，不屈服于害羞、难为情等不良情绪，也是一种有效的调节方法。但是这个过程存在的危险是，你表达自己行为坚定、果断的决心过于强烈，让你的感性情绪占了上风，行为变得盛气凌人或者退回到原来的地步，结果再次令你未能抓住机会表达自己。

所以，明确区分行为的果断与攻击这两种形式是一件非常重要的事情。果断涉及到尊重你自己和其他人的各种需要及感受。当你以直接、真诚的方式表达自己的想法、情感和信念，而没有侵犯到他人时，说明你行为坚定果断。相反，当你的表达方式羞辱、轻视了对方，或者让对方无法接受的话，说明你的行为极具攻击性。攻击性行为的一个共同形式以及表现出来的懦夫特征在于：让他人出丑的动机非常明显，随便说出伤害他人的话，不考虑任何的后果。换句话说，发出攻击性行为的个体只是考虑到自己，很少或者根本没有顾及他人的想法和感受，表现出来的行为说明他们既缺乏自我调节，也缺少对他人的同理心。

但是一旦你学会坚定果断地表达自己，很快就能形成一种习惯，从而让他人能够更好地明白你、理解你，这在某种程度上看来，具有相当的解放意义。因此，沉着冷静并有礼貌地说出你的想法，会让你觉得在情感上好受一些，更有力量一些。

4. 保持灵活性：顺其自然，对事情不要过于强求

正如一个刚硬的物体比一个柔软的物体容易被折断那样，固守某些观点或者坚持某一特别的行径，不顾及其他人在做什么，不管是对你个人还是其他人，都容易导致情绪上的痛苦抑郁。还有的时候，在某些情况下你也许并不能如愿以偿达成自己的目标。为了让自己的情绪保持安宁稳定，你最好能够认清事实，并且接受事实。对事情过于强求，有的时候一点意义都没有。因为你越是强求，你就越会觉得沮丧，这是在"拿自己的头往砖墙上撞"。那么，遇到这种情况该怎么办？情感表现得比较聪明的一种应对方法是，重新检查一下自己制定的各个目标，并且看看你寻求达到这些目标的途径是否恰当。条条大路通罗马，实现某个目标可以同时存在不同的解决办法。所以，改变你现在的处事方式可能是一个更好的选择。

同时，你还应该记得，无论在什么时候都要尽量让自己保持一种均衡感。在我们的日常生活中，有许多决策都是在没有充分考虑后果的情况下作出的，所以，如果最后决策的走向与自己的预期或意愿并非完全一致的话，也并不值得为此焦躁不安。这里有一些例子：今晚该吃肉还是吃鱼？该向左转还是向右转？该把鸡蛋用开水煮熟，还是去壳后水煮荷包蛋？谁在乎这些问题呢？也许只有你。

如果你属于那种对任何事情或所有的东西都盯得很紧，并且总是对达不到自己的要求、不符合你的心意的状况感到无比沮丧与生气的人，那么请试着将情绪调成静音状态，尽量让自己变得随和一点，这样你将会发现自己在情绪上的损耗和激怒会减少很多，你也能更加深刻地体会到"顺其自然"的价值所在。

软糖实验的"自控"启示

人生道路上，以智取胜的时候有很多，但是心理素质在一个人成才的道路上却有着不可忽视的意义。有一个著名的"软糖试验"，很能够说明一些问题：

软糖试验

1960年，著名的心理学家瓦特·米歇尔在斯坦福大学的幼儿园里做了一个软糖试验。他召集了一群4岁的小孩，在一个大厅里面坐下，每个人面前放了一个软糖，对他们说：小朋友们，老师要出去一会儿，你们面前的软糖不要吃它，如果谁吃了它，就不能再加一个软糖；如果你控制住自己不吃这个软糖，老师回来会再奖励你一个。

老师假装走了，在外面窥视。这群4岁的小孩，在老师走了以后，看着软糖，甜啊。有的小孩过一段时间手伸出去了，缩回来，又出去了，又缩回来，过了一段时间以后，有的小孩开始吃了。但是有相当多的小孩坚持下来了，老师回来过后，就给坚持住没有吃软糖的，奖励了一个。

试验结束了吗？没有，后面的过程才是重心：专家就开始分析那些没有吃糖的孩子，他们凭借什么力量坚持下来了呢？有的小孩就数自己的手指头，不去看软糖。有的把脑袋放在手臂上，努力使自己睡觉。对这些孩子，他们继续观察，继续分析，到了这些小孩上小学、上初中，他们就发现，能控制住自己的不去吃软糖的孩子，上了初中以后，大多数表现比较好，成绩也比较好，合作精神也比较好，有毅力；而控制不住自己的孩子，表现不好，不仅仅是读中学，进入社会之后的表现，也是如此。

这个"软糖试验"告诉我们什么？那就是学会控制自己。这项并不神秘的试验使人们意识到，不要将智力在人生的作用方面估计偏高，在我们走向成功的道路上，一定还有很多别的因素。例如，三国时期的周瑜，智商很高，领兵打仗能力可谓是足智多谋。年纪轻轻地就当了将军，大都督。最初，许多老将都不服他，这么年轻的后生怎能担当如此大任？后来火烧赤壁，打了一次漂亮的大胜仗，大家这才对他另眼相看。智商这么高一个人，后来怎么死的？说来可笑，是被诸葛亮三气而死的。《三国演义》第56回就有记载，不管是真是假，这个故事告诉我们有这样一类人，即使他是成功者，也有软肋，如果不能克服的话，那就是致命伤。孔明三气，他竟然马上昏厥，断气了。死前，他仰天长叹："既生瑜，何生亮。"年寿只有36岁，这应该是周瑜的事业如日中天的最佳时刻，他本来应该可以取得更大的成功的，但是他在顺利的时候趾高气昂，遇到逆境的时候，竟然抑郁成疾。总之，由于他是一个心胸狭窄容不得人，爱动怒，爱生气，嫉贤妒能的人，还多次想把诸葛亮干掉。所以，他不但没有取得更大的胜利，却因为过度的生气而早早地撒手人寰，可悲，可叹！可见一个人的心理素质是怎样的，决定了他将来能够承担什么样的大事，做到什么样的程度。在现代社会有很多这样的情况，不少神童，最后没有像人们想象的那样长大后可以有大出息，为什么？只能在性格上找原因。

　　通常情况下，普通少年的智商介于90到110之间，而智商高于130的少年则被称为"天才"少年。有统计数据表明，"天才"少年在同龄人中的比率约为2%。人们常说，"天才与白痴只有一步的距离"。"高智商"有时候会被认为"低情商"，"高情商"有时也是一种"低智商"的表现。风靡世界的电影《阿甘正传》中的主人公阿甘，就是一个典型。

　　阿甘是天才的运动员、战士、商人，可是我们知道从他小就是被人嘲笑的白痴。他真的是白痴吗？智力的迟钝固然令人与成功有了距离，但是成功不一定永远属于高智商的天才。成功属于高智商与高情商完美结合的人。我们可以从阿甘身上学到很多东西，我们可以学到的最重要的一点，就是专心做好自己的事情，"天才"与"白痴"的一个共同点，就是执著于一点，竭尽全力，不达目的不罢休。阿甘天生就注定不是一个出类拔萃的人。但上帝又是如此的公平——往往会令起点不高的人比天生优越感十足的人更早更深刻地认识到生活中的真实。从智商只有75分而不得不进入特殊学校，到橄榄球健将，到越战英雄，到虾船船长，到跑遍美国……阿甘以先天缺陷的身躯，达到了许多智力健全的人也许终其一生也难以企及的高度。

有的人常常会感觉到生活的负担过重，人生道路上，面前的困难重重，因而整天垂头丧气、郁郁寡欢。阿甘呢？在生命的每一个阶段，心中都有一个目标在指引着他，他也只为此而踏实地、不懈地、坚定地奋斗，直到这一目标的完成，又或是新的目标的出现。没有单纯的抉择就不会没有心灵的杂念；而没有心灵杂念的人，大概才能够在人生中举重若轻。正是因为他的信念是这样的单纯，目标又是这样的清晰，即使先天不足，甚至是面前有穷山恶水，可爱的阿甘也绝对能够以一颗绝对平常的心视之，并最终一一跨过。这绝不是仅仅用"傻人有傻福"就可以解释的。所以，我们宁愿相信，只有保持阿甘这种生活态度和坚强意志的人，信念才是能够减轻自己许多关于生命的重负，从而达到生命之巅、获得自己最终的辉煌。

《阿甘正传》获1995年第67届奥斯卡最佳影片、最佳男主角、最佳导演、最佳剧本改编、最佳剪辑、最佳视觉效果六项大奖，导演是罗伯特·泽梅基斯。重要的是这部片子影响了一代人关于人生的思考：在我们的身边，究竟谁是傻瓜谁是天才？

人们常常认为，智商高的少年与普通少年相比情商往往有缺陷，如爱独处、易怒、脾气不好等等。但德国马堡大学心理学教授德特勒夫·罗斯特教授却指出，这一偏见并无根据，"天才"少年的情商与普通少年并无明显差别。这些少年由于智力上的超常而往往被认为在生活等其他方面也具有较强能力，因此往往需要自行判断并处理更多的事情，人们对他们的要求也会比普通孩子高一些，从而造成一定的心理压力，显得离群索居。而普通少年则要轻松一些，在生活等方面受到的优待相对更多。这可能是导致两者性格表现方面出现差异的原因。

如果一个高智商的"天才"没有正常的"情商"，这样的"天才"是站不住脚的，爱因斯坦的例子最为明显：

"智力低下"的爱因斯坦

阿尔伯特·爱因斯坦降生在一个犹太人家庭。小时候的爱因斯坦便对各种事物怀有强烈的好奇心。

5岁时，父亲给他买了一个指南针，那是一个儿童玩具。当阿尔伯特注视着那根指向南方的"魔针"时，他兴奋得简直坐立不安了。他觉得这个小东西是那么的神奇，当时虽然不懂得什么是磁场理论，但他却本能地感觉到，自然界蕴藏着无数的奥秘，自己正站在一个令人着迷的世界的门前，于是，他从小便产生了探索大自然的强烈欲望。凭着自己的高智商，爱因斯坦在科学上提出的理念非常新颖、不可思议。直到今天。他关于时间和空间的理论——相对论；关于微小粒子的理论——量子论等，仍极大地影响着科学家对原子和宇宙的看法。世界上没有多少人能名副其实地被称之为"天才"，但爱因斯坦肯定当之无愧。他的理论几乎改变了物理学的每一个范畴。如果没有这些理论，现在的激光、电视、电脑、宇宙航行和其他很多事物，根本就不会出现。

但是，爱因斯坦在童年的求学时期并不愉快，老师们都认为他并不很聪明，对待他也很不友善。一次，教师送来了他的成绩报告单，他的父亲看了感到很痛心。老师对他的父亲说："这孩子智力迟钝，不喜欢同人交往，老是糊里糊涂地在自己的梦呓中游荡。"同学们还给爱因斯坦起了一个绰号——"孤独小老头"。但阿尔伯特并没有察觉到长辈的担忧，他感到这个世界充满了奇观，他的心智像一匹脱缰的野马，想要奔驰。他觉得自己是孤零零一个人来探索这个世界的，他不需要什么伙伴。他在花园里玩耍，或者在街上边走边唱自己编的歌曲，他难以置信地过着快乐的日子。

情商的锻炼与艺术的修养密切相关，爱因斯坦对音乐的迷恋不亚于对自然的痴迷。爱因斯坦的母亲是位颇有才华的钢琴家，在母亲的影响和教育下，他从6岁开始学拉小提琴。音乐使他兴奋异常，每当他的母亲在钢琴上弹奏一曲莫扎特或贝多芬的奏鸣曲时,他就一动不动地站在旁边,出神地听着。虽然他精于音乐,但很多学科的成绩都很差。可是,他对数学却有着浓厚的兴趣,在 12 岁到 16 岁这段时期,爱因斯坦熟悉了数学的基本原理,并对自然科学的研究状况有了一定的了解。不久,他的数学和理论科学的专长得到了公认。

1896 年,他进入联邦工技学院物理数学系就学。4 年后毕业。直到 1902 年,他在伯尔尼专利局找到了一个"三级技术鉴定员"的职位,他一个小时又一个小时地伏案计算着数目字,而心里却梦想着天上的群星。他告诉他的女朋友:"我一直在试图解决空间和时间的问题。"1905 年 3 月,爱因斯坦发表了《关于光的产生和转化的一个启发性观点》。提出了量子学说,成功地解释了经典物理学所无法解释的光电效应,开拓了量子力学领域的研究,这也使他在 1921 年荣获了诺贝尔物理学奖。1906 年,爱因斯坦发表了具有划时代意义的论文《论运动物理的电动力学》,这一理论的创立,不但揭示了力学运动和电磁学运动在运动学上的本质统一性,而且也为原子能的开发和利用提供了理论基础。

20 世纪的另一位伟大的物理学家普朗克写信对爱因斯坦说:"您的理论将要带来的是如同曾经为哥白尼的世界观所进行的战斗。"并推荐爱因斯坦于 1908 年成为了伯尔尼大学的副教授。但是普朗克也没有意识到相对论给物理学带来的深刻变化。爱因斯坦以时空相对观念取代了牛顿的绝对时空观念,向束缚人类几千年的经验和流传科学界近 300 年的权威提出了挑战。1919 年的日全食观测和爱因斯坦相对论做出的预测吻合,11 月 10 日《纽约时报》以"天上的光全是歪的,爱因斯坦的理论胜利了!"作为醒目的标题。对爱因斯坦来说,科学重于一切。科学就是他的生命,他虔诚地为此献身。直到晚年,探求上帝的微妙、寻求秩序和谐的自然法则的愿望仍盘踞在他心中。

因此,我们对于"天才"的概念不能仅仅局限于智力的高低,"情商"

因素绝对不能忽视。爱因斯坦的心境可以说是一种执著与痴迷,平静而辽远的,并且在音乐艺术的世界里,他能找到自己的心灵家园。他不会孤独、寂寞、绝望、忧郁成疾,这些"情商"因素对他的成才都起了不可忽视的作用。

不断充实你的感情知识

"你好吗?""我很好。你呢?""我也很好。"这就是我们基本的感情词汇。我们都有描绘感觉的基本词汇作为基础,但仅有这些基本词汇还是远远不够的,你还要努力扩大自己的感情词汇。同时你还要具备辨析感情类型和产生原因、预测感情发展的基本知识。

感情共有多少种?我们应该如何描述每种感情?如果追求简单,我们可以用被叫做"二因素"的感情模式,即感情围绕一个圆圈排列,主要包括两方面的因素来描述感情空间中的不同的点代表的含义:感情的惬意程度(惬意到不惬意)和能量水平(从容到极为激动)。和感情词汇联系起来,那么我们的回答就可以是我很"快乐"或我很"害怕"。这只是个开始,还相当有限,也相当基本。

去海边游过泳的人都具有这样的常识:当海水比较平静,微波拍打着岸边的时候,救生员就会举起绿色的旗子表示海边安全的防护区域,红色旗子代表游泳者禁止入内的区域。

感情和这些海边旗子的作用相似。感情可以告诉我们即将发生危险还是平安无事。但是,感情比这些在微风中飘扬的彩色旗子的作用更微妙。不管我们接受的感情培训有多少,我们都可以从感情的含义及其发出的信号中学到很多东西。

气愤并不一定是一种"不好的"感情。当感到被冤枉或受到不公平待遇时，气愤就会油然而生。我们感觉到有些人对我们或者他人很不公平时，如果没有表示气愤的感情，我们相当于纵容了非正义、不平等和歧视的存在。

但是，当我们所认为的不公平也许是一种误解的时候，气愤也可以导致破坏和暴力。一些别有用心的人可以煽动别人的气愤情绪，使他们缺乏做事的理性，随时准备攻击别人。

因此，这里存在着合理与不合理运用气愤这种感情的区别。气愤的合理运用可以赋予我们战胜邪恶的力量和动力，可以使我们勇敢地和霸权作斗争，让这个世界变得更美好。但当我们失去了理智和思考的能力，当我们被气愤冲昏头脑时，气愤就遭到了不合理的运用。这就是所谓的盲目的气愤。我们往往会气愤得根本不知道自己是故意搞破坏，不知道自己正在对任何人、任何事都毫无理由的发火。

气愤也是有代价的。气愤可以通过多种形式损害我们的健康，但是我们相信，为了家庭和事业，我们有时必须付出这样的代价。如果气愤削减了我们几个小时的生命，而你的付出是为了他人，这也许就是你愿意做出并且可以做出的牺牲。

古代的禁欲主义者不信任快乐和愉悦的感觉，他们认为这样的感觉是多余的。快乐可以感动我们，让我们接近别人，接纳别人，所以快乐不是没有理性的。

成功地实现目标可以给我们带来快乐，快乐的出现可以证明我们做了好事，或者是自己认为有价值的事情。当我们的价值观得到实现时，我们会很快乐。快乐告诉我们，我们实现了自己的目标，成功地完成了自己认为有价值的事情。

担忧、焦虑和恐惧可以告诉我们不好的事情正在发生或即将发生。这些感情都是代表危险的红色旗子，必须得到我们的注意。恐惧往往指将来的事情，即预见到糟糕的事情即将发生。恐惧的感情出现时，会伴有不安的感觉。

长期的、一般的害怕就造成了焦虑。人出现焦虑时往往觉得会发生麻烦的事情，感觉起来就像是精神的慢慢衰竭。当没有潜在的威胁而我们仍然感到焦虑，当焦虑变成了一种长期的状态，我们就不再仅仅是体验这种感情了。那时，我们感到焦虑的症状被心理学家们称为焦虑错乱。

当事情没有按照计划将进行时，我们会感到惊讶。惊讶可以告诉我们，由于发生了意料之外的事情，我们的计划将不会成功实现。惊讶会使我们的注意力集中在新出现的问题上。

惊讶发挥了重新定位的功能。当我们感到惊讶时，我们会放弃手头正在做的任何工作，去寻找惊讶产生的原因。我们会睁大眼睛，看看到底发生了什么。

我们喜欢的东西被夺走了，我们会为这种失去感到悲伤。悲伤可以让我们产生这样的想法：我们想要的东西不会再有了。

悲伤这种感情还存在于人与人之间互动的一面。我们感到悲伤时，就不会对任何人构成威胁，我们需要在最关键的时刻得到别人的支持和帮助。

社会感情或者说衍生感情比基本感情的文化色彩要浓。在了解了这些社会感情产生的基本原因之外，我们必须了解整个群体或社会的准则，这样才能掌握这些感情发生的时间和条件。

1. 厌恶

厌恶是一种社会的或者次要的感情。厌恶划定了我们认为可以接受的行为和不能容忍的行为之间的界限。厌恶的产生有其文化原因，因此，我们必须认识到令某个人厌恶的事物并不一定会使其他人也感到厌恶。

厌恶最初的产生目的是防止我们吃有毒的东西，现在却演变成为了一种可以由很多原因引起的复杂感情。令我们产生厌恶的举动是与我们认为合适与不合适的主要观点背道而驰的。厌恶可以确保我们的社会价值观完好无损：当我们不再为某件事而感到厌恶时，就意味着我们的价值观发生了变化；如果针对某种举动我们的厌恶感增强，那也说明我们的价值观发生了变化，原来那些可以接受的行为现在已经不可以了。

2. 羞耻和愧疚

羞耻意味着你没有实现自己的个人理想或价值，因此，羞耻和愧疚的感觉有相似之处。但在这两种感觉之间还存在着重要的不同点。当我们失败时，会感到愧疚；但是，我们是把导致失败的原因归结在自己身上、羞耻时却存有推卸责任的意识。羞耻和愧疚的另一个基本不同点在于注意的重点不同：在感到愧疚时，人们把感情的重点放在了动作上："看我做了什么。"但是，在感到羞耻时，重点则被放在了个人的失败上："看，我做了什么"。

3. 窘迫

当我们意识到自己违反了社会准则或禁忌时，我们会感到窘迫。我们对此表示理解，也在等待惩罚，同时希望通过谦恭的表现来平息被冒犯人的质怒，这就是窘迫的感情。窘迫是另外一种复杂的感情，它融合了许多简单的感情，包括羞耻和愧疚。窘迫的感情产生时，愧疚成为不言自明的事情，同时，你的错误被大家发现时，窘迫中也会包含着一些惊讶。感觉到窘迫、羞耻或愧疚有什么作用呢？这样的感情会让我们感到很难受，周围的其他人也会感到不舒服。但是，窘迫的感情发挥着重要的作用——防止暴力和争执的发生。如果我们无意间说了什么话或做了什么事让他人感到不愉快或伤害了他人，那么被伤害的对象也许会生我们的气。我们知道气愤会导致争吵或动武，这是更可怕的错误，所以我们需要表现出自己认识到了错误，对此表示遗憾并真诚地道歉。窘迫对涉及到的被伤害对象来说就是一种明显的道歉。

感情可以被看作是含有 X 和 Y 的数学方程式，更准确地说，事件为 X，感情为 Y。感情包含了信息和数据，能够反映我们与周围环境的关系。那么，这里的信息可以告诉我们引起感情的事件。

我们能够将感情和各种不同事件联系起来，这种能力为我们提供了原因与结果之间的感情联系。如果我们听说某个同事丢了一大笔钱，我们就会猜想他现在一定感觉很糟糕。如果我们之后又听说这位同事的钱是另外一位一起工作的人员偷走的，那么我们就会猜想他现在一定很生气。

掌握情感的演化规律

感情知识的积累从最基础的问题开始——了解感情产生的根本原因。感情知识的积累和能力水平的提高要求你对团队、组织和个人行为准则和价值有敏锐的洞察力。

假设你不断地失去工作，在每一份工作失去以后，你都首先会感到震惊，继而是伤心，最后会感到气愤。你从前的同事除非不和你见面，只要在一起就会小心翼翼地围绕这个话题讲个不停。为了不会引发你感情爆发，他们说话时的状态好像参加葬礼一样。

但是，丢掉工作的经历可以转化成感情上的醒悟。看下面这个故事：

被解雇后的心情

"很多年前，当收到解雇通知书时，我感到十分惊讶。我之前就预感到会有事情发生，但是，我没有想到那个不幸的人就是我。当老板告诉我，我的位置已经被砍掉时，我在尽自己最大的努力控制住自己的感情。我不想让他看出我的感受，因为我感到很开心。被解雇了还很开心？其实不完全是这样。在将近一年的时间里，我在自己的工作岗位上感到碌碌无为，于是，我打算离开现在的行业，重操旧业，做一名心理咨询师。我参加了两门咨询服务的进修课程，以咨询服务工作作为兼职，并开始搜集资料。正是由于被解雇才给了我重做决定的动力。"

另外一个例子是关于气愤这种感情的。不同人之间对可以引起气愤的事物的定义不同，在同一种行为中，人们对不公平或非正义的判断也会有不同。例如：

丹妮尔的提升

哈里的同事听说新来的丹妮尔被提升而哈里没有得到提升时，都感到非常生气，愤愤不平。他们说："哈里是最了解业务的人，这个新来的什么都不懂。""这只不过是为了换换口味罢了——她是个女人，是少数，所以才会得到提升。"同事们都跑到哈里的办公室里抱怨个不停，但是，大家却惊讶地听到哈里说："伙计们，冷静点。我没有一点不开心。她是真正合适做这份工作的人。上周，老板和我已经就这件事进行了长谈。丹妮尔在这方面很有资历。"

要成为高情商的人，关键在于你要从自己的思想和个人经历中解脱出来。

如何才能知道能够引起强烈感情的事物是什么？要找到答案，需要从分析自己的感觉开始。例如，想一想什么事情让你感到烦躁或伤心？试着想想你最后一次产生这种感觉时的情况，按照如下步骤对其进行描述：

1. 描述一下使你产生这种感觉的事情。
2. 在此之前发生了什么事情？你的感觉如何？
3. 随着事情的发展，你的感觉发生了哪些变化？
4. 记下你希望或者期待发生的事情。
5. 在事情结束时你的感觉是怎样的？
6. 试着回忆在这件让你烦躁的事情发生之后你的感情变化，并说明在自己感到好一些，或者说感情稍稍积极一些之前你的感受是怎样的。

你可以针对其他感情问自己类似的问题。如果你善于观察别人，你还可以发现别人的爱恨情仇。想一想你是否曾经注意到自己的同事感到忧虑，然后回忆引起你发现其忧虑心情的事件。自己不要解释这些事情，要考虑你的同事是不是和你有不同的世界观。

感情是复杂的，感觉也是如此。有些感情结合了许多较为简单的感情，例如，"轻视"这种感情就包含了厌恶、气愤甚至是快乐等成分。情境也会导致复杂的、多重感情的产生，这种感情似乎是相互矛盾的，但却是事实存在的。你能同时感觉到爱和气愤吗？当然可以，不信你可以问问恋爱中的年轻人，问他们是否曾和所爱的人生过气。你能同时感觉到惊讶和悲伤吗？只要想想你接到意外的坏消息时的反应就行了。这就是说感情混合体和不同感情的相似性是存在的。"混合"感情包含了被认为是相互矛盾的两种或多种感情，至少在一定程度上，其中的两种感情是对立的，如快乐和悲伤。

理解感情复杂性的能力有利于我们更深入地了解自己和别人。

感情从本质上讲是会变化、发展和进步的。在通常情况下，感情不是一成不变的，它会随着感觉的减少或者加深而变化，这种变化会遵循特定的进程。对感情变化及其规律的了解表明对感情系统的成熟的理解。

我们可以进行某种感情模拟（或假设分析），进而预见感情的发展状态。正因为感情的产生有特定的原因，所以随着这个原因的发展或深入，我们就可以预见这种感觉将发生怎样的变化。例如，如果你感到"满足"，随着这种感觉的增长，你将感到"快乐"。当然，在此基础上，我们也要考虑一些非智力因素的影响。

非智力因素主要包含如下几点

- 高抱负；
- 兴趣与爱好；
- 自信心与自强心；
- 远大的理想与目标；
- 对挫折的忍受性与意志力；
- 开朗的性格、宽广的胸怀；
- 愉快的情绪、对事业的热情。

先改变心智，再塑造情商

心理学家威廉·詹姆斯说："人类通过改变他们心智中内在的态度，就能改变在生活中的外在样子。"

情商是在大脑中理性中心和感性中心之间的联系数量产生的结果。当你实践你的情商技巧时，你就加强了这个路径。你的大脑细胞逐渐地分叉，并在你的感性与理性之间建立联系——但是这需要花时间。

我们来看一个故事：

理查德的转变

理查德九年前孑然一身迁居到城里，仅仅带着他那经过深思熟虑的商业计划、一辆破旧的小货车和对计算机网络知识的了解。当时，你在电话本上甚至都找不到计算机网络服务这个名词。他从这座城市里有着最差劲邻居的公寓里开始发展他的事业，到最后成为一家每周咨询费超过100万美元的全国性企业。他赢得了安永企业家年度奖，成为《纽约时报》《今日美国》和《篇言》的封面人物，在电视节目中接受《福克斯》和ABC新闻的采访。

理查德在促成他的公司变得伟大的过程中表现非常优秀，但他过去却并不总是纪律典范。在大学刚刚毕业那年，他陪着他的女朋友在北加利福尼亚大学生活了一段时间。当女朋友上课时，他没有什么事情可做，于是他在图书馆里打发时间。他对商业书籍非常感兴趣，他通过阅读知道了铭刻在图书馆外拱门上的名字。为了让名字刻在拱门上，必须赢得安永企业家年度奖。理查德深受这些企业家的责任和计划所影响，他非常钦佩他们所做的成就，发誓某一天要让自己的名字刻在图书馆外的拱门上。这些书竭力称赞一个人对目标坚定不移和周密计划的价值。他想要发展这些技能并获得成功，所以每天他都勤奋工作以实现他的商业计划。

然而，坚持商业计划不像在纸上所写的那样简单。在前进道路上常常会有障碍，每一个障碍都需要新的准备和集中突破。每一次障碍的突破都意味着抵达了一个新的里程碑，他所面临的挑战不断测试着他的决心。尽管有时他感到自己濒临于崩溃的边缘，但是他从来没有真的崩溃。今天他思考如何教会自己纪律时这样说道："对我来说在一开始真的很艰难。有大量的我不知道的小事情需要处理，以便使业务得以运转。但是随着我继续在坚守纪律方面集中精力，我发现坚守我的纪律变得越来越容易。我猜我训练了我的大脑。"

随着时间的流逝，他的纪律从被迫转变成自然，这个转变使他在业界口碑的可靠度迅速传播开来，使他成为本地公司寻找可靠网络的首选，并帮助他让自己的名字刻在了拱门上的伟大人物中间。

就在理查德进入北加利福尼亚大学之前的几年里，《科学》杂志连续出版了一项神经学者知道的所有关于大脑研究方面的成果。这是令人惊讶的新发现：你的大脑是可以塑造的！

"可塑性"是神经学者现在用来描述大脑适应压力和变化能力的术语。当理查德忍受着由于坚持他的长期计划所带来的不舒服时，他完全地改变了他的大脑。随着他继续坚持他的道路时间越长和战胜新的挑战越多，他的大脑形成的增加这些纪律行动的联系也就越多。他没有意识到这个变化后的机制，但是随着时间的推移，他感觉到事情变得容易了。每一次他强迫自己走出他的舒服区域，他就在下次面临类似的挑战时少一些麻烦。

近几十年来，这个世界保持了一个错误的信仰，认为成人的大脑是"凝固僵化"的和不可改变的。在《科学》杂志上发表的这项研究揭开了这个谜底，在任何年龄学习都会留下物质上的印记。在你大脑中新的联系会让你在使用新的行为时更加舒适。大脑增加新联系不太好理解，打个比方，如果你每周开始举几次重物，你的肱二头肌会逐渐增大。这种变化是循序渐进的，你坚持锻炼的时间越长，你会感到举起同样的重量将变得越来越容易。你的大脑中增加的这些新联系与肱二头肌的变化类似。当然，由于被头盖骨所限制，你的大脑不会像肱二头肌那样增大，相反，你的大脑细胞会在没有增大尺寸的情况下发展出新的联系来加速思考的效率。

你的大脑中 1000 亿个细胞中的每一个都会通过分叉出小的"胳膊"（像树枝一样）伸出去与别的细胞取得联系。一个单体大脑细胞能与相邻的大脑细胞发展出 15000 个联系来。随着你越来越多地发展新技巧，在受影响的区域大脑细胞会分叉出一系列成长的反应链。思考的路径让人们的行为变得更为强大，在未来让新的资源更容易变成行动，产生积极的结果。

因此，要想塑造情商先从改变心智开始。

情商低有哪些表现

➢ 不喜欢换位思考，只在意自己的感受，不在意他人的感受；

➢ 总想通过贬低别人来抬高自己；

➢ 总想在言语上胜过别人；

➢ 只在意自己的表达，而不在意他人的看法；

➢ 即使是对最陌生的人，仍然在意其怎么看自己；

➢ 明知故问，说话故意戳人痛处，让别人难堪；

➢ 别人的生活品头论足、指手画脚；

➢ 把最好的脾气给别人，对亲人却缺乏耐心。

磨炼并改进你的情商技巧

一定要想办法提高情商！如果你怀揣伟大的梦想，你必须具备超人的情商，才能实现。一个情商低的人，一切成功都与之无缘。

那些在提高情商方面取得进步最快的人常常是那些提问题最多的人。问题是好奇心产生的结果，是产生值得探索的兴趣点的阶梯。在我们传统的观念中，问题太多的人往往被认为是无知，或者调查某个主题时缺乏信心。但是实际上，我们认识到挑战性的问题往往来自想知道更多的愿望。

情商技巧的改变是随着你的情商实践程度而变化的。与通常的智力和个性不同，情商是一项可以改进的具有灵活性的技巧。它也能被意义重大的生活环境所影响，你可能看到它随着失业、离婚、意想不到的鼓励或者其他重要生活事件的回应而波动起伏。真正的诀窍是理解你的情商技巧，密切注视它们，为你的利益使用这些技巧。你在磨炼你的情商技巧方面做得越多，你的情商水平提高得越快。

当你努力改进你的情商技巧时，这个过程将会持续好几个月，然后才能看见一个较为明显的变化。学会在改进期间适当停下来和学会对你周围的环境做不同的思考是你开始时应该做的所有事情。一些新的行为很容易迅速产生，人们将会立即注意到你的变化。把你的注意力转移到情商上会给你带来新的视角，这个视角让你觉得改变情商不是很难的事情。像学习任何新的技巧一样，改进你的情商需要实践。

一个人每次只能有效地处理少数行为。如果想尝试通过单一努力就能提高所有四项情商技巧，最后的结果一定会失败。你应该每次提高一项情商技巧，这需要你集中精力改变一些关键行为来获得良好的结果。例如，如果你选择提高自我管理技巧，就应该不要把时间花在思考"我需要自我管理……"上，更为正确的做法是，你需要编制一个计划，把明确的提高自我管理技巧的行动包含进日常事务。这些行为中的每一种都是一项意义重大的新挑战，只有每次掌握一项你才能真正形成新的习惯。

四项情商技巧相互之间有大量的重叠也很重要。如果你开始改进你的自我管理技巧，你的其他情商技巧也可能会同时改进。例如，为了学会在某些事情困扰你的时候不忽略其他人，你非常清楚的是必须要自我管理。这也将会改进你与他人的关系，提高你的关系管理技巧。所以即使是最有雄心改进情商技巧的人也应该相信坚持不懈地提高某种单一技巧将会带你走得更远，四项情商技巧将会一起发挥作用给你带来好处。

如果你对这样做感觉到舒适的话，你应该与至少一个你信任的人分享你的目标。即使那个人只能给你最少的支持，你也会发现在你的努力过程中，他或她将会起到非常好的作用。当你做出一个公开的目标时——甚至只是简单地告诉某个人你在努力做什么——你抵达那个目标的可能性就会增加10倍以上。把它说出来会在你的内心中创造更高层次上的责任感。当你监控你的进步时，其他某个人会成为一个重要的信息资源，他们可以描述他们看到你的努力如何在发挥作用。

当然，出于各种各样的原因，总会有一些人你不想告诉，这很正常。对你来说为了从与另一个人分享你的目标中受益，那个人必须乐于从事自在的和建设性的合作。如果你告诉的这个人不想花时间来理解或者仅仅是打算给你一个难以安排的时间，你最好私下去努力实现你的情商目标。

情商会随着年龄的增长而增长。大部分人在他们一生中自我意识技巧都会提高，而且随着年龄的增长会更容易管理他们的情绪和行为。通过测试发现，50岁左右的人比20岁左右的人情商得分要高出25％左右。

事实表明，能够建设性地使用一些相关的技能，能让你和他人每一天的交往变得更加积极、愉悦和富有成效。在此过程中，每一次的机会都能使你的能力得到更全面的发展，自我实现的水平更高。

提高个人能力

雷·查尔斯，灵魂歌手、作词家、作曲家和音乐家，学会克服最彻底的不舒服，是他的个人能力和职业成功的诀窍。他是一个罕见的天才，能驾驭好几种音乐风格，他的作品使他在摇滚音乐殿堂、爵士乐以及布鲁斯音乐中成为奠基人。所有这些都是来自儿童时代差点被毁掉的人生经历。

在大萧条期间，雷与他的母亲及弟弟生活在贫穷之中。当他3岁时，他的弟弟淹死在一个特大型洗衣盆中。在那年晚些时候，他开始丧失了视力。7年以后，他的妈妈去世了。他在自传中描述他妈妈的死是："在我整个生活中最具毁灭性的事情——什么都没有了。从那时候起，我完全置身于另一个世界。我不能吃东西，不能睡觉——我整个人进入了另一个世界。最大的问题是我不能哭，我无法让痛苦离开我，那会让事情变得更糟。"

邻居有一个叫马贝克的中年妇女，看到雷在他妈妈逝世之后变得非常孤僻，于是在某一天把雷叫到一旁，逐字逐句地告诉他，他的妈妈希望他能运用自己的天分坚持过自己的生活。当他后来作为一个成年人描述这件事情时，他说他第一次在她的家里哭了起来："像婴儿一样嚎啕大哭，为积累下来的所有痛苦嚎啕大哭，为失败和不幸以及妈妈曾经给予过的甜蜜嚎啕大哭。"那天他克服了心中的极端痛苦，最后他把这些经历带给他的情绪写进了他的音乐中。他说那些事情"非常奇怪，对我来讲格外实在。从那时起我完成的所有作品，真的都是来自与那些事件相关的亲身经历"。痛哭和呼喊成为他对流行音乐贡献的标志。

个人能力是了解你自己以及尽最大努力利用你所拥有的东西做自己所能做的事情。它不要求完美或者对你的情绪有完全的控制，相反，它允许你的情绪通过一定渠道表现并指导你的行为。

提高个人能力的最大障碍是自我意识会努力逃避不舒服的趋势。人们通常无法对从未思考过的事情进行合乎逻辑的推理，因此，当他们面对自身不足时常常会感到刺痛般难受。克服不舒服是有效改变的唯一途径。

你的目标应该不仅仅是避免情绪用事，更重要的是，你要朝向它、深入它，最后超越它。

当你忽略情绪或让情绪起伏最小化时，不论这种情绪有多小或者有多么无关紧要，你都会因此错过利用此情绪做些更有效事情的机会。更坏的是，忽略你的情绪并不会让你远离这些情绪，因为这样做只会在你不希望这些情绪出现的时候再次出现。

为了改进你认识情绪的能力，你需要考虑人们表达的情绪范围。

我们有如此众多的词汇来描述在生活中产生的情绪，但是所有情绪都是五种核心情绪的引伸：幸福、悲伤、愤怒、恐惧和害羞。每种情绪都会以不同的强度、不同的形式表达出来。如果你能了解到情绪是一种复合体，就能帮助你理解每种情绪的真实状态。

为了精确地认知一种情绪，你也必须注意到内部的强度调节器——与情绪伴随而来的思想与身体上的征像。

这些征像不是这些情绪本身但却是伴随它们而来的思想和感觉。例如，你的大脑可能会一片空白；你可能感到热、冷或者麻木；你的心脏可能会无节奏跳动或者跳动加速；你可能会感到肌肉紧张或者出现幻觉。每个人的内部强度调节器都不一样。思想和身体上的感觉非常好地体现了你对发生这种情绪的环境所做出的常规反应。

在实践中提高情商技巧

实践情商技巧帮助我们在每一种可能的环境下能更加熟练、更加迅速地给情绪定位并运用情绪增强我们的优势。

我们所知道的拥有"极高情商"的人只不过是那些在这个过程中领先

的人。确信无疑的是：为了尝试提高情商，他们早期都有太多失败的故事。现在他们显得悠闲了，他们的技巧好像很容易获得，甚至不可思议地能一直保持着，这些也不过都是表面现象。

表 4-1 不同强度的情绪征象

情绪的强度	幸福	悲伤	愤怒	恐惧	害羞
高	得意洋洋、激动兴奋、狂喜、喜悦而颤栗、喜悦充溢、欣喜若狂、热情激动	情绪低落、失望、愁闷、伤痛、沮丧、绝望、悲痛、不幸	狂怒、大发雷霆、暴怒、激怒、愤怒、大怒	恐怖、毛骨悚然、僵硬、吃惊、惊呆、害怕、恐慌	悔恨、懊悔、卑劣、卑鄙、耻辱、不光彩
中	令人愉快、情绪高涨、令人满意、宽慰、满足	心碎、情绪低落、心烦意乱、不舒适、遗憾、忧郁	不快、生气、发怒、懊恼、不安、憎恨	担惊受怕、害怕、恐吓、令人担忧、不舒服、震惊	抱歉、毁谤、偷偷摸摸、内疚
低	高兴、满意、愉快、美好、喜欢	不幸福、忧郁不快、沮丧、不知所措、糟糕、不高兴	烦扰、烦恼、紧张、困扰、烦躁、易生气	担心、紧张、胆怯、不确定、焦虑	窘迫、失望、辜负

如果你刚刚开始认识你的情绪类型与不舒适的类型，那么你可以尝试写下一些你在烦恼或无能为力的情况下所看到的、所做的、所思考的和所感觉到的东西。

这将帮助你发现当情绪对你发挥最大作用时什么样的行为会让你成为其牺牲品。与朋友们或同事们交流可以获得更深远的一些看法。他们能帮助你认识你的情绪类型，帮助你在发生的事情和你做出反应的方式之间找到联系。

克服自我情绪的不舒适也包括提早计划好如何应对不舒适的到来。

如果每次你走进本地电子商店，你会对那里新的小玩意感到兴奋并买回一些你实际并不真正需要的东西，那么就计划好你处理离开那里空手而归所带来的失望情绪的策略。正如对马拉松的准备能导致更好的成绩一样，对艰难情况的准备能提高在艰难情况到来时管理你自己的能力。

当你因为情绪的不舒适让你感到意外而不能提前做好安排时，在对此采取任何行动之前停顿一下。

你可能需要几十秒钟、一天甚至数周时间。如果你仅仅需要几分钟，就做做深呼吸。当情绪变得强烈的时候，最好慢下来，在继续前进之前思考一下。

另外，自言自语是一种控制你下一步情绪及下一步行动的强有力的方法。

一般情况下，这种自言自语是悄悄地在你头脑里进行，且应当是指向你所期望的目标。

假设你想打电话给一个你认识的女孩子，要求与她约会。如果你一直在脑海里不停地说："她可能会说不。她为什么非得和我一起出去呢？"那么，你永远不可能与这个女孩子约会。如果采用某些更加积极的自言自语，则会改变在你头脑中的印记。比如，"我打个电话会失去什么？如果我不打，我将永远失去机会；也许她会说好的。"

与其他人交谈也是理解和管理你情绪的极好方式。

向那些可能会从更客观的角度看待你行为的人寻求建议。如果情况极其艰难或复杂，你可能想要获得第三方或第四方的意见。没有什么事情比因为仅仅只有你自己的错误意见而让自己陷入困境更坏的了。

要点是没有必要问其他人你该如何做，只需要询问他们如何看待这种情况，他们便能够给你提供用来管理你情绪和把你自己带往你想要去的方向的全部信息。

每年在新年第一天，有超过两亿的美国人尝试以某种方式改变他们的行为。借助日历的变化是干干净净抹去旧账的最好选择，它以一种全新的开始激励着人们的变化过程。但是大多数人的变化热情从来没有超过新年的头几周。到2月1日，有超过1.3亿人的新年改革决心随着他们情绪状态的衰减而失败。有改革决心的人群中有1/3的人能通过勤奋的实践越过最关键的头六个月，然后在整年保持下来。

如果训练某种行为的实践足够长，它就会保持下来并延续下去。为了让一项新行为继续，需要付出巨大的努力，但是一旦训练了你的大脑，它就成为了一种习惯。

研究已经证明，在情商方面的持续变化需要很长时间，一般来说，在新技能第一次被接受以后，经过6年以上的时间，这种新技能将变成你的习惯。因为你不再需要考虑它们，因为它们已经成为你的全部技能中天然的组成部分，所以你会在日常行为中持续使用这项新技能，并在以后的年限中享受这种习惯所带来的益处。

你的内心感觉是你的内在"红绿灯"。它们告诉你是通行、停车，还是当心。聆听你的内心感觉，在你面对一个决定时——例如，房子、配偶、工作或经营意见方面的问题——如果你的内心感觉告诉你"不"，那么就应该把它作为"红灯"来对待。如果你不能确定，那么应该信任自己的感觉；这时，它就是一个提醒你当心的黄灯。你需要对自己正在做的事情的风险性重新审视一遍，思考作出决定后可能会出现的潜在后果。你还需要仔细检查其他人的观点和意见。

如果你清楚地了解了其中的利与弊，那么你就得到了绿灯——你的内心感觉告诉你，为了它，你可以放心前进——你可以放手一搏。这是个人力量的源泉。你已经做出了一个自己坚信不疑的决定，你深信这种力量有助于让他人信服。

当你接收到内心的红灯和黄灯警告时，如果依然决定前进，那么你就可能碰到难以果敢地作出决定的麻烦。你可能会反复地质疑自己的动机和作出的决定是否明智，这时你就会变得非常容易受到挫折的攻击。所有迟疑不决的麻烦，都将产生自信缺乏和压力加大的结果。与此形成对照，凡是感觉有信心的决定，可能都会使你的决心和意志更加坚定，就像诗人歌德所说的：一旦你承诺采取行动，运气就开始改变。只有在实践中加以历练，你的情商技巧才能得以提高。

保持积极状态五步骤

➢ 第一步：回忆过去曾经拥有过的自信、成功或平静镇定的某个状态；

➢ 第二步：通过走进这些状态，看、听和感觉当时经历过的东西，重新体验当时的美好感受；

➢ 第三步：当这种感觉达到最强烈时，把它与某个图像或色彩取系起来；

➢ 第四步：为这种感觉加入激励性自我对话，例如"我能做好它"或"我已经为所有事情做好了准备"等；

➢ 第五步：反复多次运用相同的图像进行自我对话，直至自己能够自动激发那种状态为止。

管理情绪的十六个要点

人生不如意事十之八九，每个人都不可避免地因某个人或某件事而发脾气。脾气暴躁的人甚至会大发雷霆，做出某些过激的行为，事后悔之晚矣。那么，我们该如何有效地管理自己的情绪呢？不妨试试如下这些方法：

1. 认清你想通过愤怒来达到什么目的

不要被愤怒蒙住了眼睛，看看愤怒背后的欲望是什么。如果你希望和别人交朋友，而他（她）让你失望，你就扇人家耳光的话，那么你就永远失去了和他（她）亲近的机会。相反，你可以说出你真正的感觉："我很重视我们的友谊，但有些事情威胁到了我们的友谊，这让我很失望。让我们谈谈，一起来解决这个矛盾怎么样？"

2. 不要把不满情绪发泄在无辜的人身上

有这样的可能，我之所以对他愤怒，是因为对他发火比较安全？不要把谁当替罪羊，这样没有任何作用，相反会让你的情绪失控，发完火以后你会后悔莫及。如果你成了别人愤怒的目标和牺牲品，问自己："我一定要接受这个人给我安排的位置吗？我一定要为这种事感到受伤吗？"其他人和你一样也会寻找替罪羊。你可以去做志愿者，但不要做"志愿羊"。即便别人选择了你，也可以避开。不要上钩，不要去打和你没关系、你也赢不到什么的战斗。

3. 找出获得爱和快乐的方法

你的愤怒有些是来自于你的基本需要和欲望不能满足，你感到深深地受伤或无助，你想要生活中有更多的快乐和关爱。愤怒并不排除爱、感激等积极情感。你可以深爱某人，为他或她感到怒不可遏，但仍然继续爱着他（她）。实际上，愤怒的产生往往是由于爱得太深，我们常说："爱之深，责之切。"在上述情况下，你需要找出获得爱和快乐的方法，愤怒才会消失。发泄愤怒只会让你更受伤。

4. 不要用愤怒来弥补你的自尊心

愤怒可能是你用来掩饰自己受伤的一种高傲的方式，是你的生存受到了威胁和自负受到了伤害时的一种自我保护。但是这种方式不能最终解决问题。为了面子而奋斗只会让你时常感到失落，失落又会让你感到愤怒。

5. 自信

真正自信的人是不会为了别人小小的事情就认为伤了自己的自尊心的。很多时候愤怒来自于我们的不自信和不安全感。比如我们常常看到小说中某位小姐在大街上看到一个落魄书生，贫病交加，眼看就要死在街头。小姐十分同情他的遭遇，就想把他接回自己家中照顾。没想到此书生不领情，十分愤怒，说自己宁可死也不愿受人恩惠。这其实就是书生的脆弱的自尊心在作祟。

6. 对自己的愤怒负责

不要给愤怒寻找假、大、空的理由，你需要的是解决问题，不是空洞的胜利。

7. 关注愤怒

学会区分短期的愤怒和长期的怨恨。找个笔记本记下你在不同情境下对不同人的愤怒程度，并分清自己的愤怒共有多少种类。这会帮助你决定在什么时候、什么情况下表达愤怒，表达什么样的愤怒，如何表达愤怒。

8. 真诚、负责地表达愤怒，不要使用暴力

暴力只会带来更多的愤怒、伤害和复仇，无论是口头的还是躯体的攻击都不会熄灭怒火。告诉别人是什么让你感到愤怒或受伤害，告诉他们你真正希望他们做的是什么。以不攻击的方式，将不满表达出来，与其说"你错了，你简直离谱"，不如说"我觉得受伤，你的所作所为没有考虑到我的需要"。

9. 将愤怒暂时搁置一边

如：愤怒的时候从1数到10。愤怒的当时写一封信，可以是写给你发火的对象也可以是写给报刊、杂志或领导。这封信写得越详细越好，把这封信放一天再读一遍，再考虑是否真的值得发火。

愤怒时先别去想这件事，过一段时间再想，替这些情绪找到出口。体育锻炼是一种很好的释放方式：慢跑、打球、在没人的地方大喊大叫等都可以。

10. 不要刻意压抑自己

不要假装你没有愤怒，不要通过否认愤怒来麻醉自己。压抑自己不会让你得到你想要的，只会让你感到迷惑、内疚和抑郁。生气是真实的情绪，但情绪和情绪表达则是两回事。当一个人一直压抑怒气时，迟早会如同水库溃堤。因此与其压抑，不如学习纾解。

11. 任何时候都要对事不对人

说"这件事情真的让我很生气"是针对事件，说"你这混蛋，怎么做出这种事情"就是针对人了。

12. 总结以往的经验教训

愤怒之后，试着去了解是什么真正让你愤怒，并把你的想法告诉另一个人。一个中立的倾听者能帮你理清情绪、认清目标。

13. 勇于承认自己的错误

不要因为一时愤怒造成了不好的结果而指责自己。如果是你的错，就拿出你发泄愤怒时的勇气来，去道歉，求得别人的谅解。

14. 站在"肇事者"的立场想

为他寻找合理的理由。告诉自己："那个找我麻烦的家伙搞不好遇上了什么烦恼，日子不好过。"

15. 以一颗宽恕之心待人

借着宽恕，会让你深深觉得，爱才是人际关系的主宰。

16. 在愤怒中吸取教训

愤怒是一次学习的机会。通过了解自己愤怒的来源，我们可以把愤怒的能量转化为建设的动力。在平时注意那些让你烦闷的情境，不要让环境影响了你的心情，使你愤怒起来。比如：排队时人潮拥挤，空气恶劣，再加上等候时间长的话，人就容易发怒。这时，乘机放松一下，做做白日梦打发时间，有助于你的心情平和。

Part5 设身处地理解他人情绪

理解他人的情绪就是：能设身处地地考虑他人的感受和行为；具备换位思考的能力和习惯；具有同情心；理解和认可人与人之间的情绪差别；理解别人的感受，察觉别人的真正需要；能和与自己观念不一致的人和谐相处。

准确理解他人的感情思想

生活中，每个人都喜欢与通情达理的人打交道。通情达理，在心理咨询学中称为"共情"。"共情"的基本特征是"准确理解他人"和"准确表达他人的思想"。

情商中准确理解他人感情的能力，包括判断他人的感觉、面部、身体和声音中的感情信号，还包括准确地表达感情以达到与他人交流的目的。你需要集中精力来培养这些技巧，以便更好地解读他人的感情。如果没有准确可靠的感情信息，关于感情的决策制定及思考过程就可能是错误的。电脑程序员有这样一种说法："投入垃圾，产出垃圾"，这种观点也适用于情商这个领域。如果感情判断不准确，就根本谈不上运用、理解和管理了。但是，在你学会判断他人的感情之前必须学会判断自己的感情。

你知道自己的感觉是什么吗？也许这是个愚蠢的问题，但是，这样的提问又很有必要，因为至少在部分时间里，许多人都封闭了自己的感觉。情商要求我们接近感情，即使不是所有时间，也要在关键时刻如此。更多地了解自己的感情状态可以帮助你判断他人的感情，这不仅有利于你了解各种感情线索，还可以帮助你分析感情信息。

对那些觉得自己对情绪和感情不太了解的人来说，写写感情日记是更多了解自己感情经历的不错方法。写感情日记可以帮助你将某一特定时间感受到感情之前的事情记录下来，帮助你了解自己感情生活的模式，了解客观事件如何对你产生影响，什么事情让你感到忧虑，发火或者什么可以给你带来愉悦的心情等等。具体格式如下：

日期：
时刻：
地点：
人物：
事件：
感情产生之前的事件：
感受到的感情：

在这一部分日记中，不要去分析感情事件，列个单子就可以了。然后，你可以随心所欲地写写这些事情，事情的影响以及你的反应。人们对情绪和生物钟节奏及周期做过许多研究，例如，有的人说他们是"百灵鸟型"的人，而有些人则称自己是"猫头鹰"。这种说法有一定的道理，因为每个人的（情绪）在一天中都是有高低周期的。

一旦收集到足够的感情数据，就可以试着在日记中确定自己的自然感情周期。对一些人而言，食物对感情有重要的影响。吃糖是让人高兴的事，饱食一顿却会让大多数人感到昏昏欲睡或者情绪低落。缺少睡眠也可以影响人们的感情，这也是午后会议效率低的一个主要原因。

用非语言的方式表达自己的感觉是至关重要的。身体语言表达的信息是如此地丰富，以致经常是我们的非言语沟通传达出来的信号，表明了我们内心各种情绪、情感的真实状态。不管是眼睛总盯着窗外看、坐立不安、不停地胡乱拨弄东西、脚在地上滑来滑去，还是不停地用眼睛扫描一下表、看时钟、向后倾斜，这一类非言语行为都会让那些观察你行为的人了解到一些信息。虽然很多行为的发生都取决于当时所处的背景，但是，他们可能会把观察到的信息理解为：你感到厌倦了，或者内心很焦虑，又或者是你无法集中自己的注意力。

因此，管理好自己的身体语言，不仅要关注自己口头上说了什么内容，还要关注在这一过程中传达给他人的、与你的内心感受相关的那些非言语信息。如果你不这样做的话，极有可能会使用某些不恰当的身体语言。为了更好地交流，语言内容要与面部表情达到一致。

如果你觉得自己感情表达不够真实或者让你感到难为情，你可以尝试一种字谜游戏。游戏的基本规则在下面有详细说明，但是这个游戏可以有很多玩法，主要就是练习感情表达。规则如下：

先制作一些"感情情节卡片"，然后找一群好朋友或者其他有趣的人，按照下列步骤开始游戏：

让这些人面对一个"舞台"——沙发、客厅等，其中一个人从卡片中选择一张，拿到卡片后仔细阅读，然后使自己进入卡片中描述的感情状态（给他或她大约15秒钟的时间，不要多于15秒）；

不通过语言将这种感情表达出来。表演者不可以发出任何声音，可以通过面部表情、肢体语言和其他非语言的暗示表达卡片上描述的感情，在30秒之内将感情表达出来；

其他人对表演者的表演进行评估：

表达出来的感情是什么？

感情是否真实？

表演者读出卡片上的描述,其他人写下表演者本该表达的感情;进行讨论,把感情卡片上的主要感情罗列出来;每一个观察者将自己的评估结果和其他人分享;

向得分最高的人问以下几个问题:

1. 什么是虚假的感情?你是怎么知道的?

2. 非语言表达的关键是什么?

3. 面部表情怎么样?

4. 你注意肢体语言了吗?

许多人都发现判断他人的感情很困难,这是因为他们根本不做观察。不是他们不能看出别人的感受,而是他们不知道在他们遇见的人的脸上有着重要的线索。判断感情的第一步就是观察你周围的世界,就像虚构的侦探家福尔摩斯一样,相信观察和推理的力量。福尔摩斯可以发现别人没有注意到的线索,其中部分原因是他主动地寻找线索。

准确的感情判断包括三个方面:面部表情,说话的音调、节奏和语调,体态传达的感情。

当别人谈话或者聆听的时候直视着你,通常说明他们喜欢你,对你很感兴趣,也愿意同你合作;互相不喜欢对方的两个人或意见不同的两个人则不会有很多的目光接触。第一次见别人的时候,如果对方直视着你并面带微笑,就可能说明他对你的印象不错。当然,直视久了就可能变为凝视,凝视在灵长类动物中被看作是威胁和支配的行为。对大多数人而言,凝视都让人感到很不舒服,这也是人之常情。

解读人的面部表情尤为重要,解读面部表情也绝非易事。表 5-1 中列出了六种主要的面部感情线索,可以作为你解读他人面部表情的借鉴。

表 5-1　面部表情分析

感情	嘴	眼	鼻	其他
开心	笑	眼角有皱纹		可能是活跃的
悲伤	皱眉	眉毛降低		动作缓慢
害怕	歪扭	快速眨眼		
气愤	紧闭	眯眼	向外开	
厌恶	卷曲		皱着的	伸舌头
惊讶	张嘴	眼睛睁得很大		动作停止

也许，这并不是完全准确的，但是，它能够为你提供这些特征所代表的基本含义。学会观察感情形象化暗示，既是最基本的也是十分重要的。

尽管不同人说话的语调各不相同，不同文化背景的人语调也不相同，但是要准确判断他人的感情还是要考虑语调及其含义（见表5-2）。

表 5-2　语调和感情

语调	感情含义
单调	厌倦
低速度和低音调	沮丧
高速度和高音调	热情
降调	惊讶
生硬的语言	防御
简明和大声	气愤
高音调和拉长音	怀疑

但是，尽管掌握了这样的技巧，你也要在积累更多信息的同时调整知识结构和策略规则。例如，每个人的声音都有自己的风格，这就需要对声音中的相应变化进行加工分析，这样你对不同人的了解才会更加准确。

还可以通过他人的肢体姿势来练习解读非语言感情暗示的能力。无论在谈话还是在观察，你都可以通过非语言的行为判断他人的感情。表 5-3 罗列出非语言行为的不同方面以及这些行为包含的感情信息。

表 5-3　非语言暗示

非语言暗示	肢体姿势	暗示的感情
方向	面向你 有点偏离你	兴趣 封闭
手臂	手臂分开 手臂合拢	开放 防御
姿势	前倾 远离你	兴趣 排斥

分析你的朋友、家人或者同事的面部表情、声音和身体姿势，这在最初感觉起来是有些不舒服。所以，最初可以通过看电影练习这些技巧：找一部你原来没有看过的片子，先浏览电影画面，然后在所有有人物谈话的地方停下来，把声音关掉只看画面。这样看 30 秒到一分钟。如果影片中有好几个人物，你最好把注意力放在一两个主要人物身上。

段落结尾时，停止播放，记下对两个主要人物的感受。写好之后，重新带声音播放刚刚看过的部分，一边看一边记下对两个主要人物的感受。比较你对人物的感情评估：他们是不是相似的呢？有哪些感情是你通过非语言暗示判断出来的？有哪些感情是你必须通过语言来判断的？问问自己低估了或者高估了哪些线索，漏掉了哪些线索。

一些研究认为，在特定的背景下，一条信息中大约超过 90％ 的部分存在于非口语沟通中——语调和肢体语言的变化——而不是用词的变化。另一些研究则表明，我们对情绪刺激的脸部反应仅仅在毫秒中就完成了。西格蒙·福鲁德说：我们根本没有必要保密，因为即使我们的声音是平静的，我们指尖的细微颤动也会不知不觉地把心声流露出来。

通过对自己获得的非口语沟通信息进行解读，我们能够更好地理解对方的真实意思。下面是一些最重要的非口语沟通形式：

表 5-4 非口语沟通形式

非口语类别	表现形式
姿势	后倾或前倾；松弛或紧张；僵硬或舒展；安宁或焦躁；挺直或拱背；腿交叉或平放；仰头或低头；双肩高耸或松弛。
行动	急促或平缓；明确或犹豫；脚或手抖动或平稳。
呼吸	深或浅；平缓或急促。
脸部表情	紧张或松弛；苍白或晕红；眉毛高挑或低垂；嘴微开或紧抿；眼角紧皱或舒展。
眼睛	平视或转动；垂视或仰视；目光接触或回避；聚焦或散焦；明亮的或黯淡的。
声音	高声的或安静的；快速的或缓慢的；高调的或低调的；有节奏的或无节奏的；多变的或单调的。

一个人内心发生什么样的变化，就会流露出什么样的线索，我们如果能够仔细地观察到这些线索，就能捕捉到他内心的变化。但是，单纯依赖非口语交流就做出结论，是非常不可靠的。你必须对非口语交流做出试探性的结论，以便使你能够保持开放的心态。然后询问问题，以便发现隐藏在特定的非口语回应后面的真实原因。

至于如何询问，下面的例子可以给你一些启示。

假设你正在与一位同事交谈，他的身体突然开始前后微微地倾动。下面这些问题中，哪一个对发现这一举动的缘由最有用？

问题 1：你有什么问题吗？

问题 2：你不同意我说的话吗？

问题 3：你对我刚才说的话感觉如何？

分析评价

问题 1 做出了一个危险的假设：存在着什么问题。它对你的同事的回应举动似乎是一个先入为主式的假设，很容易激起对方做出防卫性回应。

问题 2 同样是心灵解读的一个尝试，它意味着你的同事不同意你所说的话。它也是一个封闭性的提问，因此除了得到对方"是的"或"不是的"

回答以外，可能得不到其他任何有益的信息。

问题 3 是一个开放式的提问，它没有依赖于你对同事的心理进行解读的假设前提。在这三个问题中，它是最有效的，因为它最可能产生出有帮助的答案。

区分真实感情和虚假感情也是一个经常面对的挑战。因为有些面部表情表露的感情与真实的感情会是不同的，例如，微笑并不总是代表快乐。通常情况下，为了掩饰消极感情，微笑是故意或者被迫装出来的。真正的笑容会带动嘴角附近的肌肉以及眼部附近的肌肉，使眼角产生皱纹。眼角没有皱纹出现的微笑不是真实的微笑。假装出来的笑容往往来得很快，嘴唇更多的是向两边伸展而不是向上提。

有时，这些假装出来的笑容就是发现谎言的线索。你如何才能发现谁说谎了呢？这取决于谎言的性质和说谎的场合。如果谎言是善意的，并不包含太多感情，或者谎言涉及强烈的感情，处理这些不同谎言的战略也不相同。让我们来看看不涉及强烈感情的谎言和说谎者的例子。

下面是一个 10 岁男孩和父亲的对话：

父亲：睡觉之前刷牙了吗？
儿子：爸爸，我刷牙了。晚安。

乔纳森是个可以让人信赖的小孩，所以父亲从来没有怀疑过他的话。直到有一天，做牙齿检查的时候，医生发现他有几个牙洞，需要做根管治疗。现在，每晚的提问不再是例行公事，而是变得很重要了。

当谎言没有引起强烈感情时，你就要将这种较弱的感情表达作为线索。在上面的例子中，我们最可能注意的是语言。乔纳森在回答问题时停顿了吗？花了很长时间作答吗？说话时出错了吗？说话前后一致吗？

当谎言很大时，测谎策略就会发生变化。严重的谎言可能伴随着更明显的感情暗示。现在，我们要忽视语言等小线索，从说谎人的不同方面出发，包括非语言和语言的线索,最重要的是微妙的面部表情。基本的方法是寻找消极的感情表露。事情越重要,说谎的人就越有可能产生强烈的消极感情,因此也会更容易表现出来。有时,说谎的人想要通过微笑掩饰消极感情,但是正如前面讲过的那样,这时的笑容会显得很虚假。

因此,想要达成你内心想要的结果,准确地理解他人的感情和思想尤为重要。

学会向别人表达你的情绪

向别人准确地表达你的情绪,其实就是将你的真实情感传达给别人,你需具备理解感情的能力。理解感情的能力是四项情商技巧中认识性和思想性最强的一项。理解感情的能力涉及关于感情的许多知识,也包含理解感情产生的能力、理解不同感情之间相互关系的能力、理解感情过渡的能力和将所有这些转化成语言的能力。

表 5-5 理解感情的能力

A栏:熟练	B栏:不熟练
能正地判断他人	误解他人
知道该说什么	让他人感到不安
能很好地预测他人的感受	对他人的感受感到惊讶
感情词汇丰富	发现描述感情很难
能理解人会产生矛盾的感情	认为人的感情非此即彼
有成熟的感情知识	对感情只有基本的了解

让我们来观察一下这两种人,看看哪一栏描述的类型更可取。

无力化解冲突的经理人

苏珊娜为一家规模很大的零售业公司管理一个12人组成的计算机支持

小组。苏珊娜所在的部门先是遇到了一系列小问题，但是不久之后，这些问题变得严重了，甚至成了让苏珊娜和整个公司头疼的事情。部门里一个名叫玛丽的女孩以受到歧视为由威胁说要提起法律诉讼；另外一个名叫乔治的员工已经向法院提起了诉讼，对于工作造成的伤害进行索赔。

这些问题的出现对苏珊娜来说并不奇怪，因为在此前也已经注意到了玛丽和乔治的表现。但是当人力资源部门打电话来和苏珊娜讨论玛丽不满的事情时，苏珊娜还是感到十分难过；在听到乔治已提起了法律诉讼时，她简直惊讶得不得了。玛利在被问及为什么觉得自己受到歧视时说，她觉得自己没有得到苏珊娜及其部门同事的尊敬。在与乔治的对话中，他反复地埋怨自己没有得到公正的待遇以及自己的努力从未受到肯定，等等。苏珊娜并不知道这些问题从何而来。事实上，这两件事情虽然和苏珊娜的价值观毫不相关，但是却是出自同一个诱因。

如果苏珊娜能将细微的感情线索联系起来，她就不会对这些问题的出现表示惊讶了。在这里就凸显出假设分析的重要性来了。作为分析的开始，苏珊娜可以提出这样的问题，那就是什么原因造成了两个人的气愤情绪。问题的答案就是自己感到受到了不公平的待遇。虽然苏珊娜知道玛丽和乔治两个人都存在气愤情绪，但是她不了解这些情绪产生的原因是什么。

感情假设分析的下一步就是了解气愤情绪如何随着时间的推移产生、变化和累积的。起初可能是由于模模糊糊的失望情绪，进而发展成为憎恨、气愤。如果继续任其发展下去，就会演变成一种遏制不住的愤怒。玛丽是一个很敏感的人，她做的工作不是苏珊娜重视的工作，这样微小的不尊重哪怕只有一点点也让玛丽感到失望。随着时间的推移，有失尊重的现象渐渐暴露出的后果变得日益严重。对乔治而言，他希望得到认可的欲望很强烈，由于没能够得到认可，他渐渐感觉自己得不到赏识，甚至感觉个人价值被上司和整个部门削弱了。但是，没能够判断下属的情绪并不是苏珊娜的失败之处，问题主要出自苏珊娜错误地理解了下属的情绪以及情绪的发展情况。

所以，我们认为，苏珊娜对感情的理解是极其有限的。

出色的团队领导者

列恩毕业于哈佛大学，不仅有学士毕业证书还有工商管理硕士毕业证书。他从事投资银行业务，并且小有成就。列恩为人坦率健谈、有敏锐的洞察力。列恩的感情词汇十分丰富，可以将复杂的感情解析成小的组成部分。当他带领的团队遇到重要的问题需要解决时，他总会设想并评估可能出现的感情状况。

在上一个财政年度中，他带领的团队获得了有史以来为数最多的红利。在技术泡沫破灭以后，今年的红利总数还不足市场繁荣时的10%。但是，他所带领的团队仍旧像去年一样努力工作着。虽然他们获得的生意越来越少，但是在大多数情况下他们花在工作上的时间却与日俱增。这样就可能出现一个大伤士气的事情：工作更加努力，薪水却拿到的更少，还有可能丢掉工作。

列恩知道，如果告诉自己的团队成员今年年底只能拿到很少的红利的话，整个团队成员势必会强烈反弹。同时，如果他告诉整个团队不管他们如何努力，最终得到的都将会更少，那么势必会对团队的生产率产生消极影响。

列恩必须想出一个万全之策才能解决这个矛盾。他也明白，任何人都希望自己能够受到坦诚的、公平的待遇。所以，他做的第一件事就是让大家知道今年的红利情况。他把情况和大家说了，然后认真观察每个人的反应。他控制着每个人的期望值，同时指出，随着经济情况的好转，他们的生意会变得多起来，这样红利总数也会增加。然后，他预留出一小部分红利，用来奖励成绩突出且期望值也较高的成员。获得奖励的标准他已经和整个部门的成员讲得很清楚了。尽管列恩要勒紧腰带来使用预算，他还是挤出了一些钱请每个员工吃午餐，以表达对他们工作的认可。他将自己对员工表现的评价以及员工自己的汇报带到午餐会上来，以感谢他们长期以来坚持不懈的工作。

随着经济的好转，团队再次雇佣新员工时，人们发现列恩的团队成员主动离开的人在整个银行中是最少的，而且在此后的第二年成为工作成效最显著的队伍之一。能够取得这样的成就，原因是多方面的，但是在众多原因中，列恩对感情的理解是必不可少的一个。

感情词汇是我们与他人交流信息的一种工具，也可以为我们提供感情语言和感情事实。

任何一个领域的知识都有自己的术语。信息科技领域的人运用的语言也许对从事营销的人来说很不容易理解，销售人员的词汇也许和财务人员的词汇存在着很大的不同。如果缺少销售、营销、财务或者编程等领域使用的语言，我们就很难理解这些领域的微妙之处。对感情来说也是如此：要进行复杂的感情推理，你需要掌握感情词汇。

你需要多少感情词汇呢？人类情感的种类是否是一个有限的数字呢？是不是每个人都是不同的，都会具有不同的感情呢？人类个体感情的经历是千差万别的，但是，确实存在人类普遍具有的一些基本的感情。事实上，达尔文在《人类和动物的感情表达》一书中就已经有力地证明了确实存在着一些普遍具有的基本感情，不只存在于人类之中，而且也包含其他物种。

一个世纪之后，心理学家保罗·埃克曼提出了自己的感情理论，这一理论包含了一系列人类基本的感情，如气愤、恐惧、快乐、悲伤、惊讶和厌恶。其他研究人员也有自己的模式，其中较为全面的是由罗伯特·普拉切克提出的感情模式。

表 5-6 给出了基本感情的几个不同列表。

表 5-6　感情列表

普拉切克	艾克曼	汤姆金斯	伊泽德
快乐	快乐	快乐	快乐
接受			

（续表）

普拉切克	艾克曼	汤姆金斯	伊泽德
恐惧	恐惧	恐惧	恐惧
惊讶	惊讶	惊讶	惊讶
悲伤	悲伤	悲痛	悲痛
厌恶	厌恶		厌恶
气愤	气愤	气愤	气愤
期待		兴趣	兴趣
		羞耻	羞耻
			愧疚
	轻视	轻视	轻视

在了解了人类具有的基本感情之后，你就可以学习感情语言并扩大感情词汇量了。要成为高情商的人，你需要有丰富的感情词汇库。如果缺少丰富的感情词汇，你也会因为不能够将自己的见解表达出来，而不能够与别人进行深入的交流。

感情词汇有程度上的细微差别，只有相当准确的词汇才能表达准确的感情含义。想想"羡慕"和"嫉妒"这两个词的区别；恼火、生气和愤怒之间的区别又是什么呢？这些词语是不同的，因此每个表达感情的词语蕴涵的意义也就不同了。

使用这些感情词汇的前提是，首先准确地了解要描述的感情，然后你要判断你所经历的感情的强烈程度，最后，选择合适的感情词汇来描述，并尽可能准确表达自己的感情。

感情是有规律可循的，感情的发展遵循特定的模式。情商的技巧之一就是能够分析感情假定情形，并确定我们及他人的感情将如何发展。理解了感情变化和转变的方式以及感情产生的原因，在一定程度上你就可以预见到未来——至少你可以判断出如果某件事情发生，自己或他人的感觉会怎样变化。

提高分析感情发展技能的方法之一是利用提供的感情提纲编故事。例如，下面就是利用"惊讶"和"震惊"两种感情编出的故事：

我坐在办公桌前想着，这个季度的销售情况简直糟透了，对公司的影响一定很大。老板却说我们的销售表现是受到了不良财务结果的影响，听到这番话，我感到很惊讶。但是，当我听说自己的位置被取代，也就是说我失去了自己的工作时，我感到十分震惊。

方法之二是排列感情顺序。例如，试着将下面的感情重新排列，使其合乎情理。列表的结尾应该是快乐。

欢乐情感的形成（顺序颠倒）：

高兴→愉快→快乐→开心→从容→自信→满足

要重新排列上面的感情可以有几种方式，下面就是以中性的从容为开端，以主动积极的快乐为结尾的一个例子。

快乐情感的形成（正确的排序）：

从容→满足→愉快→开心→自信→高兴→快乐

就感觉的产生原因而言，人与人之间存在着很大的差别。拿快乐这种感情为例。当你获得有价值的东西时，你会感到快乐，但是，不同的人对价值的定义又有不同。同时，感情也遵循某些规则，如果你了解了这些规则，你就可以更好地了解别人。

假如，今天一早你的老板急匆匆地冲进办公室，他比平时晚到了几分钟。他一般情况下是不迟到的，这次他看起来还有些心不在焉。一位同事用肘轻轻碰了你一下，轻声说："我敢说，老板今天心情不好。"然而，你的结论却截然相反，你知道喜欢棒球的老板之所以迟到是因为昨晚他带一个客户观看了一场棒球比赛。你猜想他今天早上心情一定很好，因为他看到了自己喜欢的比赛。你还知道比赛很精彩，双方势均力敌，最后老板所支持的一方赢了比赛。因此，你的结论是老板很疲惫，但是感觉很满足、很开心。

当你学会了准确向别人表达你的情绪，而不是由着你的情绪漫延，你将会收获意想不到的快乐。

强化你的社交"雷达"

生活中，只要是正常的人都要工作、生活，都不可避免地要进行各种社交活动。一个人的社交能力是否强，源于他是否具备高情商。

为了有效地交往，我们需要开发良好地解读他人的艺术。这要求我们把自己放在对方的立场上，解读交往中流露出来的暗示，适应我们必须与之接触的文化。以这种方式强化我们的社交"雷达"，就能够使自己更加适应他人的需要和安排，并且能够利用这一信息来预测我们将如何得到最有效的回应。

卓越的交流者能够通过思考他人的想法、想象他人的感觉，来把握他人意欲行动的方向。我们把这种情况称为移情作用，它在人际关系和面对面的交流中非常重要。我们还可以把这种现象称为"知情臆测"，因为我们永远不可能确切地知道他人的真实想法是什么。在这个意义上，良好地解读他人就像进行智力拼图游戏：我们与对方的联系越紧密，我们就越容易填补互相不了解的空白。我们可以从人们的举止言谈中，看到一系列情绪变化的细微线索，诸如双肩下垂、视线避免接触、声音发生变化、步履沉重缓慢等。我们把所有这些小块的拼图组成到一起，把它们与其他事情进行比较，我们就能够了解这个人情绪产生的原因。尽管这只是一种"知情臆测"，但是只要我们开始向他询问，我们很快就能从他的回答中知道，我们的预测是正确的。

依靠移情作用，指导顾问能够探测出顾客最头痛的核心问题；领导者能够依靠移情作用察觉出士气低落的原因，并在它影响业绩以前采取正确的行动解决它；顾客代表能够正确地解读提出服务投诉的顾客的想法和感觉。在我们讨论的所有技能中，移情作用可能是情感智力中最核心的一个。

证据表明，所有的人一出生就具有移情作用的能力。这是我们人类与其他灵长类动物（例如大猩猩和黑猩猩）所共同拥有的东西：花许多时间去研究自己的同伴，学习如何了解同伴在想什么和感觉什么。刚出生几个月的婴儿，似乎能够认识到他们身边的情绪状态，并努力观察行为和摹仿行为。在充满爱和友谊的背景中，儿童会充满自信地去体验新的行为，学习新的交往技巧。

婕瑞在说服她的上线经理考虑自己的意见时，很少能够成功。她的上线经理是培训业务的负责人。这一次，她感到情况有些不同。她从经理的观点中看到了与自己的意见有相同之处。这至少给予她一个公开的机会，使她能够预见并先把经理的目标纳入到自己的最新建议中——在公司的管理技能中引进在线远程培训服务。

她在心里开始想象自己是上线经理，对提出这项新倡议可能发生的争议反复进行演练。然后，她开始想象她的经理可能会作出的回应。在进行这样的演练时，她始终把自己想象为那个经理。她采用了她的经理在听到一项新建议时经常采用的姿势，尽可能地去模拟她的经理对她的建议可能采取的回应行为。

在演练中她发现，作为她的经理，他关心的是人们在开始这项工作以后，可能缺乏完成它的动机。他感觉人们需要的可能仅仅是获得知识，而不理解应该把自己获得的技能运用到实践中去的需要。想到这里，她为如何把这个新观点推销出去的问题感到担心，她的上线经理会认为这是一次充满未知数的旅行，而这位凡事均持怀疑态度的上线经理，更关心的是从公司传统培训项目的成功中获取荣誉。她决定继续从她的经理的立场去想象和观察，她发现，他可能会对本部门失去对培训课程的控制感到担心。

最后，她认识到，经理之所以会产生这样的担心，是因为他对自己希望引进的项目方面的技术问题知之甚少。于是，她感到自己发现了这个新建议中的利益，即由引进一个新的培训方法带来的潜在利润。而且新建议能够使培训成本下降，这一点也非常有吸引力。这些认识说服她，必须改变自己平常所采用的表达新观点的方式。她决定在提出新建议的时候，不去赞美新方法的优点，而是从它所能带来的利弊开始，重点强调每一项预测利润。

婕瑞进行了一次想象活动，她的预见也许是漂移不定的。但是，她的准备是一种移情作用的活动。这使得她对自己的上线经理的思维拥有了更好地认识，进而使自己把握住了如何把新观点推销给经理的更好的机会。

这一想象活动的流程是：把你欲施加影响的那个人（或你需要使他们信服的、有影响力的、持怀疑态度的人）带入意识中想象你将要与相关的人进行的交谈站在对方的立场上，想象对方会做出的回应——他的感觉如何，他将会考虑什么，他将接受什么，以及他会拒绝什么，把由此产生出来的认识组合到你的交流计划中运用他人的砚点，或者中立者的观察，反映并改善你在交流中的行动方式。

移情作用的根基存在于

> 我们的想象；
> 我们解读非口语信号的能力；
> 我们进行推演的能力；
> 我们从自己在类似情景中的体验、推断某个人的情绪状态的能力。

包容多样性，为情商保驾护航

我国有句对联，广为流传：大肚能容，容天下难容之事；慈颜常笑，笑世间可笑之人。其中上联说的就是人生在世，要具备包容心，有一定的包容性。这样，才能生活得快乐。

简言之，包容性主要包括：包容他人、包容自己、包容变化、包容环境、包容新人、包容新的工作方式，等等。只有这样，一个从才能在充满挑战和改善的实践中生存下去。

事实证明，宽容是一条双向通道。例如，如果一个企业希冀事业兴旺繁荣，就需要为不同的文化提供一定的发展空间。与此相同，员工也需要对他们身处其中的企业文化敞开胸怀。这样说并不是指你必须放弃自己的个人特性，而是强调，如果你想在企业中获得成功，你就需要匹配你的组织文化。当我们能够匹配其他人都可能遵循的文化时，我们才能成功地构建起繁荣的人际关系网。

在情感智力的领域里，包容多样性与移情作用比肩而立，我们很难只取其中之一而放弃另一个。但是在一些范围里，包容性能够导致好奇心，这时移情作用发挥着一个有效技能的作用，通过运用这个技能，好奇心得以畅通。

从工作角度讲，包容多样性能够使你把新鲜空气带进保守的企业丛中。新的团队成员进入到我们中间时，为了与我们融合，他不得不顺从已建立的实践规则，并逐步也拥有了团队开创发展起来的"群体思想"。一方面，群体思想有它的优势，作为一个集体，因为"意志一致"，团队能够很好地发挥自己的功能，更有效地完成任务。但是另一方面，它会因此而造成内视的、迟钝呆滞的后果。

我们中许多人都拥有一个共同的弱点，那就是深深地陷在人际的小圈子里。我们太喜欢与那些能够分享我们的背景、我们的体验、我们的意见、我们的审美观、我们的怪癖、我们的行事原则和我们利益的人相处在一起。这是可以理解的，但是这种做法却具有很大的局限性。因为如果这样做，结果是我们的社交圈子很快就只能反映我们认为我们知道的东西，任何不能与这个狭窄的社交圈子的观点相符合的东西，都会被排斥。我们很快成为思想狭隘的人，我们因淤塞而停滞。说得极端一点，这种倾向导致出种族偏见、性别偏见以及唯利是图的势利意识。

正是那些处在边缘的人——标新立异者和不循规蹈矩的人——有许多东西可以教给我们。分享他们的假设与观点能够拓宽我们自己的视野，同时，我们非常可能与理解我们的观点的人建立起和谐的关系。

我们中的大多数人，都具有对非循规蹈矩者予以拒绝的倾向。认识到这种倾向，当你遇到某个特立独行的人时，就应该对自己的判断提出质询：我们得出这样的判断是因为这个人真的是一个分裂者，还是因为他只不过是一个观念与我们不同的人？通过质疑，以确认陈旧的思维行为和模式没有变成制约我们发展的陈规陋习。

美洲的土著人常说：你要想知道一个人的烦恼心情，你就必须穿着他的靴子走上一里路。这句谚语的意思是：我们应该采用与对方相同的方式去行动、去思维、去感受。有效的交流者在与人接触时，非常重视解读对方意图的能力。采用对方的观点，你才能在寻求共同点时有所收益。

因此，在交流中，非常有用的观点往往产生于听者的立场。当你准备参加一个会面时，想象你就是那个你将要见面的人，找出他们可能对某一个问题会如何去思考的方式和感觉。如果你满足了他们的需要，以及你自己的需要，那么你的观点和建议就更可能被接受。在会面中，偶尔用一点时间去想象对方是如何思维和感觉的，这有助于你提高移情意识，更好地适应和改善交流。只有包容不同的人、站在别人的立场想问题，你才能充分发挥自己的聪明才智，为自己的情商保驾护航。

智力主要表现在哪些方面

> 从经验中学习的能力；
> 抽象推理作出论断的能力；
> 对新情境作出恰当反应的能力；
> 抽象思维，表达意念以及语言和学习的能力；
> 通过改变自身、改变环境或有效适应新环境的能力；
> 认识、理解客观事物并运用知识、经验等解决问题的能力。

Part6 时时进行自我激励

自我激励即自励，就是利用收集到的情绪信息整理情绪，集中精力，合理性地制定目标并努力实现目标。自励者须具备上进心和进取心，确立奋斗目标并为之不懈努力。对一个情商高的人来说，自励意味着在面对困难时能够坚强自己的信念，抱着"要么不做，要做就做好"的心态。

激励的两种基本理论

一个上进的人，必是时常督促自己、审视自己、激励自己，努力实现各个层次的人生需要、达到自我实现需要的人，最终他也会成为一个完全成功的人。

激励有两种基本理论，一是马斯洛的需要层次理论，一是激励的期望理论。

马斯洛的需要层次理论

马斯洛的需要层次理论把人类不同种类的需要按照金字塔的形状进行排列（见图6-1），最底层的是基本生理需要，最高层的是自我实现需要。根据这一理论，人具有一种内在的动力把自己不断推向需要金字塔的巅峰，即自我实现。下面我们以自下而上的顺序详细描述各个不同层次的需要：

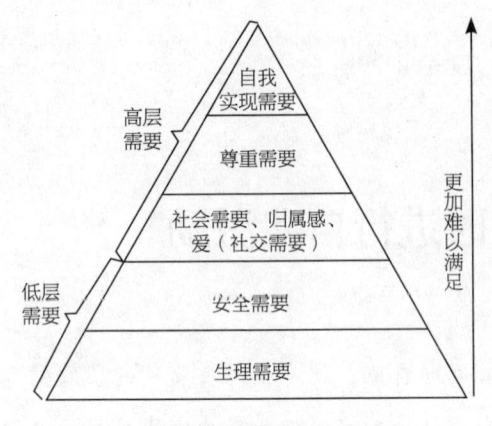

图 6-1 马斯洛的需要层次图示

1. 生理需要是指人得以生存的最基本需要，比如对于食物、水、住所、睡眠的需要都属于此类。一般而言，大多数的工作都能够充分地满足生理需要。

2. 安全需要包括生理的安全以及心理和情感的安全。许多工作让人觉得不安全（比如警察和出租车司机），所以，许多人会为了得到安全的环境而被激励。近些年来，失业的威胁总是让人觉得不安全。

3. 社会需要是指对于爱和归属感的需要。与前面所叙述的需要不同，社会需要关注人与人的互动。许多人具有强烈的需要想要成为团队的一部分，或者被他人所接受。被同龄人或同事接受在学校和工作中非常重要。许多人如果不能在工作中有机会与别人紧密联系，他们就会变得不开心。

4. 自尊需要是指人们希望被别人或自己认为是有价值的需要。自尊需要也被称为自我需要，是指人们希望别人认为自己很能干的需要。一个被自己或他人看作是有价值的工作能够满足人们的自尊需要。

5. 自我实现需要是最高层次的需要，包括自我成就需要和自我发展需要。

真正的自我实现是要对理想不断追求才能实现的，而不是占据一个具有挑战性的职位就能满足的。一个人如果实现了自我，那么他就成为了自己应该成为的人。

马斯洛的需要层次理论是一种对于需要进行简单分类的理论。它的出现让许多人开始认真考虑对人的激励问题。它的基本价值在于，它突现了工作场合中需要的重要性。

激励的期望理论

1. 基本组成部分

激励的期望理论有3个基本组成部分：对于成功的期望值；对于回报的预期以及目标效价。

A. 预期成功的可能性很大：人们相信自己可以完成任务（努力与绩效的关系），会在这些情况下受到激励。

B. 人们相信自己的表现可以带来回报（绩效与奖励的关系）。

C. 回报对于个人的吸引力很大：人们认为给自己的回报很有价值（奖励与满足个人需要的关系）。

2. 基础版本的期望理论

（1）期望概率是指个人认为通过努力能够正确完成任务的可能性。在人们为了完成一项工作而努力之前所要问的一个重要的问题是："如果我全身心投入的话，是否真的能够完成任务呢？"在人们的心中，每一个行为都与对其成功概率的预期有关。预期是一种对于概率的判断，它的范围从0（没有任何机会）到1（绝对会成功）。于是期望就会影响你是否愿意为了获得回报而进行尝试。自信的人的期望值往往很高，而接受良好的培训也可以增强个人能够完成任务的信心。自我效能也会影响期望，如果你觉得自己完全具备完成某一任务的各种能力，你就会因此受到很大的激励。有些自信的、技艺高超的跳伞运动员之所以故意迟迟不开伞，是因为他们相信自己完全可以在以时速200公里做自由落体运动时顺利开伞。

（2）激励力量是指个人预计如果成功完成任务后能够得到自己所希

望回报的可能性。人们做某件事情往往是为了获得某种回报。对于回报预期的变化范围也是从 0（即便成功也不会有回报）到 1（只要成功就会有回报）。比如，"只要我这两周每天都出现在办公室（行为），就可以得到报酬（回报）。"

（3）目标效价是指回报对于个人的吸引力。任何一种工作都会有许多回报，但是每种回报各自的效价是不同的。比如，你为公司节约成本提出了非常有用的建议，可能的回报包括现金奖励、工作评估优秀、晋升、认可和地位的提升。工作中的许多情况既有效价为正的结果，也有效价为负的结果。比如，晋升可以获得更多的收入和权利，但也会减少与家人和朋友相处的时间，而且还会遭人嫉妒。

在该期望理论中，效价的变化范围是从 -100 到 +100。如果效价是 +100，那就说明你非常喜欢这个回报。如果效价是 -100，那就说明你对这个结果很不满意，这样你就会努力回避它。如果效价是 0，则说明你对这个结果无所谓，所以效价为 0 的回报没有什么激励效果。

3. 激励和能力如何影响工作绩效

期望理论的另一个贡献是解释了激励和能力如何影响工作绩效。正如图 6-2 所示，人们只有同时拥有能力和激励的时候才能取得预期的工作结果，两者缺一不可。认识到能力在这一过程中的作用非常重要，而不能高估激励对于成功的作用，不要认为只要不断尝试就可以成就任何事情。在现实当中，要想成功还需要具备相应的受教育程度、能力、手段和技术。

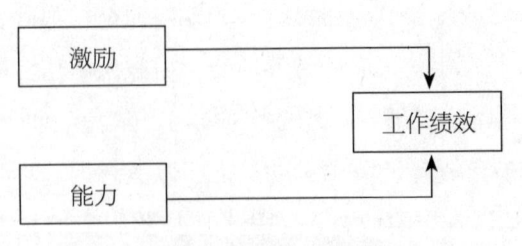

图 6-2 激励和能力如何影响工作

能够很好运用激励相关知识的一个方法就是诊断一下自己或他人在某一特定情况下没有得到很好激励的原因。不妨试问自己如下问题：是否拥有满足重要需要的机会？是否预期能够成功？是否认为自己能够完成任务？预期是否能够得到回报？是否相信只要成功就能得到相应的回报？回报对自己有意义吗？

自我激励的七个技巧

没错！自我激励也要讲究一定的技巧。对于自我激励的 7 种技巧，图 6-3 做了简要的总结。所有这些技巧都是基于有关人类行为的理论和研究。

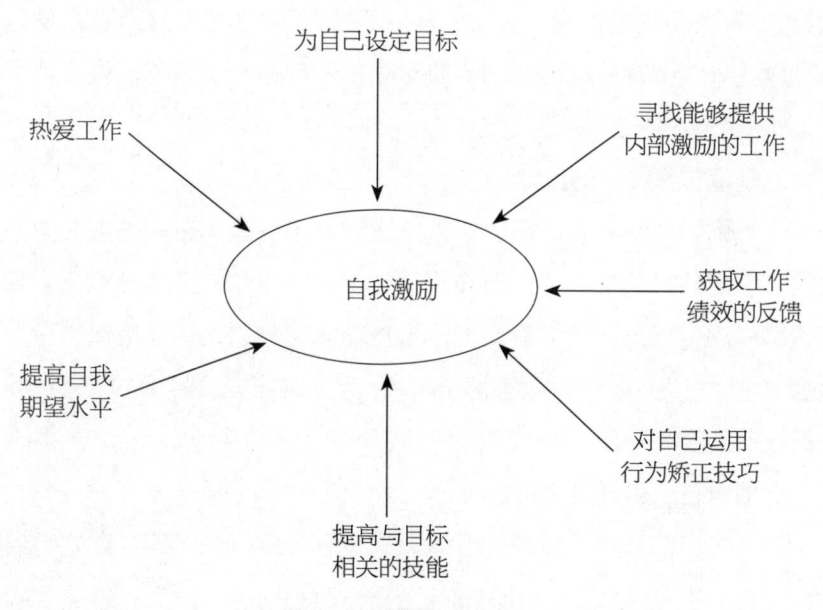

图 6-3　自我激励技巧

围绕"自我激励"的七个技巧：为自己设定目标、热爱工作、寻找能够提供内部激励的工作、获取工作绩效的反馈、对自己运用行为矫正技巧、提高与目标相关的技能、提高自我期望水平。

1. 为自己设定目标

设定目标对于激励非常重要。你可以为自己设定年度目标、月度目标、本周目标、当天目标，甚至是早晨目标和下午目标。比如，"在中午以前我要处理完所有的电子邮件，并且为如何提高本部门的安全水平提出建议。"制定更为长期的目标，或者是人生目标，也可以帮助你获得动力，推动自己达到更高的成就。但是，长期的目标必须辅以一系列相匹配的、具体的短期目标才能发挥作用。

2. 寻找能够提供内部激励的工作

学习有关内部激励的内容，再结合对自己的认真思考，你应该可以识别出你认为可以为你提供内部激励的工作。下一步，就是找到能够充分激励你的工作。比如，你可以从自己过去的经历中找到足够的证据说明与他人密切交往可以对你有所激励，那么你就可以为自己找一个较小的、友善的团队去工作。

但有时候由于受到各种条件的限制，你对于工作没有太多的选择权，那么就设法尝试对工作的具体内容尽可能做些改变，以得到你希望得到的回报。如果你觉得解决问题会让你兴奋不已，而你85%的工作都是例行的，那么你就可以试着养成良好的习惯尽快把例行的工作做完，剩下更多的时间去做工作中富有创新的部分。

3. 获取工作绩效的反馈

一个人如果没有办法得到有关自己绩效的反馈，无论是主观的还是客观的，那么他将很难一直保持高昂的斗志。即便你的工作非常令人兴奋，你也同样需要反馈。包装设计工作本身就非常吸引人，但是包装设计人员也非常喜欢自己的设计成果被展示出来，因为这能够说明"你的设计足够好，可以让别人欣赏"。

4. 对自己运用行为矫正技巧

为了运用行为矫正技巧很好地激励自己，你首先要确定需要得到激励的行为是什么（比如，在周六的晚上工作两小时）。然后，你要找到适合自己的奖惩措施，运用奖励措施来正向强化。

5. 提高与目标相关的技能

根据期望理论，只有当你觉得自己有把握完成一件事情的时候，你才会努力去做。而想要提高自己对于成功的主观预期，一个切实可行的方法就是提高自己完成任务所需的技能，这样你就提高了自我效能。对于成功的预期高了，自信心足了，激励作用也就变强了。

6. 提高自我期望水平

对自己的期望高，一般往往会取得更好的结果。因为你觉得自己能成功，所以你真的会成功。这种期望的自我实现效果已经由实验得到证明。要培养较高的自我期望以及积极的人生态度需要长期的过程，然而，这对于在各种环境中有效激励自己非常重要。

7. 热爱本职工作

有效激励自我的另一个方法是热爱你所从事的工作。如果你坚信大多数的工作是有价值的，而且努力工作让人愉快，那么你就会受到很大的激励。让一个不怎么热爱工作的人转变对于工作的看法并不是一件容易的事情，但是如果他反复认真思考工作的重要性，并且向正确的榜样学习，那么他对于工作的看法变得更积极也不是不可能的。

想象这样一个情景：你正在看一个关于患有某种可怕疾病的孩子们的特别节目，他们需要输血来维持生命，他们需要 AB 型阴性血型的血源，但是他们所需的这种血源捐献者非常稀少，远远不够救助这些孩子们。当节目结束时，你深受感动，泪如泉涌。你关掉电视机，发誓要一个月献一次血，因为你有这种 AB 型阴性血型。在那个星期里，你安排了时间去血库。但是最后你发现在那一年你做这件事的次数只有一次。最后你甚至放弃了把这种安排纳入你紧张的日程表的努力，你完全不再考虑这件事情。这是为什么？难道你是一个坏人，缺乏同情心来记住那些可怜的正处于病患之中的孩子们？

每一次你被说服采取一个新的行动，你都会感到有一种情绪在激发你，促使你。你在那天晚上关掉电视，深深担忧处于病患之中孩子们的状况，你感到一定要去帮助他们。但是你的情绪状态只是短暂的，它随着时间的消逝而减弱。正如它直接与电视节目所产生的强烈情绪联系在一起一样，你关掉电视的时间越长，你的这种情绪就越弱。几个月以后，当你试着挤进一个去血库献血的旅程中时，你已经没有产生这个行为的原始情绪同样程度的情绪动力了。因为你的动机只是被短暂而激动的体验所激发，你不能指望依靠这种情绪来创造一个持续的改变。

为了保证你能坚持你想要采取的新行为，你必须通过足够的行为实践来确保这种行为持久。你必须训练你的大脑接受这个行为，大脑的接受只能来源于实践。如果你能把处于病患之中小孩的电视节目录制下来，每个月看一次，你到血库献血的次数就会提高。如果你能够连续去血库献血好几个月，你的大脑就很可能会自动调节，新的神经系统联系路径将会支持这个行为。于是，拯救处于病患之中的小孩就会成为你的一个新习惯。

掌握自我激励的技巧，在情绪管理方面你就是一次大飞跃。进而，你将更有信心地朝着理想的目标前进。

如何竖立自信心

➢ 做一个适当自恋的人，相信自己；

➢ 摆脱自卑的困扰；

➢ 首先爱自己，再去爱别人；

➢ 锻炼自己，发展，超越自己；

➢ 谦虚谨慎，你越谦虚就越自信。

培养好情绪，激发潜能量

生活中每个人都有这样的体验，心情好时做什么事都比较顺利，心情不好时似乎做什么事都有波折。这其实就是心情的好坏直接影响做事的效果。从一定程度上说，情绪也能影响人生的成败。因此，培养好情绪，尤为重要。

先看一则寓言故事：

一个喜欢淘气的男孩，他的父亲有一个养鸡场。有一天，他到附近的一座山上去，发现了一个鹰巢。他从巢里偷了一只鹰蛋，带回养鸡场，把鹰蛋和鸡蛋混在一起，让母鸡来孵。小鹰就在一群小鸡里出生、长大，它从来没有想过自己除了是小鸡外还会是什么。起初它很满足，过着和鸡一样的生活。但是，当它逐渐长大的时候，它发现了与伙伴们的不同。它内心里有一种奇特不安的感觉，它想："我一定不只是一只鸡！"但是，它一直没有采取行动。直到有一天，当小鹰看到一只老鹰翱翔在养鸡场的上空，它突然感觉到自己的双翼有一股奇异的力量，感觉到胸膛里的心正猛烈地跳着。它抬头看着老鹰，一种想法出现在心中："养鸡场不是我呆的地方，我要像它一样飞在蓝天上。"它展开双翅，虽然它从来没有飞过，但它内心有着飞翔的力量和天性。终于，它先飞到一座矮山顶上，又飞到更高的山顶上，最后冲上蓝天，到达了高山的顶峰。它终于证实，自己是一只鹰！

也许你会说："我已经懂你的意思了。但是，它本来就是鹰，不是鸡，它才能够飞翔。而我，本来就只是一个平凡的人。因此，我从来没有期望过自己能做出什么了不起的事来。"这正是问题的关键所在——你从来没有期望过自己做出什么了不起的事来！这是事实，而且，这就是问题严重的地方，那就是我们只把自己钉在自我期望的范围以内。

爱迪生曾经说过："如果我们做出所有我们能做的事情，我们毫无疑问地会使自己大吃一惊。"每个人都有巨大无比的潜能，只是有的人的潜能已经苏醒了，有的人的潜能却还在沉睡。任何成功者都不会是天生的，成功的根本原因是开发人的无穷无尽的潜能。只要你抱着积极的心态去开发你的潜能，你就会有用不完的能量，你的能力就会越用越强，你离成功也就会越来越近。相反，如果你抱着消极心态，不去开发自己的潜能，任它沉睡，那你只有叹息命运的不公了。

无论遇到什么样的困难或危机，只要你认为你行，你就能够处理和解决这些困难或危机。对你的能力抱着肯定的想法，就能发挥出积极的力量，并且因此产生有效的行动，直至引导你走向成功。

自我发掘的决心，自我依靠的习惯，可以让你变得越来越强大。拐杖是为跛足者准备的，而不是为强壮的年轻人，无论是谁，如果企图依靠精神上的拐杖走过人生，他一定不会走得很远，他也绝不会成为一个伟大的成功者。

成功殿堂的大门，不是任意通行的，每一个进入者都拥有自己精心打造的钥匙。开启成功之门的钥匙，必须由你自己亲自来锻造。锻造的过程，就是释放你的潜能、挖掘你的潜能的过程。如果你见了生人就害羞；如果你惧怕新的陌生环境；如果你经常觉得担忧、焦虑和神经过敏；如果你有类似的面部抽搐、不必要的眨眼、颤抖、难以入眠等"紧张症状"；如果你畏缩不前、甘居下游，那么，你对自己个性的压抑太严重了，你对事情过于谨慎和"考虑"得太多，限制了你的潜能的释放。"压抑个性"是对个人潜能的一种压抑，具有"压抑个性"的个人不能表现内在的创造性自我，因而显得停滞、退缩、禁锢、束缚，拒绝表现自己、害怕成为自己，把真正的自我紧锁于内心深处，思维也几乎陷于停顿。这样潜能不但没有释放，反而消耗在终日疲惫不堪的状态中。

性格决定命运，心态决定人生。你的情绪时刻都在影响着你此刻开始以后的每一步路。世界上有且只有一个人能够左右你的成败，这个人就是你自己。因此，你有必要时刻培养好情绪，因为它能左右你人生的成败。

先支配思想，再管理自身

我们生活在一个飞速发展的时代，快节奏的生活让我们时常面对各种机会、诱惑、困境、烦恼。因之，能很好地把握自己并不容易。这就需要我们对自己的思想随时提高警惕，随时支配自己的思想、督促自己的言行，以便于更好地管理自身。

一个人要想把握自己，就必须控制自己的思想，必须对思想中产生的各种情绪保持警觉性，并且视其对心态的影响是好是坏而接受或拒绝。乐观会增强你的信心和弹性，而仇恨会使你失去宽容和正义感。如果无法控制情绪，将会因为不时的情绪冲动而受害。

情绪是人对事物的一种肤浅、直观、不用脑筋的情感反应。它往往只从维护情感主体的自尊和利益出发，不对事物做复杂、深远和智谋的考虑，这样的结果常使自己处在很不利的位置上或被他人所利用。本来，情感离智谋就已很远了，情绪更是情感的最表面部分、最浮躁部分，以情绪做事，便毫无理智可言。

我们在工作、生活、待人接物中，却常常依从情绪的摆布，头脑一发热（情绪上来了），什么蠢事都愿意做，什么蠢事都做得出来。比如，因一句无甚利害的谈话，我们便可能与人打斗，甚至拼命（诗人普希金、莱蒙托夫与人决斗死亡，便是此类情绪所为）；又如，我们因别人给我们的一点假仁假义，而心肠顿软，大犯错误（西楚霸王项羽在鸿门宴上耳软、心软，以至放走死敌刘邦，最终痛失天下，便是这种妇人心肠的情绪所为）；还可以举出很多因情绪的浮躁、不理智等而犯的过错，大则失国失天下，小则误人误己误事。事后冷静下来，自己也会感到可以不必那样。这都是因情绪的躁动和亢奋，蒙蔽了人的心智所为。

楚汉之争时，项羽将刘邦父亲五花大绑陈于阵前，并扬言要将刘公剁成肉泥，煮成肉羹而食。项羽意在以亲情刺激刘邦，让刘邦在父情、天伦压力下，自动投降。刘邦没有为情所蔽，他的理智战胜了一时心绪，他反以项羽曾和自己结为兄弟之由，认定己父就是项父，如果项某愿杀其父，剁成肉羹，他愿分享一杯。刘邦的超然心境和不凡举动，令项羽无策回应，只能潦草收回此招。

三国时，诸葛亮和司马懿祁山交战，诸葛亮千里劳师欲速决雌雄。司马懿以逸待劳，坚壁不出，欲空耗诸葛亮士气，然后伺机求胜。诸葛亮面对司马懿的闭门不战，无计可施，最后想出一招，送一套女装给司马懿，羞辱他乃小女子是也。古人以男人自尊，尤其在军旅之中。如果在常人，定会接受不了此种羞辱。司马懿另当别论，他落落大方地接受了女儿装，情绪并无影响，且心态甚好，还是坚壁不出。连老谋深算的诸葛亮也对他几乎无计可施了。

　　这都是战胜自己情绪的例子。生活中，更多人则成为情绪的俘虏。诸葛亮七擒七纵孟获之战中，孟获便是一个深为情绪役使的人，他之不能胜于诸葛亮，实力和心智不及也。诸葛亮大军压境，孟获弹丸之王，不思智谋应对，反以帝王自居，小视外敌，结果完全不是对手，一战即败。孟获一战既败，应该慎思再出招，却自认一时晦气，再战必胜。再战，当然又是一败涂地。如此几番，把孟获气得浑身颤抖。又一次对阵，只见诸葛亮远远地坐着，摇着羽毛扇，身边并无军士战将，只有些文臣谋士之类。孟获不及深想，便纵马飞身上前，欲直取诸葛亮首级。可见诸葛亮已将孟获气成什么样子了，也可想孟获已被一己情绪折腾成什么样子了。结果，诸葛亮的首级并非轻易可取，身前有个陷马坑，孟获眼看将及诸葛亮时，却连人带马坠入陷阱之中，又被诸葛亮生擒。孟获败给诸葛亮，除去其他各种原因，孟获生性爽直、缺乏谋略、为情绪蒙蔽，也是一个重要的因素。

　　情绪误人误事，不胜枚举。一般心性敏感的人、头脑简单的人、年轻人，易受情绪支配，头脑发热。

　　如果你正在努力控制情绪的话，可准备一张图表，写下你每天体验并且控制情绪的次数，这种方法可使你了解情绪发作的频繁性和它的力量。一旦你发现刺激情绪的因素时，便可采取行动除掉这些因素，或把它们找出来充分地利用。

　　只要你能够随时支配自己的思想，就能管好自己的言行，你就会有一个与众不同的人生。

审视情感，成功指日可待

情感非常重要，它和我们的生活是密切相关的。尽管情感很重要，但是我们的正式教育对情感的重视却微乎其微。所以当我们要理解或者处理情感时才发现我们知之甚少。因此，我们有必要审视自己的情感，以便更好地走向成功。

情感包含了关于我们自己和这个世界的信息。情感之所以会产生是由于存在某些对某个人十分重要的因素，同时，情感能够激励、指导一个人取得成功。

情感主要提供关于人、社会状况和相互作用的信息。情感可以提供许多关于你的信息，比如说你的感觉、发生在你身上以及你周围的事情。但是，情感最重要的作用是帮助我们共同劳动，保证我们的生存。

当我们生气的时候，我们向其他人发出的信号就是告诉他们，我们需要静一静，或者要求他们把从我们这儿拿走的东西拿回来，或者其他什么。我们快乐的微笑则告诉别人，我们开放、包容，最重要的是，我们容易让人接近。

大多数人都会承认，情感会影响我们生活中的某些领域，这是很正常的，同时这也正是我们想要的。在运动场上，当我们试图击溃对手的士气或者激励我们的队伍时，我们看到了情感的重大影响。

但是，如果我们的工作需要的是运用逻辑，那情况又是怎样的呢？难道情感不能也不应该在作出极其理性的决定时发挥任何形式的作用吗？在一个著名的研究中，心理学家艾丽丝·埃森发现，即使是最需要理性作为基础的医生也会根据情感改变他们的思维和决定。在针对放射线医生进行的实验中她发现，在给了这些医生一点小礼物以后，他们做出诊断的速度更快、更准确（也许礼物使他们的情绪得到了适度的提高）。

以上实验说明：情感对我们作出判断有重要的影响，我们却几乎没有意识到是情感在发挥作用，这是不寻常的。不管你是否相信情感的作用，也不管你是否意识到情感的作用，都不能否认这样的事实：情感和思维是相互交织的。

正是因为情感在这样无时不在地、有些神秘地发挥着作用，所以压制情感的试图常常是徒劳的。社会心理学家罗伊·鲍梅斯特发现，当人们努力压制自己情感的时候，他们记住的信息往往会很少。看起来压制情感需要我们付出精力和注意力，如果不是在压制情感，这些精力和注意力就可以用在获取和分析信息等方面。

这并不是说我们必须放任情感，被情感淹没；相反，我们可以通过一些非压制情感的其他方式来分析某种情况隐含的信息和情感成分。其中一种方式就是情感评估，在这过程中，我们不仅要分析问题，而且要试着将这些问题以适合的方式重新表达，我们将这种情形视为需要应对的一种挑战，或者，我们可以从这些情形中学些东西。

我们的感觉不仅对自己有影响，对他人也是如此，不管这些情感是否是我们希望拥有的。显而易见，没有情感的介入就不会有决策的产生。没有情感，理性思维就不可能产生。

原始的情感反应对人的生存起到至关重要的作用：恐惧的产生会促进血液流入较大的肌肉，这样更利于奔跑；惊奇的产生会引起眉毛上挑，这样视野就会扩大，以更好地收集意外事件的信息；憎恶的产生会引起脸部皱纹的出现，于是便可以关闭鼻孔防止污浊气体的进入。

情感使我们真正成为人类，情感巩固了理性，所以我们要欢迎、接受、了解情感，并充分利用情感。

积极的情感可以给我们开辟探索和发现的空间。一般来说，积极或者愉快的情感可以激励我们不断地探索环境，拓展我们的思维空间，扩大我们的行为技能。积极的情感可以使我们敢于与他人不同，帮助我们找到事物之间的新联系，由此找到解决问题的新途径。

积极的情感对我们来说也有其他方面的影响。快乐的情感激励我们与他人交流，微笑或笑容可以让他人发现我们是友好的，容易和我们接近。积极的情感可以增强社会联系，使社会网络更加稳固。

积极的情感可以保护我们不受消极的事件或情感的影响。如果给人们看一部可能引起消极的情感的电影，而且在电影过后要求他们微笑，结果显示他们能够更快地从紧张情况产生的生理影响中恢复过来。

消极的情感也是十分重要的，因为消极的情感要求我们改变现在的做法和思维，可以使我们关注的领域更集中，促使我们采取更加具体的行动。

和积极的情感相比，消极的情感体现得更为强烈。这种现象背后隐藏着进化方面的原因，如遭受攻击或者受伤的生存成本要比在野外寻找有趣的东西的潜在收益大得多。因此，显示危险的消极情感必将得到更加认真的对待。只有我们所经历的比积极情感更强烈，我们才不会那么容易成为掠夺者的美食。

我们都喜欢积极的情感，并且认同其对我们的身体健康和幸福生活的作用。但是，所谓的消极情感（如恐惧、气愤和憎恶）也应该在我们的心中占有一席之地。我们需要平和的心境——快乐的情感，也需要做好与消极情感搏斗的准备。

情感的最基本层面

➢ 情感在周围的环境发生某种变化时产生；
➢ 情感的产生是无意识的并且是迅速的；
➢ 情感的产生会引起生理上的变化；
➢ 情感的产生会改变人们关注的事物和思维方式；
➢ 情感的产生为采取行动做准备；
➢ 情感会带来个人的感受；
➢ 情感会迅速地消散；
➢ 情感能帮助人们应对难题、经受挑战并获得成功。

Part7 恰当处理人际关系

情商的高低决定了一个人对自我的认知和评判，决定了这个人面对困难或挫折时的心态、处理方式，更决定了这个人对人际关系的处理能力。从某种程度上说，人际关系的好坏将直接影响事业的成败。

克制自我，营造良好的人际关系

拥有良好情感智力的人，能够同时运用个人内心技能和人际关系技能，为自己营造良好的人际关系。

人际关系技能是理解他人及与他人合作共事的能力，它建立在真诚地愿意了解他人的兴趣的基础上。个人内心技能是一种内在审视的能力，它培育自知之明，并把自知作为有效行动的基础。这两种技能是相辅相成、缺一不可的，因为认识自己的心理状态是认识他人情感变化的前提和关键，而实行自我克制是保持良好人际关系能力的基础。

下面的例子可以很好地说明问题：

米兰达的处事方法

　　米兰达经营和管理着自己的公司，她所从事的培训事业颇为成功。她是一位母亲，有两个十来岁的孩子。有的时候，发生在生活中不同舞台上的这些需求会撞车。当出现需求冲突时，她就与自己的丈夫、孩子或她的同事、雇员及顾客坐下来进行商洽，以便合理地解决出现的问题。在大多数时间里，她都能够得到对方的认同，获得双赢的结果。但有的时候，要想各方都满意就不太可能，在这样的情况下，她总是平静地接受自己面对的现实，同时，尽自己所能把人际关系保持在最好的状态中。

　　她的同事都非常尊重她，因为他们所有的人都体验过她的慷慨和关怀。她拥有一个积极的、与她的所有同事密切平衡的情感银行，她的公司里充满着融洽快乐的氛围。公司经常会举行一些活动，招待公司的员工、顾客和关系户，这些活动有助于培养他们对公司的忠诚。顾客对公司的培训给予了很高的评价，当然，也就为公司带来了可观的收益。获取这些成果的部分原因，是因为米兰达和她的同事真诚地希望建立起稳固的人际关系，理想的人际关系总是强烈地激励他们。

　　但是，她的事业并非一直这么一帆风顺。在公司初创阶段，米兰达的事业几乎濒临破产。当时公司举步维艰，但是她保有坚持不懈地采取富有成效的行动的能力。她所拥有的广泛的人际关系网络，为她提供了一个可以为她提供资金支持的人，他一直支持她，直到她的公司渡过当时的难关为止。她还在征求了管理专家的意见以后，任命了一个经验丰富的经理帮助她安排强有力的财务控制。她的企业逐步走上了有序发展的道路。在这一时期，她也曾产生过自己承受的压力太大，以至坚持不下去的感觉，但是这种感觉是短暂的，她天生固有的乐观主义精神支撑着她，使她很快战胜了消极的情绪。

　　具体地说，米兰达身上所表现出来的情感智力方面的主要技能以及对我们的启示包括：

1. 自我意识

拥有它，你就能理解自己的情感，并在它们发生时，认识到这一点。你的情绪反应把你引导进不同的情景中，当你充分认识到自己的局限性时，就能最大限度地发挥出自己的能量。

2. 自信

自信建立在对自己的局限性的现实认知的基础上。自信的人知道：什么时候应该信任自己的决定，以及什么时候应该顺从他人的意见和观点；为了发挥出自己的最大能量，自信的人敢于持续地去面对新的挑战，因为这些挑战可以不断拓展个人的潜力。

3. 自我调节

这种能力能够促使你始终把注意的焦点集中在自己的目标上，在目标完全实现以前，不会因进步过于细微而裹足不前；它还能使你迅速地从挫折中恢复过来，重新看清自己的终极目标。为了更好地实现目标，必须排除破坏性情绪的回应。你将通过持续地与自己最重要的渴望保持联系，而不断地激励自己。

4. 激励

这种能力能够促使你去关注他人的需要、偏好、价值观、目标和个人实力，并以此激励他们。

5. 移情作用

具有移情作用，你就能与他人的需要、价值观、希望及观点相契合，你可以通过积极地把自己置身于对方的位置上而感知对方的感情和思维。

6. 社交敏感性

快速而又良好地解读当下的情景，无论是口语的还是非口语的，它能够让你了解和适应与你有良好的人际关系的人的意图。你在团体交往活动中的敏感性，使你能够确认团体中谁是最有势力的人，并与他人的文化类型保持一致。

7. 说服力

拥有良好情感智力的人擅长于解读他人的意图和希望，并创造出双方都满意的结果。他们具有不断开发双赢思维的习惯，努力寻求使个人目标与他人目标保持协调的途径。

8. 冲突管理

具有这种能力，你就能够在冲突发生以前预防它，并把注意的焦点转移到更富有成效的行动过程上。如果冲突不断升级，你可以通过聚焦冲突双方的意图来解决它，因为冲突双方都是出于关心自己最大利益的意图。

研究表明，仅看智商，基本不能说明人们在工作中能否有所成就或生活是否幸福。如果说智商高低与人们事业成功与否有多大联系的话，智商高低所起的作用，最高估计也不过25%左右。有一份较谨慎的分析报告认为，更准确的数字是不超过10%，大概为4%。

但是，在强调认知能力的学科中，也会有情感智商似乎影响不大的现象。出现这种矛盾，是因为这些学科的入门要求极高。进入专业技术领域工作的智商门槛通常为110到120，跨过了高智商这个拦路虎，结果是进去的每个人都是佼佼者，在承担相对独立的专业技术工作中，情商也就无竞争可言了。

心存友善，与最难相处的人相处

心理学家经过长期研究发现，原本心情舒畅、开朗的人，若同一个吹毛求疵的人相处，内心就会自然地产生排斥心理，心情也会因此而变得沮丧。同时，一个人的敏感性和同情心越强，越容易感染上别人直接或间接传递自己的坏情绪，这种传染过程是在不知不觉中完成的。

如果一个心态积极、友善的学生，和另一个喜欢挑刺儿的学生同住在一间宿舍，这个学生受另外学生的影响。当然，这个心态积极、友善的学生也会在生活中影响到室友，慢慢地消除排斥心理，从而融洽地相处。在家庭关系中也是如此，比如人们津津乐道、百说不厌的婆媳关系，敏感的夫妻关系，有代沟的亲子关系，等等。在社会交往中，个人的言行举止会对其他人有着非常大的传染作用，如果你奉献爱心，爱心便会得以传递。如果你对人苛刻，别人势必对你还以苛刻。

我们生活的周围总会有一些横行霸道、装腔作势、牢骚满腹之人。这些人会让别人避之惟恐不及，甚至生气、绝望、甚至发狂。

人们多么希望这些人立刻从生活中消失，让自己的生活再也不被打扰。可是，现实往往就是这样，当你无法改变时，你就要勇敢面对。凡事皆有利弊，从另一个角度上想，你会豁然开朗。这些难以相处的人恰恰可以成为我们提高情商的帮手。

我们可以从多嘴多舌、快言快语的人身上学会适时地沉默；可以从脾气暴躁、没有耐心的人身上学会忍耐；可以从心思险恶、居心不良的人身上学到善良……而且可以确定的是，这些难以相处的人最终也不会与我们同行。因为，人以群分，不同特质的人很难相互吸引，达成合作。当然，一些为了某些目的，勉强达成合作关系的人另当别论。

应付难以相处的人最有效的方式就是灵活。也就是说，发现他们的方式，在与之交往的过程中，尽量灵活到采用与之相同的方式。如果这人喜欢先闲谈再谈正事的话，你的反应应当是放松下来，聊聊家常。另一方面，如果这人直截了当，你也应当闲话少说，直奔主题。这样，在与难以相处的人打交道时会更有效率，而且会发现这些人并不那么难以相处。

那么，如果遇到难以相处的人，我们应该如何应付呢？不妨试着他们当成特殊的"礼物"。有这样一个故事：

安妮嫁给了一个脾气古怪、性情霸道的男人。婚后的生活对安妮来说简直是痛苦的。她的这段婚姻充满坎坷和不幸。后来，安妮终于和那个霸道的男人分手了。在分手多年以后，她终于学会了感谢他，因为她认为正是他教给自己建立和维持界限的重要性。如此，当她再遇到类似性格的男人时，她就可以积极地应对了。安妮说："当与他一起经历一段时期的生活，这些人你就根本不会再放在眼里了。"试想，假如当时安妮嫁给了一个性格随和的人，她可能直到现在都没有明确的界限，也很难学会如何对付性格古怪、脾气霸道而难缠的家伙。

不过，假如我们可以选择的话，或许谁都不会选择那些性情古怪、难以相处的人。

我们不妨尝试另一种完全不同的处事方式，当你站在另一个角度看待人和事，你会发现很多并不曾留意的东西，你会不断地拓宽视野，进而提高情商。

现在，自己作一个衡量：你是一个性格开朗外向的人还是比较内向、喜欢独处的人？做事之前你喜欢提前做好计划，还是毫无计划？人人都有自己的偏爱，所以人人都可以互补。只要你敢于突破常规，尝试着从别人身上汲取长处，你就会逐渐提高情商。

掌握相处之道，与他人和睦相处

我们每个人在这世界上，都会有各种各样的人际关系。有的关系是无法选择也无法改变的，像父子、兄弟、姐妹这些血缘关系，是属于命中注定的一种关系。而另外一些关系，比如同学、朋友、同事这些关系，却是我们在学习工作中建立的关系。

人会做人，百事可为。怎么才算是会做人？就是拥有广泛的人脉资源。一个大家公认的说法是，一个人的成功只有15%是由于他的专业知识和技能，另外85%要靠他的人际关系与处世的技巧。因为一个人的能力终究是有限的，必须在群体活动和交往中得到发展。一个人所遇到的困难、危机，也必须得到他人的协助、支持才能解决。因此，为人处世必须要与他人和睦相处，要学习好如何与各种人相处的艺术。

1. 与老板相处：尊敬加学习

任何一个老板能够干到这个职位上，至少有某些过人之处。其优秀业绩、工作经验、处世艺术、自身魅力等，都是值得我们尊敬和学习的。

2. 与朋友相处：真诚加联络

既然是朋友，就要以诚相见，以心换心，谁愿意与虚伪的人交朋友呢？此外，朋友虽好，如果不经常联络，也有可能慢慢变成陌生人。没事打个电话、发条短信，向朋友嘘寒问暖，是费不了多大劲的。

3. 与下属相处：帮助加聆听

帮助下属，其实是帮助自己，因为下属工作做好了，自己的工作也就做好了。而倾听下属的心声，既能了解他们的想法，更能赢得他们对你的尊重。

4. 与合作伙伴相处：诚信加分享

对合作伙伴所作的承诺，一定说到就要做到。另外，有肉一块吃，有酒一起喝，有钱大家赚，如果过于刻薄，失去了合作伙伴，那是得不偿失的。

5. 与竞争对手相处：坦然加微笑

在我们的工作生活中，处处都有竞争对手，这是很平常的现象。所以要心怀坦然，不要耿耿于怀。同时，对他们要报以微笑，因为他们说不定哪天还会成为你的同事呢。

6. 有些事不用太较真

凡事都要"丁是丁，卯是卯"，你会活着很累。与其让自己身心疲惫，倒不如对有些事睁一只眼闭一只眼。有时候，一较真你就输了。

世界级画家毕加索对冒充他作品的假画，从来就是睁一只眼闭一只眼，概不追究。有人对此不理解，毕加索说："我为什么要小题大做呢？作假画的人不是穷画家就是老朋友。穷画家混口饭吃不容易，我也不能为难老朋友，还有那些鉴定真迹的专家也要吃饭，况且我也没吃什么亏。"

　　石油大王洛克菲勒是现代商业史上的传奇人物，他的公司垄断了全美80%的炼油工业和90%的油管生意。在为人处世方面，洛克菲勒很有一套，尤其善于装糊涂。

　　有一次，洛克菲勒正在工作时，一位不速之客突然闯入他的办公室，直奔他的写字台，并用拳头猛击桌面，大发脾气："洛克菲勒，你这个卑鄙无耻的小人，我恨你！我有绝对的理由恨你！"办公室所有的职员都以为洛克菲勒一定会拿起墨水瓶向他掷去，或是吩咐保安员将他赶出去。然而，出乎意料的是，洛克菲勒并没有这样做。他停下手中的活，像傻子一样注视着他，对发生的事似乎毫无知觉，就如同被骂的是另外一个人一样。

　　那无理之徒被弄得莫名其妙，怒气渐渐平息下来。他是准备好了来此与洛克菲勒大闹一场的，并想好了洛克菲勒会怎样回击他，他再用想好的话去反驳。但是，洛克菲勒不开口，他反倒不知如何是好了。不得已，他又在洛克菲勒的桌子上猛敲了几下，可是仍然得不到回应，只得索然无趣地离去。再看洛克菲勒，就像根本没发生任何事一样，重新拿起笔，继续他的工作。

　　懂得装傻的人绝不是傻瓜，而是真正的聪明，就比如洛克菲勒。而现实生活中，有的人却斤斤计较、咄咄逼人，看似聪明绝顶但最后往往是机关算尽，聪明反被聪明误，这才是真正的傻瓜。

　　在现实生活中，许多人往往不能控制自己的情绪，遇到不顺心的事，要么借酒消愁，要么以牙还牙，这都是错误的做法。

　　凡事都要"丁是丁，卯是卯"，活着会很累。与其让自己身心疲惫，还不如以平常之心、平静之心对待人生，该糊涂时就糊涂，这是历来被推崇的高明的处世之道。一个人如果真能如此地"不较真"：淡泊名利、虚怀若谷、大智若愚、韬光养晦、深藏不露、知足常乐……这辈子就会过得自在洒脱。

> **怎样做到不较真**
>
> ➢ 学会理智处事，沉不住气时反复提醒自己要以理智的心态来控制感情；
> ➢ 学会苦中作乐，善于寻找乐趣，多参加自己感兴趣的活动来发泄郁闷；
> ➢ 遇到难受、挫折、失败的事，不妨找知心朋友聊聊天；
> ➢ 欲望少一点、心胸宽一点，这样更能保持心理平衡，维护身心健康。

坚守处世之道，你就能左右逢源

虽然心理学的发展已经让我们惊异于一个未意识到的精神世界，但那些研究成果似乎只是用来解决精神病患者的问题，许多人都认为"情商"似乎有些玄，科学的成分有些牵强。可是，在我们的社会中，许多的问题都让人思考，到底人们为什么会有如此多的精神危机，尤其是在当今竞争激烈的社会里，如何处世才能使自己立于不败之地？

天才的智商都是相近的，天才的命运却是相差悬殊的，无论在什么样的社会里什么样的统治下，我们常常说有些人见风使舵、两面三刀，但是"识时务者为俊杰"却是一句至理名言，这是一种处世之道，决定了一个人的一生怎样度过。历史上这样的例子很多，我们能从他们身上看到一些"情商"的因素对他们的成就有什么影响。同时，事业的成功到底需要什么素质，一生郁郁不得志的人与一生春风得意的人差异究竟在哪里？

自古以来，人们对于成功的看法都不一而足，仁者见仁，智者见智。同样都是伟大的文学家诗人，李白与苏轼都可谓是彪炳史册的巨匠，两人的人格气质十分相似，可是两个人的人生境遇有许多的差异。在遇到人生的挫折之后，他们的境遇是有相似，都有着一种超脱的思想追求，李白的人生观中有一种与生俱来的贵族傲慢气质，与他想法不同的苏轼，就有一种平民意识，有一种自知与自足的豁达。于是，他们同样的豁达，却透露出不同的人格精神，李白在政治上的见识真是令人不敢恭维，而苏轼的政治见识却又让人感到造化弄人。

世间有光明必有黑暗，贤者心志高尚，过分外露才智，必为庸者、愚者所憎恨。贤者处于憎恨与黑暗交织的罗网之中，又岂能不败！李白就是这样的人，他处处锋芒毕露，不知大智若愚，不知达则兼济天下，穷则独善其身。一生渴望踏入仕途，为君王，为国家，为天下苍生，造就一个盛唐，然后功成身退，归隐山林，享受自然人生。可悲可叹啊！如此的志向，竟一点机会也没有，终成一曲《蜀道难》，"蜀道难，难于上青天。"真的是一点机会也没有吗？机遇只光顾有准备的头脑，李白的准备可谓充分啊！李白少时即饱学诗书，并且才情恣肆，性格豪爽。有所谓"十五观奇书，作赋凌相如"。读万卷书，行万里路，为什么最后却悲叹一生呢？原因只能在于情商出了问题。

首先是他的出身，不是现世的贵族，但又有与生俱来的贵族气质，这成了他以后人生道路上的最大障碍。李白的出生、身世到现在也是一个谜，到底是贵族后裔还是少数民族的血缘一脉，众说纷纭。他的一生散尽万贯家财，为的是实现自己的人生抱负。他读万卷书，行万里路。准备的已经十分充分了，万事俱备，只欠东风。但他却从未想通过科举考试进入仕途，而是在大量的社会活动中建立自己的声望，以引起朝廷的注意。在经过几番艰苦的努力之后，李白终于如愿以偿，得到玄宗的召见，并委以"翰林供奉"之职。"仰天大笑出门去，我辈岂是蓬蒿人"，其狂喜之态可见一斑。

皇帝亲自召见，可谓是已经飞黄腾达的机会来了，可是呢？他是怎样来对待这样的机会的呢？不是一种积极进取与感恩，而是说不尽的傲慢与无理，现在我们可以说那是一种洒脱，一种潇洒，但是，为了这样的潇洒而葬送自己的前途应该属于得不偿失吧！从李白的诗歌中可以看到他狂妄不羁的性格，所有的才华似乎就仅仅可以限于写诗歌了，只有在他的诗歌中我们可以得到一种发泄与抒怀。"权贵的势力"，似乎是他最厌恶的，但也是他所极力向往的，自己骨子里都是贵族的傲慢与狂傲。

李白非常自负，常自比为管仲、诸葛亮等卓越政治家，以"申管晏之谈，谋帝王之术，奋其智能，愿为辅弼，使寰区大定，海县清一"。26岁出川后，李白很少再回到蜀中。一生中他一直以"大鹏"自况，"大鹏羽翼张，势欲摩穹昊"。在《大鹏赋》中，他极尽铺张地描写了"激三千以崛起，向九万而迅征"的大鹏形象，抒写了自己不同凡俗的性格、气概和抱负。

有政治抱负，但是心却很高傲，不愿意从零做起，他看不起按部就班的科举考试，看不起拘挛填海的精卫和守常报晓的天鸡，这些都无可厚非。既然来到了天子脚下，既然进入了"政界"，就该按仕途规律办事，现在身份不同了，已由一介布衣成为随侍皇帝左右的高官。到中央工作了，还保留着一种在野党的心态，无论身份地位，一律地"平交王侯"，为官之道要求的"不逾矩、不放情、不显才"，他却反其道而行之，他不过是玄宗的一个御用文人罢了。但却"戏万乘若僚友，视俦列如草芥"，正如杜甫所写："李白斗酒诗百篇，长安市上酒家眠。天子呼来不上船，自称臣是酒中仙。"

我们有理由怀疑，他是真不知道还是假不知道，中国的皇帝们总是高高在上的，几曾有过平等意识？对其如此轻慢和不恭的行为，玄宗不疏远你疏远谁啊？高力士又是何等人物？那可是服侍了玄宗几十年、最受玄宗宠信、最有权势的一个宦官，连宰相李林甫、杨国忠都是先巴结上他才获得高位。他居然当着玄宗的面，伸出足去，叫他"去靴"！真是不可思议的狂妄啊！最后不可避免，长安三年，他毫无建树，最终被玄宗"客气"地请出了长安。

有什么样的性格，就有什么样的命运，李白生性放达，不受拘束，加之广泛游历中的求仙访道，颇受道家思想的影响。《老子》云："金玉满堂，莫之能守。富贵而骄，自遗其咎。功成身退，天之道。"李白理解的"功成身退"，是与儒家的"达则兼济天下，穷则独善其身"相类的。一方面他有宏大的政治抱负，一方面又想放浪形骸、无拘无束。而这是根本不可能实现的。

官场就好比一个鸟笼子，你既然想进去，就要老老实实，规规矩矩，就不要嫌这里天地狭小受约束，就不要再仰羡蓝天白云，而要遵循笼子里的游戏规则，不能任性犯自由主义。君不见，自古及今，官场进退，有多少心地善良的人变得阴险，有多少举止洒脱的人变得刻板，有多少性格鲜明的人磨平了棱角，又有多少自尊的人变得无耻。到处是唯唯诺诺和俯首听命。就像一只鸟，在笼子里关得久了，住得惯了，即或把笼门打开，它再也不寻求飞翔。因为弃却自由的报偿是可得嗟来之食，且可饱食终日。李白既然高呼"安能摧眉折腰事权贵，使我不得开心颜"，那么你就该远离官场，更别指望"长风破浪会有时，直挂云帆济沧海"。还是一心一意去当诗人吧，这才是他的最佳选择。

中国的文人似乎确有两大心愿，一是仕途功名，一是著书立说，两者孰轻孰重，确也是价值取向不同，若是两者不可兼得，史上大多是希望于前者的，然而仕途功名却不是任由己意的，时势造英雄，生不逢时总是不少，所幸，还有著书立说可为。太白豪放、张狂，真搞政治都不行，历史确是不可假设，身为政客也自当审时度势，但他们还是有些许值得肯定的政治思想的，但也正如韩非子所言的法、术、势，无势，法、术也无以为行了。

且说李白："太白及冠，仗剑出游，广交天下豪杰，胸怀大鹏之志，腹藏天地乾坤，其才情，惊天地，泣鬼神，斗酒赋诗百篇，堪称前无古人，后无来者，古今一绝。"千百年来，多少文人吟其诗句，唯愿此生能成其万一，青史留名。可是，我们都知道，仕途之路，才是李白一生的追求，其依靠诗才，周游天下，希翼求得伯乐相识，甚至为求荆州刺史举荐，写下："生不用封万户侯，但愿一识韩荆州"之句。他不甘于仅做一御用文人，他习王霸之业，要做苏秦、张仪，要做管仲、乐毅，要做诸葛、韩信，要像他们一样辅弼明皇，纵横天下，济苍生，安社稷，开创一代盛唐。然而，纵观中华悠悠历史，习王霸之业者又有几人可一展抱负？莫非他生不逢时？

不是的，关键是他的性格决定了他的命运，追求自由，绝对的自由，必定会在政治上终老无为。就算有经天纬地之才，也不能为世所容，有超逸物外之志而心又不静。所以，后来李白修道，却逃不脱人世沧桑之苦。

"天下皆知美之为美斯恶已，皆知善之为善斯不善已。"这个道理很简单，说出了许多的处事哲理，你的人生是不是也有许多这样的时候呢？

让我们再来看看苏轼。

林语堂先生说："一提到苏东坡，中国人总是亲切而温暖地会心一笑。"苏轼是最具亲和力的中国文人。他的脚步所至之处都给后人留下了咀嚼不尽的人文财富。"大江东去""明白几时有"无人不读，"横看成岭侧成峰""春江水暖鸭先知"无人不知。即使我们不曾读过《赤壁赋》，很多人也都知道"唐宋散文八大家"中，苏氏父子占据其三。

不仅诗词文章，苏轼的书法为"宋四家"之首；绘画以竹木怪石而著称，诗画都独占一绝。另外，他在饮食、医药、禅学等方面也多有建树，还热衷于科技发明。他这样的艺术全能大师的，纵观古今中外，恐怕也绝无仅有。苏轼襟怀坦荡，心性天真，心里想什么就率意直言。苏轼性格中有两种主要特质，一种是"想要奋发有为，愿以天下为己任，虽遇艰危而不悔的用世之志意"；另一种则是"不为外物之得失荣辱所累的超然旷观的精神"。但突出的表现为超脱、刚直、真诚、爱民、忘我等特点。如《定风波》："莫听穿林打叶声，何妨吟啸且徐行。竹杖芒鞋轻胜马，谁怕。一蓑烟雨任平生。料峭春风吹酒醒。微冷。山头斜照却相迎。回首向来潇洒处。归去。也无风雨也无晴。"苏轼虽然深切地感受到人生如梦，但他并未此而否定人生，而是力求自我超脱，始终保持着乐观的信念和超然自适的人生态度。"谁怕。一蓑烟雨任平生。"说他平生以一蓑烟雨自任，还怕眼前的这场雨么。并不患得患失，对眼前的政治打击无可奈何，表现了作者刚直、超脱、坦然、乐观、无所谓惧的人格魅力。

他绝对是一个性情中人，对弟弟，他写过"但愿人长久，千里共婵娟。"对于自己的亡妻他写过"十年生死两茫茫，不思量，自难忘"，他一生娶了三位妻妾，但是无论遭受怎样的困苦和磨难，他的家庭生活始终都充满温馨。他总是更多地看到人间的友善，他可以和高官显宦诗词唱和，也可以与黎民百姓共诉心曲；他可以和歌妓舞姬宴饮欢歌，也可以与和尚道士嬉耍笑闹。正因为这些种种原因，他比李白幸运，从到达京城开始，他就得到了当时政要的赏识，注定了以后的仕途之路要来得容易。

他和弟弟苏辙赴京参加礼部考试，考试的主考官是当时的文坛领袖欧阳修。读到苏轼的文章，他不禁拍案叫绝，喜极汗下，感叹道："三十年后，没有人会再提起我，人人都会谈论这个叫苏轼的人的。"他激赏数日，才把苏轼的文章传给同僚，仁宗皇帝读了苏氏兄弟的文章，高兴地说："朕为子孙物色到两位宰相！"欧阳修的盛赞、皇帝的推崇，令苏轼迅速名满天下。他先后出任大理评事、开封府推官等职，写下大量议论国事的策论。这是苏轼有生之年最风光的一段日子。他雄心勃勃，踌躇满志，考论历史是非，直言陈谏曲直，炫耀般接连呈上文采飞扬的佳作。苏轼是依靠才华、依靠读书走上仕途的。虽然少年得志，但是苏轼一生却身如不系之舟，四处漂泊流离。

神宗元丰二年（公元1079年），"乌台诗案"发生，负责审理此案的御史中丞李定等人，这是一帮品格低下的龌龊小人。他们为置苏轼于死地，挖空心思从他的诗文中寻找"证据"，断章取义，罗织罪名。就连他在杭州做太守时看钱塘潮，回来写了咏弄潮儿的诗"吴儿生长狎涛渊"，也被荒唐地解释为"反诗"，为什么呢？有人解释说：把皇帝说成"吴儿"，把兴修水利说成"玩水"。从八月十八日入狱到十二月二十九日被释放，苏轼在牢房里被关了四个月零十二天，被提审十一次之多。通宵达旦地连续逼供，日复一日地肆意侮辱，惨不忍睹地残忍摧残，渐渐让苏轼看清了所有辩驳都是徒劳的。大不了不就是一死吗？我招就是了，大不了一死。苏轼全招了，这样一来，苏轼自度必死无疑。"梦绕云山心似鹿，魂飞汤火命如鸡。""是处青山可埋骨，他时夜雨独伤神。"所幸，苏轼为人谦虚温和，有许多真正的赏识者帮他在仕途渡过难关。苏轼在乌台受难之际，许多正直之人仗义执言，纷纷站出来为他说话。一次，左相吴充与神宗谈起曹操，直截了当地说："曹操猜忌心那么重，还能容忍祢衡，陛下难道还容不下苏轼吗？"当时，太皇太后正身患重病，神宗想大赦天下为她求寿，太后却说："不必赦天下凶恶，放了苏轼一个人就行了。"宋神宗也并不是一个昏君。宋神宗是爱才之人，并无加害苏轼之意。他否决了将苏轼处死的见议，仅以"讥讽政事"之罪将他贬往黄州。

　　李白一生对长安的眷恋与排斥是交织的。在苏轼的生命中，汴梁也是个难以舍弃又不能久待的地方。中国的文人都有双重的性格，在"内圣"与"外王"的理念间游移不定。苏轼要实现自己的理想和抱负，就不能不到这里来；在这里住的时间久了，他又不堪官场上的乌烟瘴气，心生厌倦。于是，步履唯艰，内心困惑与迷茫交织，进进出出于皇城的城门，来来往往于漫长的驿道。他在愈演愈烈的派阀争斗中折腾了几年，最后被搞得焦头烂额、疲惫不堪，多次萌发远离是非之地的念头。后来，宋神宗崩逝，年仅十岁的哲宗即位，高太后临朝听政。苏轼被改派登州太守，但到任仅十余日，便被召回京城，委以重任。这是他东山再起的绝好机会。随着司马光任相，推行了十几年的新法被废除，反对变法的人受到重用。苏轼回京后不到一年时间，就连升了三次官。如果他善于把握机会，前途会一片光明。然而，诗人毕竟不是善于投机钻营的政客，他是没有多少心思考虑个人进退得失的。他反对王安石变法的刚厉，同样反对司马光将新法一概废止的武断，认为应该留利去弊。这样，苏轼就成了夹缝里的人物，两面受疑忌，两面不讨好。

　　早在少年时代，苏轼的父亲苏洵就注意到了苏轼、苏辙两兄弟性格的不同。他在《名二子》一文里解释了给两个儿子取名的缘由："轮、辐、盖、轸，皆有职乎车。而轼独若无所为者。虽然，去轼，则吾未见其为完车也。轼乎，吾惧汝之不外饰也。天下之车莫不由辙，而言车之功，辙不与焉。虽然，车仆马毙，而患亦不及辙。是辙者，善处乎祸福之间也。辙乎，吾知免也矣！"曾枣庄先生对此言的解释是："轼是车上用作扶手的横木，是露在外面的，因此说：'轼乎，吾惧汝之不外饰也。'苏轼性格豪放不羁，锋芒毕露，确实'不外饰'。结果一生屡遭贬斥，差点被杀头。辙是车子碾过的印迹，它既无车之功，也无翻车之祸，'善处乎祸福之间'。苏辙性格冲和淡泊，深沉不露，所以在以后激烈的党争中，虽然也屡遭贬斥，但终能免祸，悠闲地度过了晚年。"苏轼这样的性格真是天生的。

苏轼的人生似乎应该飞黄腾达。可惜，他的路走得艰辛，他的智商与情商不能算是低的，从他的身上，我们可以学到一些人生态度，伟大的人物之所以伟大，那是因为他们的行为与我们正常想象的不一样。用现代的情商理论来看，李白的失误在于不懂得人际交往的技巧，最关键的是不知如何处理好和领导的关系，朋友多，但是他却是有选择、有目的的，最后失败，令人感到遗憾。苏轼与之不同，他的性格平易近人，对领导更没有什么脾气，但是，性格洒脱，不喜欢被束缚，决定他不可能在官场上高升。但是，比起李白来，苏轼应该是很得意了，两个人的差异所在，根本的就是心态。

我们的比较结束了，结论就在比较的过程中。大家能从这些人物身上看到有价值的东西，就是"情感智力"在他们一生中所扮演的角色。我们或许只是他们的崇拜者，不会去艳羡有些人的人生，自己的路自己走，把握好自己情感世界的脉动，才能与他人建立良好的社会关系，"天才"才不至于沦落到社会的最底层。

有效沟通五步法

> 表达你想要的，而不是你不想要的；
> 表达你的感受，而不是表现你的情绪；
> 表达你的需求，而不是抱怨、猜测；
> 表明你要去的地方，而不是抱怨所处的位置；
> 看准你的目标，而不是陷在已发生的事件里。

实战篇

把你的情商用起来

在充分认识情商、唤醒情商之后,最关键的一步就是要把我们的情商用起来。将情商用在工作、事业、生活的方方面面,使我们自身更趋向于完美,使我们的意愿更早达成。"用"才是我们认识和唤醒情商的真正目的。

Part8 把情商用起来,做有趣而强大的自己

个人能力是了解你自己和尽最大努力利用你所拥有的东西做自己所能做的事情。它不要求完美或者对你的情绪有完全的控制;相反,它允许你的情绪通过一定渠道表现并指导你的行为。每个人都有情绪失控的时候,此时最重要的一点是知道如何控制它。

你对控制感情了解多少

在我们周围,经常会有些人因控制不住自己而做出一些伤害他人或自己的事,事后懊悔不迭:我没控制住自己。其实,当人的情感超越了理性,与其进行积极有效的沟通是很困难的。愤怒的情感就像个小偷,偷走了你大脑的一部分,偷走了你的部分理智,让你说出了一些事后感到懊悔的话,甚至做出一些伤害感情的事。因此要充分认识控制感情的好处,掌握控制感情的有效方法。

首先,我们要对控制感情有一个全面的认识。

控制感情,给我们带来的好处

1. 面对挑战性的个人和环境选择较好的应对措施。

2. 当你必须面对压力时变得更加冷静和平和。

3. 帮助别人缓解愤怒情绪。

4. 避免粗暴的行为和语言。

控制感情的挑战有三点

1. 控制自己的愤怒。

2. 控制别人对你的愤怒。

3. 控制压力和消极情绪。

控制感情分为两个阶段

阶段1：在对别人生气做出反应之前，重要的是设法控制自己的情绪。

阶段2：当别人恼怒、沮丧并开始向你发难时，你自己应准备好恰当的应对措施。

控制感情的方法有三种

1. 欢迎感情

感情并不总是受欢迎的，因此很多时候我们都在主动压抑自己的感情。有时，压抑感情是有意义的，那是因为我们没办法加工出现的感觉，所以我们就选择忽视这些感情以及感情中包含的信息。但如果这种压抑成了一种习惯，我们就会失去感情所包含的信息价值。

因此在其他时候，我们必须让自己体验一种感觉，甚至是欢迎这种感情，不管它是意料之外的、不受欢迎的还是令人不快的。如果选择不去体验这种感觉，我们则要浪费很大的精力。试想，如果我们哀悼一位挚爱的朋友却努力压抑自己的悲伤会怎样？这种压抑恐怕不会起作用。

2. 融合感情

感觉糟糕可能成为好事，感觉很好也可能成为坏事——这完全取决于环境、涉及的人以及你的目标。有时，保持一种不快的情绪是有好处的；有时，迅速振作起来，变得快乐或者中性却尤为重要。亚里士多德曾说过："任何人都可以突然生气——这很容易。但是，要对合适的人、以合适的程度、在合适的时间、为了合适的目的并以合适的方式生气并不容易。"

我们要对自己的感情作出明智的选择。这样做就意味着我们要将感情和思想统一在我们的行动中，要求我们对感情保持平衡、平和的心态，既不将感情压在意识表面之下，也不能过分夸大感情的重要性。不能做到以上两点的话，就说明我们太理性了或者太意气用事了，感情平衡的目标是有理性的激情。

这并不是说我们绝不应该体会或者根据强烈的感情采取行动。事实上，在很多时候，这样做是很明智的选择。例如感到快乐时，我们唱歌跳舞来庆祝，这种快乐可以表现得淋漓尽致。当发生暴力的人身攻击时，我们愤怒的感情会一触即发并且不断加剧，这就促使我们采取行动来保护自己不受攻击。

3. 改变感情档位

如果你认为自己不会改变感情档位，那么你就错了。在现实生活中，谁都遇到过这种情况：起初感情很强烈，然后马上改变了自己的感觉方式或行为方式。例如：你正朝着一个同事或家人大喊大叫，突然电话响了，你拿起电话时则会很平静地说："你好！……"

在此基础上，可以通过练习来改变感情换挡的技巧。参考下面的三个步骤：

（1）试想一个感情情景：在头脑中勾勒某个情景，你自己处在这种感情状态中。想象一种打扰了这个情景的事情如电话铃声、敲门声、别人喊你的名字或者有人走了进来。

（2）当这些事情发生时，你的感觉是怎样的？

（3）为了改变你当时的举动，你能够做些什么？

保持大脑和情绪的平静

我们需要保持大脑的平静，有如下几步：

1. 首先应了解你为什么生气，是什么导致情绪失控

（1）当你感到没有选择和机会时。

（2）当你处于身体和感情的困境时。

（3）当你受到不公平对待时。

（4）当你由于犯错误而对自己失望时。

（5）当某事或某人阻碍你的意愿时。

（6）当你感到某人与你的价值观相悖时，如对你撒谎。

（7）其他。

2. 分三个步骤来控制感情

这些关键的步骤仅花费几秒的时间就能够在控制感情和爆发怒火之间造成不同的结果。这些步骤能够帮助你冷静下来。

（1）放慢你的呼吸频率，温和地说话，做一个深呼吸并放松。

（2）了解你的情感。你是否感到难堪、被冒犯、受惊吓或感到迷惑？要知道是哪些特定的环境导致你情感失去控制。例如，当你为如期完成任务而冲刺时，你可能变得烦恼不堪。

（3）了解导致你生气的真正原因。你是否因为被无辜地指责做了某事而感到难过？

准备一套方案来应对把你作为出气筒的人。该方案是一个行动计划。如果你有一个应对计划，你就会较容易地控制感情。一旦你感到心情平静，你就能使用 UART 模式。UART 系统是一种用来对付发怒者的有效方法。

U：Understand（理解）

A：Apologize（道歉）

R：Resolve the Problem（解决问题）

T：Take a Break（休息一会）

1. 理解

认真而冷静地倾听，让发怒的人谈出他的感受。用你自己的话复述一遍你认为生气的人想说的内容。

2. 道歉

大多数发怒的人认为他们受到了不公正对待。他们在接到诚挚的道歉后，怒气会小一些。

3. 解决问题

竭尽所能解决问题。如果你不能马上解决，请解释你能够做什么以及将在什么时候彻底解决这个问题。大多数时候，人们的火气会在这种交谈中消失掉。如果他们仍在生气，而你已经开始感到你的情绪正在失去控制，这时请你采取下个一步骤。

4. 休息一会

你如果感觉到下面一种或多种情况即将发生，就是到了该休息的时候了：

（1）情感变得危险。

（2）你将要说出一些令你后悔的话。

（3）对方开始喊叫，脸胀得通红。

（4）你无论说什么或做什么都没有用。

（5）你或对方的情感正失去控制。

休息的时间可以从5分钟到24小时不等，地点可在任何地方。你可以这样说："我需要几分钟来确认一些事。我们彼此都花几分钟时间再想一想，我们可以15分钟以后再谈吗？"

当遇到不可避免的情况发生时，高情商的人会积极地面对否定他的人。如果你在生活中以积极和客观的方式对待一个否定你的人，你将帮助他明白，其行为是如何影响别人以及他自己的事业成功的。事先准备一套办法会使这种面对更有效。这套办法应该包括对此人行为的客观描述，并真诚地解释他的行为是怎样影响你的感情的。

设想哲日米是一个否定者而且是你项目团队中的一员。他经常抱怨什么都不如人意，对任何改进措施都大挑毛病。他对工作非常不满意并且他的态度影响了团队的其他成员。

以下是一套可行的应对方案：

1. 给你自己一个积极的信条

例如："我能与哲日米谈论他的消极态度及其对我的影响。"

2. 客观地描述哲日米的行为

例如："当我们提出一个解决办法时，你说它为什么不会有用。"

3. 描述他的消极态度怎样影响你

例如："我感到苦恼，因为我们没有把足够的时间花在怎样让项目运转起来上。相反，我们把时间用在了分析解决方案的错误上。"

4. 如果这个人的消极行为没有改变，告诉他你准备做什么

例如："如果你继续这样做，我就让你知道我的感受。而且，我会在没有你参与的情况下完成任务。"

5. 遵守你的承诺

如果压力持续了较长的时间，人的身体将在体力、精神和情感方面变得精疲力尽。长期的压力会干扰大脑的注意力和逻辑性。这使得你更加难以应对生气的同事、沮丧的客户和总在发号施令的上司。当你身心健康的时候，或者积聚你的个人能量，你可以有效地处理各种压力的两方面途径。

能量源在你的大脑中创造出产生良好感觉的化学物质（内分泌）。这些化学物质使你情绪高涨，让你感觉良好。

能量源1：锻炼

锻炼可以增加你的心跳和呼吸的频率，可以使你出汗。许多健康专家建议每天活动20~40分钟，每周活动3~5次。即使活动量很小也是有帮助的，并且活动随着年龄的增长日趋重要。一个有效的活动计划可能是每周有5次每次半个小时轻松的散步。

能量源2：大笑

幽默感对你和别人都是重要的。你是否因看戏剧、电影或听笑话而捧腹大笑？捧腹大笑可以增加心跳、加速呼吸、增加大脑中的内分泌激素。注意不要拿别人取乐，但是要和他们一起从每天的事件里寻找快乐。

能量源3：关心

关心是与别人积极的情感接触。积极的情感接触包括给予或接受支持、鼓励以及帮助别人。给予的爱和关怀会在大脑中形成产生好感觉的化学物质，使给予者和接受者都从中获益。

扔掉你的"情绪香蕉"

情绪智力是指能够理解自己的情感，对他人的感情感同身受的能力以及为了改善自己的生活控制情绪的能力。情绪智力涉及很多内容，但主要包括五个方面：

1. 自我知觉：能够了解自己的心情、情绪、需要及对他人所产生影响的能力。自我知觉还包括利用直觉做出能够使自己快乐生活的决定的能力。

2. 自制：能够控制冲动，排除焦虑，将气愤情绪控制在合理范围内的能力。自我控制能力高的人在事态没有按照计划发展的时候能够有效控制过度发脾气的行为，进而避免造成不必要的损失。情绪自控能力差的人往往不能成就事业。

3. 自我激励：能够发现工作的乐趣，而不仅是为了金钱和地位而工作的能力。自我激励能力往往包括良好的恢复能力、持久的生活热情、坚韧不拔的毅力以及乐观精神。

4. 移情：能够对他人非语言表达的情感作出反馈的能力，也指根据他人的情绪反应做出相应反馈的能力。移情之所以重要是因为工作中有许多情况需要对他人的情绪做出恰当的反应。

5. 社会技能：能够有效建立人际关系网络，管理人际关系，并且营造良好人际关系的能力。

虽然有许多项目旨在帮助人们提高自己的情绪智力，但是越早发展这种能力对个人的发展越好。因为情绪智力形成和发展的重要阶段是儿童时期，当然人们在成年后也可以学习如何提高自己的情绪智力。对于广大的成年人来说，虽然我们已失去了儿童这一宝贵的情绪智力发展时期，但"亡羊补牢，犹未为晚"，只要采取积极有效的方法，相信个人的情绪智力会有较大提高。

对那些能够表明你生活中感到威胁的领域，我们把它们称为"情绪香蕉"。这一观点产生于亚洲一些偏远地区捕捉猴子的一种普遍使用的方法。为了捕捉到猴子，猎人在丛林的地面上绑上一个小柳条笼子。笼子的口很小，仅仅允许猴子空着手伸进去并抽出来。猎人在笼子里放上一两根香蕉，当猴子看见时，就会把手伸进去攫取香蕉。但是，当它手上拿着香蕉时，它的手就抽不出来了，于是它就很容易被猎人捕获。人没有什么不同——我们死死地抓住我们的情绪香蕉不肯松手，因为我们感到失去了它们就会有威胁。

情绪香蕉常见的内容

> 对身份地位的渴望；
> 需要得到他人的爱和尊重；
> 控制欲的需要；
> 对得到承认的渴望；
> 对不舒适的逃避。

别让大脑杏仁核短路

有一首歌唱道，"我必须发泄自己内心的各种情感"，但是这并不意味着你也非得要按照演唱者的做法如法炮制。毕竟，我们可以发挥自己的作用，帮助自己处理好各种情绪，因为我们具备自我调控的能力。

失控的泰森

1997年重量级拳王争霸赛上，泰森怒不可遏，咬掉了霍利菲尔德的一小块耳朵。这一咬，咬掉了他300万美元。这是拳击赛事中的最高罚金，从他那3000万美元的进账中扣掉。此外，他还受到了停赛一年的处罚。

在某种意义上讲，泰森也是大脑报警中枢短路的牺牲品。大脑报警环路位于原始的情感大脑，即围绕着脑干的一系列神经组织，也就是我们所熟知的边缘系统。进入情感紧急状态时，它起着关键作用，使我们"迅速行动"。

我们来看一下产生短路的生理原理。

大脑前额叶是执行中枢，通过神经高速公路与杏仁核直接相连。这些杏仁核与前额叶之间的神经网络起着大脑的报警作用，这个结构在人类进化的几百万年中，对人类生存有极重要的价值。

杏仁核是大脑的情感记忆库，保存着我们的胜利与失败、希望、忧虑、义愤、沮丧等等的所有感受。它将这些贮藏的记忆作为警戒哨，扫描所有传入的信息——我们每时每刻的所见所闻，并将这些发生的情况与我们过去经历的贮存模板匹配，以评估信息是威胁，还是机遇。

就泰森而言，他认为在8个月前的拳王争霸赛中，霍利菲尔德也干了同样的事。霍利菲尔德曾用头顶撞他，使他怒火冲天，念念难忘。那次，泰森输了，大为不满，曾大吵大闹。接下来的结局就是泰森这次的杏仁核短路，瞬间的反应，招致了灾难性的后果。

进化过程中，杏仁核极可能就用其记忆模板来对付诸如"难道我就坐以待毙？我能否逃生？"这类与生存休戚相关的问题。要回答这类问题，必须对当时的局面有着敏锐的判断力，并马上不假思索地行动。停下手中的事情，慢吞吞地考虑，再作出反应只会招致灭顶之灾。

大脑应急反应依然遵循古老的策略，即增强感觉的敏锐性，停止复杂思维的运行，激发机械自动的反应。尽管这种反应模式在现代生活中可能有着明显的缺陷，大脑依然我行我素。

提高自我调控能力

我们来看一下什么是自我调控能力。

1. 自控力。具备这种能力的人：

（1）能控制其冲动情绪及痛苦的心情；

（2）即使在最难熬的时刻，也能保持振作、乐观、沉着冷静；

（3）身处逆境时，能保持头脑清醒，注意力集中。

2. 诚信。具备这种能力的人：

（1）做事讲道德，无可挑剔；

（2）因可靠和踏实而赢得信任；

（3）勇于承认过失，敢于指出他人不道德的行为；

（4）即使不受欢迎，也毫不动摇，坚持原则立场；

（5）遵守合同，信守诺言；

（6）为完成目标，尽责尽职。

3. 尽职。具备这种能力的人：

（1）工作安排有条不紊，小心谨慎，仔细认真；

（2）严格遵守作息时间；

（3）严于律己，办事可靠；

（4）工作从不拖拉耽搁，创造出较高的工作业绩。

4. 适应力。具备这种能力的人：

（1）能得心应手地处理多种需求、做事有轻重缓急；

（2）能应付突发事件；

（3）能及时作出反应，改变策略，以适应瞬息万变的形势；

（4）处理事情通权达变。

5. 创新。具备这种素质的人：

（1）能在浩如烟海的信息中，努力寻找新想法；

（2）敢于质疑原有的解决方案；

（3）敢于提出新观点、新想法；

（4）敢于冒风险，接受新观点。

情感自我调节不仅包括缓解痛苦或抑制冲动，而且也指根据需要能有意识地激发出一种情绪，有时，甚至是一种不愉快的情绪。例如，医生要告诉病人或其亲属不幸的消息时，他们往往把自己也置于一种忧郁、难过的心情。同样，殡仪馆的殡葬员在与死者家人见面时，也使自己表现出一种悲伤难过的神情。在零售或其他服务业，到处都要求服务员礼貌友好地接待顾客。

有人认为，若要求员工表现出某种情绪，实际是迫使员工为了保住饭碗，不得已而付出的一种沉重的"情感劳动"。如果老板命令员工必须表现出某种情绪，结果只会使员工自然表露出来的情绪与其要求背道而驰。这种情况叫做"人类情绪的商业化"，这种情绪商业化表现为一种情感专制的形式。

如果仔细地考虑一下，就会发现这种观点只说对了一半。决定其情感劳动是否沉重，关键在于人们对自己工作的认同程度。如一个护士自己认为应当关心他人和富于同情心，那么，对她来讲，花些时间以沉痛的心情体谅患者就不会是包袱，而且会使她觉得自己的工作更有意义。

情绪自我调节的观点并不是说要否认或压抑真正的情感。例如，"坏"心情也有其用处。生气、沮丧、恐惧都能成为创新力量或与人接触的动力。愤怒可以变成强有力的动力，特别是希望消除不公正或不平等时。共同分享悲伤，可以使人们凝聚到一起。只要不被焦虑所压垮，因焦虑而产生的急迫心情也可以激发人们的创新热情。

情绪的自我调节也不是要求过度压抑或控制一切情绪和自发的冲动。

事实上，过分压抑会造成身体和心灵的伤害。人们在克制自己的情绪，特别是很强的消极情绪时，心跳会加快。这是紧张增强的一种征兆。如果长期这样情绪压抑，就会干扰思维，妨碍智力，影响正常的社交往来。

在感到绝望时，如何能够在自创的故事中获得希望将是十分有益的。

1. 回忆一段你处理得很好的感情冲突——这起冲突涉及你和另外一个人，起初情况很棘手，如果处理不好可能产生十分严重的后果，但是，最后问题得到了很好的解决。

2. 涉及的人是谁？

3. 描述当时的一些细节。

4. 产生感情冲突的原因是什么？

5. 每个人（包括你自己）都做了些什么？

6. 解决问题的途径是什么？

7. 你从中学到了什么？

8. 感情危机得到解决的时候，你的感觉是怎样的？

9. 记下当时的具体情况。在笔记中要包括感情词汇，用你的笔记讲述一段你自己的故事，故事要能够引起强烈的回忆和希望。

这个故事就成为了在艰难时期鼓舞你产生积极情绪的工具。最好你可以迅速地并且绘声绘色地把这个故事讲一遍。即使你只是想起了这个故事的情景和感觉，你就已经朝着积极情绪的方向迈进了。

研究表明，发怒是由内心的愤怒所产生，那么很明显，在失控状态不断升级以前，及时拦截它，就显得非常重要。为了做到这一点，我们首先需要认识产生愤怒的原因。人们经常通过散步休闲、阅读、看电视、听音乐，或做一些放松性活动来拦截自己的愤怒情绪。另一个颇为有用的技巧是，假设你认识某个对压力具有良好自控能力的人，研究他的控制方式并询问自己：如果处于我现在这样的情景中，他会怎样做或怎样说呢？

影响情绪增长的一个重要因素，是内心的自我对话。当遇到麻烦时，我们也许会陷入一系列的愤怒思考中，例如，责备、怨恨或做出"我要报复你"

的回应。为了有效地制止这些消极的回应，应该尽快对这些不健康的想法亮"红灯"，使自己的心灵迅速进入平静状态。

心灵宁静 5 步骤

➢ 回忆你过去曾经经历过的愤怒时刻。重新体验你当时的所有思想、情绪和行为；

➢ 想象你的面前有一个巨大的红灯，在你的内心世界里大声疾呼"停止！"；

➢ 现在做一个深呼吸，想象自己正在把所有的消极念头和情绪都吐出去；

➢ 想象自己越来越平静，放松片刻。在这种安宁的气氛中走进自己的身躯，重新体验你在愤怒时曾经拥有的想法、情绪和行为；

➢ 如果需要，反复做这一练习。

提高自我意识，自我审视

关于情绪智力的研究认为，自我意识是情绪智力的一个关键方面，与智力相比，它对于预测人的成功更为有力。自我意识是掌握自己的核心能力，自我管理首先依赖于自我意识，其他技能也与自我意识有着密切联系并建立在自我意识的基础之上。例如，发展自控、明确优先级和目标，以及帮助个体建立自己的生活方向。

自我审视的功能是为顿悟建立基础，没有自我审视，就不会有成长

顿悟是"哦，我现在知道了"的感觉，它必须有意识或无意识地先于行为的改变。实现顿悟——对自己现实的、坦诚的审视，了解自己真实的样子——有很大困难，并且有时你会体验到精神上的痛苦，但它们是成长的基石。因此，自我审视是对顿悟的准备，是自我理解的种子破土而出，逐渐发展成为行为的改变。

自我了解是提高管理技能的核心

除非或直到我们知道自己现在所具有的能力水平，否则我们不能提高自我或开发新的能力。大量证据表明，那些有更好的自我意识的人更为健康，在各种角色上更为出色。

另一方面，自我认识可能会阻碍个人提高而不是促进它。原因在于个人会频繁地逃避有关成长和新的自我知识。为了保护自己的自负或自尊，人们抵制获取额外的信息。如马斯洛所指出的：我们往往害怕任何将使我们轻视自己或使我们感到卑微、虚弱、无价值感、邪恶和羞耻的认识。我们通过压抑和类似的防御机制来保护我们自己和我们的理想形象，这是我们用以回避知觉为不愉快或危险的真相的必要技术。

因此寻求自我了解看起来是一个谜。它是成长和提高的前提条件和激励因子，但它也可能阻碍成长和提高。

关注自我意识的另一个重要原因是，它可以帮助人们发展判断和自己交往的其他人之间重要差异的能力。有大量的证据表明，管理的有效性与人们是否有能力识别、鉴赏以及最终利用人们之间存在的关键而重要的差异紧密相关。

自我认识会帮助个人理解自己认为理所当然的假想、触发点、舒适区、优势和不足，这种了解对于所有人都是有用的，它能帮助我们在与其他人交往时更有效和更有洞察力。它也能帮助个人更为完整地理解自己的潜能在将来的职业角色中的价值，以及自己相对于其他人的特定优势。自我认识可以让我们了解自己所具有的特殊天赋和优势，并且使我们充分利用我们的才能。

同样，判断其他人基本的差异也是成为有效管理的一个重要部分。对其他人的不同观点、需要、倾向的觉察和领会，是情绪智力和人际成熟的关键部分。差异帮助我们理解人们之间误解的潜在来源，并给我们提供如何更好地共同工作的线索。但是，大多数人都有这样的倾向：愿意与和自己相似的个体交往，喜欢选择和自己相似的个体共事，排斥那些和自己不同的个体。人类战争和冲突的历史证明了这样的事实，即差异往往被理解为威胁性的。尽管培养相似性似乎使我们与其他人交往更容易，但它也降低了我们的创造力和解决复杂问题的能力，以及在工作中挑战权威观点的可能性。

没有自我表露、分享和相互信任的交流，自我意识和对差异的理解就不可能发生。自我认识要求理解和评价差异，而不是制造区别。我们鼓励你使用你发现的关于自己和他人的信息来获得成长与发展，同时珍视交互中的双方。

第一个领域是个人价值观，它们是行为动力的核心，其他全部的态度、倾向和行为都源自于个体的价值观。

第二个领域是学习风格，它指个体收集和加工信息的方式。

第三个领域是变革取向，它关注于人们用来应付环境变化的方法。

第四个领域是人际取向，它是指以特定方式与他人互动的倾向。

自我意识的这四个方面组成自我概念的核心。价值观决定了个体关于什么是好和坏、有价值和没有价值、渴望的和拒绝的、真和伪、道德和不道德的基本标准。学习风格决定个体的思想过程、知觉以及获得和存储信息的方法；它不仅决定个体接受什么类型的信息，而且决定这些信息如何被解释、判断和如何对信息做出反应。变革取向决定个体的适应性，它包括个体对模糊环境的忍耐程度和在变化的条件下倾向于为自己的行为负责的程度。人际取向决定了在与他人交往中最可能出现的行为模式，个体开放或封闭、斩钉截铁或缄默、控制或依赖、亲切或冷淡的程度，在很大程度上取决于其人际取向。图8-1总结了自我意识的四个方面，及其在定义自我概念中的功能。

自我意识还有许多其他的方面，例如，情绪、态度、气质、人格和兴趣。但所有这些方面基本上都是关于上述四个核心概念的。我们看重什么，我们如何去感受各种事物，我们针对不同的人如何表现，我们想得到什么和我们被什么所吸引，都深受我们的价值观、学习风格、变革取向和人际取向的影响。自我的其他方面都是在类似这些最重要的基石上构建起来的。

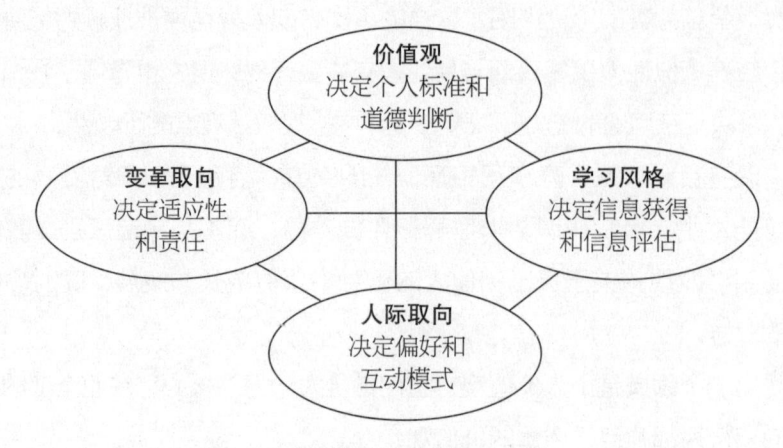

图 8-1　自我概念的四个核心方面

自我意识训练不仅有助于个体提高其自我理解和管理的能力，而且它对帮助个体理解人们之间的差异也是重要的。大多数人将经常碰上与他们有不同风格、不同价值观系统和不同观点的人，大多数劳动力群体也正变得更加多样化。因此，个体将在工作和学习环境中遇到更大的多样性，而自我意识训练将成为帮助他们认同和理解这种多样性的有价值的工具。自我意识的四个关键领域之间的关系及其管理成果总结在图 8-2 中。

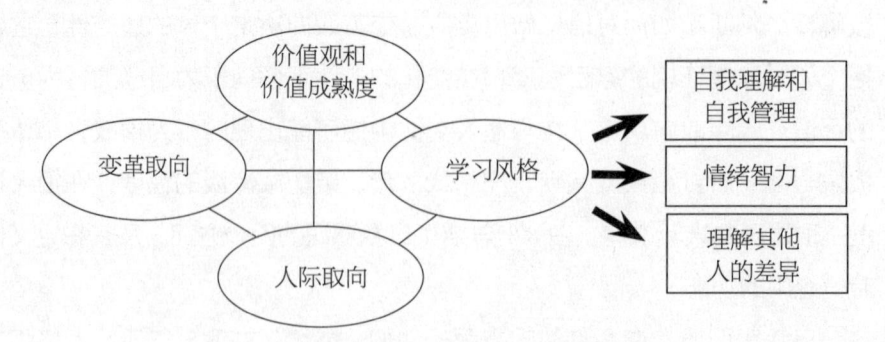

图 8-2　自我意识的核心方面和在管理上的意义

让自尊为成功保驾护航

自尊，又称"自尊感""自尊心"，是一个人基于自我评价产生和形成的自重自爱、自我尊重，并要求受到他人、集体和社会尊重的情感体验。自尊是人格自我调节结构心理成分，人生中的一个重要任务就是增强自尊。

自尊有强弱之分，过强则成虚荣心，过弱则变成自卑。自尊心强的人往往具有积极的自我概念。自尊源于成就有价值的事业，并且对这些成就引以为傲。增强自尊的最有效途径就是成就有意义的事业，然后获取对于这些成就的积极反馈。表扬和认可可以帮助培养自尊；适当地披露自己的内心可以增强自尊；欣赏自己的长处和成就也能有效加强自尊；如果能有效避免一些干扰合理自我欣赏的情况或因素也会很有帮助。

自尊是指欣赏自己的价值、对自己的行为负责以及对他人负责的态度。具有积极自尊的人对于自己人生价值的理解非常深刻，因此他们也就能具有积极的自我概念。

对你而言，下面各项陈述是否正确，请在相应的空格处打勾：

表 8-1　测验题目表

题号	测验题目	是	否
1	我对于每一天新的开始总是激动不已。		
2	我在工作或者学业上所取得的任何进步都归功于运气。		
3	我经常问自己："为什么不能做得更好呢？"		
4	当上司或者老师交给我一个具有挑战性的任务时，我总是充满信心地去完成它		
5	我相信我充分发挥了我的潜能。		
6	如果别人叫我帮忙，我会清楚地告诉他我能力的极限，也不会因此而觉得不安和惭愧。		
7	我经常为自己的错误找借口。		

（续表）

题号	测验题目	是	否
8	我会因为别人心情不好而自己也变得心情糟糕。		
9	我特别在意别人赚了多少钱,特别是别人与我的工作性质相同的时候。		
10	当我没有达到目标的时候就觉得那是失败。		
11	努力工作会让我情绪高涨。		
12	当别人评论我的时候,我总是怀疑他们是否真诚。		
13	评论他人总是让我觉得不舒服。		
14	我说"对不起"的时候不会觉得难受。		
15	让我面对自己的错误是非常困难的事情。		
16	我的同事觉得我不应该获得晋升。		
17	要成为我的朋友很简单,不需要给我什么好处。		
18	如果我的上司夸奖我,我总是会觉得自己名不副实。		
19	我只是一个普通人。		
20	我讨厌变化。		

评分：将你的回答与预定答案比较，每有一项一致就加一分。

表 8-2　预定答案表

题号	1	2	3	4	5	6	7	8	9	10	11	12	13	14	15	16	17	18	19	20
答案	是	否	否	是	是	是	否	否	否	否	是	否	否	是	否	否	是	否	是	否

表 8-3　测验得分与自尊水平解释

得分范围	自尊水平
17-20 分	你的自尊非常强。但是如果你得了满分，也可能是由于你否认任何对于自己的怀疑。
11-16 分	你的自尊属于平均水平。你应该掌握一些技巧来加强自己的自尊，这样你会过得更好。
0-10 分	你迫切需要加强自尊。和你的好朋友或者提供心理健康服务的专业人士谈一下你对自己的感受。同时，多多运用能够有效加强自尊的方法。

自尊由彼此相关的两个部分组成：自我效能和自敬（自我欣赏）。

自我效能区别于一般的自信心，它是指具有完成某具体任务的能力所拥有的信心。如果你的自我效能很高，那么你就相信你具有可以成功完成某一特定任务所需要的各种技能；而相信能完成某具体任务可以增强人的自尊。自我效能可以通过许多重要的途径来提高工作绩效，这些途径包括加强激励、增加对于工作的注意力、增加努力程度以及减少焦虑和自我挫败的负面想法。

自敬，是指一个人如何看待自己。自敬的人喜欢自己是因为他们就是这样的人，而不是因为他们可以做什么或者不能做什么。自敬的人不会担心与他人做比较。自敬这个学术概念和我们平时所说的"自尊"是吻合的。街头的很多乞丐不但智力健全而且身体强壮，因此人们可能认为他们正是没有自尊才会沿街乞讨。而且，不自尊自重的人即便经常遭受他人言语或身体的侮辱也不会愤然反击，因为他们会觉得自己受到这种对待也是应该的。

了解自尊的一种方式就是弄清它是怎么形成的。就像自我概念的形成一样，自尊的形成也涉及个人许多早年的经历。小时候受到家人、朋友、老师鼓励和认可的人往往会培养较强的自尊。关于自尊形成的一种广为流传的解释是仅仅通过表扬、夸赞和拥抱就能形成自尊。但是，许多发展心理学家则非常怀疑这种理论。他们提出了自己的观点，并认为自尊源于成就有价值的事业，并且对这些成就引以为傲；受到鼓励并不直接形成自尊，但是可以帮助人们完成能够形成自尊的那些活动。

心理学家马丁·塞利格曼则认为自尊是由各种成功和失败造成的。为了拥有自尊，人们需要提高应对世界的能力。"自尊来自于受到鼓励和认可的真正成功。过分夸赞只会让人自我膨胀，而不会形成真正的自尊。孩子形成自尊并不是因为别人说他足球踢得很好，而是因为他真的踢得很好。"

具有很强自尊的人往往具有良好的心理健康状况，他们对自己非常满意而且积极地憧憬人生和未来。自尊之所以有这样的功能，部分是因为它可以增强自己抵御某些情境负面影响的能力。自尊不强的人在碰到别人说他容貌丑陋的时候，就有可能精神崩溃；如果一个人的自尊很强，就不会在意别人对他的负面评价，而仅仅把这些评论当成一家之言，不会给予过多不必要的关注。在面对诸如丢失钥匙这些日常小挫折的时候，自尊强的人会想："我的生活中还有许多美好的事情，为什么要为这么一件区区小事而耿耿于怀呢？"

这里需要指出的是，自尊强的人并不是一味地忽略负面评价，而是在利用负面评价中的有用信息时并不使自己受到不必要的负面情绪的影响，因为他们的内心具有安全感。

自尊强的员工往往也具有良好的工作态度，并且能够在工作中取得好成绩。因为他们所采取的态度及行为和他们认为自己很能干的看法一致，而这些态度和行为又往往能导致良好的工作绩效。

用自尊的自我循环强化过程来总结自尊的本质和影响。这再合适不过了，见图8-3。

自尊强的人有更积极的预期，会付出更多的努力，也就有更大的机会成功，而成功进而又加强了他的自尊。

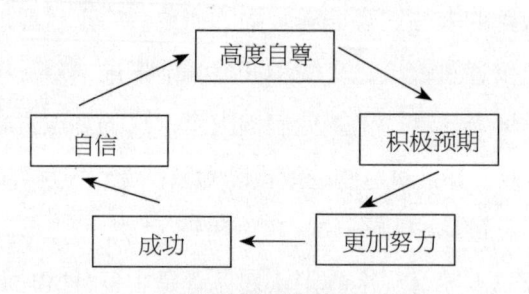

图8-3　自尊的自我循环强化过程

研究发现：自尊水平的变化比其他因素的变化对于生产力的影响更加敏感（其他因素包括教育程度、基本技能以及工作经验等）。具体而言，如果自尊增强10%，它对于生产力增加的效果要大于教育机会或工作经验等增加的10%。

加强自尊的过程将相伴你一生，因为自尊来自于一生中的成功以及与他人积极的互动。以下是培养自尊的5种有效方法：

1. 成就有价值的事业

成就有价值的事业不仅对于成人而且对于儿童都是培养自尊的主要方式。仅仅是获取大量的一般成就并不能增强自尊，一般的成就无法构筑高水平自尊的基石。试想，在一个只有排名前10％才能得到A的课程上拿到A，与在一个所有人都能拿到A的课程上拿到A，这两个成就哪一个更能帮助你塑造自尊？

2. 让别人适当了解自己

能够较大程度地披露自己内心的人是开放性的，反之则是封闭性的。自我披露可以帮助别人接纳你，因为向别人更多地披露自己，别人对你可以接受的东西也就越多。相反，如果你总是掩盖自己，躲躲藏藏，那么被别人接受的机会就少而又少。别人越多地接受你，你的自尊也会相应加强，因为自尊的建立需要他人的积极反馈，而如果别人不了解你又何来反馈。请记住这个顺序：自我披露——自我接受——自尊。

当然，你必须注意不要自我披露过多。自我披露过多的人往往会遭受他人的拒绝，比如，如果你把自己所有的负面情感和想法都与他人沟通的话，那个人也许会觉得很烦，然后会离开你。

3. 了解自己的长处

欣赏自己的长处和成就也能有效加强自尊。首先，把自己的长处和成就列在一张纸上，这样做的效果会出乎你的意料。

除了个人练习以外还有相应的小组练习。小组的每一位成员首先列出自己的长处和成就，然后和小组成员一起讨论这份清单。在评论中会发现某个自己没有察觉到的优点，或者通过讨论强化小组成员对自己长处的认同。但有时候，也会出现自己和他人的认知不能达成一致的情况。一个成员也许会对小组成员说："我很英俊、聪慧、可靠、健壮、幽默、自信，而且道德高尚。"小组中的另一位成员也许会反驳道："我还要补充一点，你还很自负。"

4. 尽可能减少干扰合理自我欣赏的因素

在我们的生活和工作中总会出现一些干扰合理自我欣赏的情况或因素，如果你能有效避免这些情况或因素的发生，那么就很少会感到自己无能，从而会让你避免丧失自尊。当然，并不是对所有让你感到无能的情况都视而不见，只是在利用其所提供的有用信息的同时不要过度受负面情绪的影响，一味地回避负面评价会让人意识不到自己的不足。

5. 与能够真正增强你自尊的人相处

一个可以真正增强你自尊的人往往也是自尊很强的人，他们给予别人诚实的反馈，因为他们既尊重自己也尊重他人。但是，千万不要将他们和那些只会说"是"的"老好人"混为一谈。真正能够帮助你加强自尊的人会给你提供许多真实而有用的反馈信息，而你从"老好人"那里得到的除了奉承以外什么也不会有。

自信地奔赴想去的地方

哈佛著名学子亨利·梭罗说："自信地朝你想的方向前进！人生的法制也会变得简单，孤独将不再孤独，贫穷将不再贫穷，脆弱将不再脆弱。"

培养自尊的同时往往也能够帮助你增强自信。因为拥有自尊，感觉自己很能干，往往会全面改善对自己的感觉。因此，帮助培养自尊的因素往往也能够用来树立自信。这里介绍一些其他可以帮助树立自信的方法，请根据自己的人格特质和环境因素选择适合的方法。

1. 从小事做起

自信来源于成功。但不是只有巨大的成功才有这样的效果，积累许多小的成就也能有效地帮助树立自信。这些小成就包括学会操作新的电子产品，期末考试获得好成绩，或者一公里赛跑成绩比上个月缩短了 10 秒等。小的成就可以树立自信，而自信又可以帮助获得更大的成功，这就造成了成功循环。

2. 积极地看待自己

要树立自信必须排除对自己的负面看法，学会积极地看待自己，学会积极自我对话。尤其重要的是在他人面前能够肯定自我。比如，学会对自己说"我知道我可以做到的""只要给我机会，我一定会让大家满意""我成功的机会很大"，等等。

3. 学会积极的想象

学会想象自己在面对挑战的时候能够从容应对的场景，这种技能叫做积极想象力。比如，你正在申请贷款，想象一下你正在向信贷员自信地证明自己具有良好信用的场景。想象一下信贷员正面带微笑地听你陈述，并且准备在相关文件上签署放贷许可。积极的想象可以帮助你变得自信，因为你在头脑中已经积极预想了面对挑战时的精神状态，这种积极的心理状态能够更好地帮助你应对挑战。

4. 相信命运掌握在自己手里

如果你相信命运掌握在自己手里，并且勇于承担责任，那么你身边的人会认为你非常自信，并且有能力控制自己的命运，而这会进一步增强你的自信。

5. 乐观处世

乐观的人往往非常自信。当然，如果你天生非常悲观，那也没有必要为了乐观而彻底改变自己的人格特质。但是，你可以在保留对自己悲观看法的同时积极寻求对于现状的乐观评价。如果你通过努力完成了一项非常艰巨的任务，那么不但应该好好总结经验，而且应该告诉自己下次会做得更好。

6. 穿着得体，举止得当

如果你对自己的穿着和举止非常满意，那么你往往会变得更加自信。所以请你花点心思琢磨最适合自己的穿着和举止。

7. 知识渊博

如果你拥有渊博的知识，能够为解决问题提出各种建设性的方案，那么你就会变得自信。直觉很重要，但是如果能够根据客观事实，理性、科学地分析，从而找出解决问题的最优方案，这样做往往会塑造自信的形象。所以要通过正式教育和其他任何可以吸收知识的方式，不断扩充自己的知识。

8. 掌握新技能

大多数人都知道要掌握复杂的新技能往往需要勇气和信心。所以如果你一直在学习新技能，并且大家也都知道你在不断学习的话，那么对于塑造你的自信形象会非常有帮助。

9. 热爱自己的工作

你做的每一项工作都是你的价值的最好体现，对自己的事业引以为豪不但能帮助你激励自己，而且会让你的笑容和举止都洋溢着自信的光芒。

10. 勇于承担风险

只有自信的人才勇于承担风险，而勇于承担风险也会让你变得自信。比如，在解决问题的过程中能够不按常理地提出富有可行性的方案往往就会给人以自信的感觉。

11. 随需应变

自信的人能够为了组织的发展很快地适应环境的变化，而不自信的人往往喜欢保持现状。如果别人觉得你总是做好了应对未来的准备，并且勇于接受挑战，那么他们就会觉得你非常自信。

12. 克服害羞心理

害羞会让人觉得不自信，因为害羞的人并不能与他人进行良好的沟通。克服害羞心理的一个关键是不要总是关注自己，而应该将注意力更多地放在他人身上。可以从小事做起，但是要确保每天都与其他人有所接触。比如，去商店买东西的时候不要仅仅只是把钱放在柜台上，而应该关注售货员的反应，并且感谢他所提供的服务。当害羞的人与社会越来越能积极良好地互动的时候，他也就会变得不那么害羞，而变得更加自信。

永远保持积极乐观的情绪

你的情绪是重大决定的重要指南，因此保持积极乐观的情绪极为重要。

在作出决策时，仅仅凭借逻辑思维远远不够。逻辑思维能够告诉你利与弊，但是你的决定最终将建立在自己的内心反应上。有一首老歌告诉我们，带来结果的不是你所做的事情，而是你做事情的方法。培育乐观主义的心智框架，询问自己将如何改善未来，坚定地把自己设定在成功的位置上。

美国密歇根大学心理学家巴巴拉.L.弗雷德里克森最近的研究成果指出，积极的情绪可以开启人类的心灵，使其朝更多的方向发展；也就是说，积极思考的人比消极思考的人拥有更多的选择和资源。如果我们能够不断保持积极的情绪，那么我们不论做什么事效率都会比较高。

1. 消极的情绪更具有强迫性

人类偏向消极情绪的部分原因是，许多问题比积极因素的强化更具有强迫性。

2. 负面的情绪会限制思考能力

负面的情绪会限制我们的思考能力，例如看到一只不怀好意的大狗向你冲过来，你会立刻产生这只狗可能攻击你的负面想法。若没有这个有意识的念头，你可能不会主动设法保护自己。如果你想象这只狗即将攻击你，你全部的意识就会集中在如何全身而退的问题上。

3. 积极的情绪可以开启思考

如果我们充满喜悦，各种可能性都会存在。在这种情况下，我们可以四处玩乐、玩笑，享受幻想的乐趣，在情绪上、心智上、社交上尽情开放。"危险"在充满喜悦的情境下，是毫无立足之地的。

4. 积极的情绪可以调节负面的情绪

以喜悦代替愤世嫉俗，可以协助员工怀着更满足的心态完成工作。

5. 积极的心情往往会产生更具创造力的思考，更具诱导性的推理能力（解决问题）以及更有弹性的行事方法

如果你把世界看成是积极的、安全的和充满乐趣的，你就可以积极地解决问题，并发现新的解决途径。

以积极的情绪代替负面的心理状态，必须从认知开始着手，其次才是有意识地转换或改变情绪。在不同的心理状态之间来回转换，是改变情绪的重要技巧之一。我们可以用计算机为例，当计算机送出一个"错误"的信息时，通常会提醒你保存文件，然后重新开机。如果你的心情不好，你的生物计算机会提醒你不要忽略你的情绪，应该设法转换或重新开启你的心情。

构建乐观的三大方法

构建乐观的方法1：以不同的方式与自己对话

靠逐渐改变你的信仰让自己变得更乐观。下面这两句话你相信哪一个？

第一句话，"我怎么做都一样，因为无论怎样，倒霉的事情总会发生在我身上。"

第二句话，"我所采取的行动可能引起不同变化，我能把事情做得更好。"

相信第一句话的人告诉自己，别人和周围环境决定了他们的生活。悲观的自我对话使人放弃，甚至令人不愿尝试一下改变。面对挑战，消极的人可能对自己说："我不能，我肯定不能。为什么还要试呢？无论如何也不会有什么改变。客观情况不会给我机会，我遇到这些问题都是外界的错。"

相信第二句话的人相信他们能够控制生活的某些方面，即使是在困难面前，积极的想法也能促使他们采取行动。当面对挑战时，乐观的人可能想："我要试一试。我所做的事很重要，我能改变局面，我有责任使事情得到改善。"积极乐观的思想比消极的思想更可能导向成功。

当你讲述需要解决的问题或需要改变的事情时，你真正传递给自己的

信息是什么？慢慢地改变你与自己的对话，以悲观和消极的陈述开始，然后一步一步地变成积极和乐观的思考。

大多数悲观和消极的说法，如：

"关于……我什么都不能做。我怎样努力都没用，没有试的必要。"

改进后的说法，如：

"关于……我或许能够做一些事情。在某些小的方面我或许能够把事情做得更好。"

更加乐观的说法，如：

"关于……我可以做一些有益的事情。以前，我做过类似的事情，产生了不同的结果。"

最积极乐观的说法，如：

"我确信我能够改变这个问题，通过……使之成为我能够应付的挑战。我有解决问题所需的技巧、信息和帮助。"

当你朝着目标努力时，请不断地复习你修改后的说法，并经常看一看。精神上的转变可能改变你对工作的看法。

构建乐观的方法 2：发现你工作的意义

相信自己工作很重要的人比认为自己工作没有价值的人积极性更高。一些人通过帮助别人、开发出新的产品、激发自己的创意、为家庭挣更多的钱、学习新的技巧等方式发现自己工作的重要性。关注工作中对你最重要的那一部分，努力去做更多对自己有意义的事情。如果你发现工作并不令你满意，也不愿去改变它，那么你就要考虑换一份新的工作或新的职业。

"我的工作之所以重要，是因为……"

"我特别喜欢我的工作，是因为……"

构建乐观的方法 3：关心自己和他人

乐观的人经常培育出值得信任的人际关系，这种关系会成为相互支持的网络。由于工作和家庭生活经常相互重叠，人们需要在工作和家庭之间建立积极的和相互支持的人际网络。有魅力的人会主动地在工作和家庭中寻找积极的人。

一个相互支持的人际关系网络，可以为你提供以下好处。

良好人际关系的好处

➤ 有助于解决问题；

➤ 分享有用的信息；

➤ 提醒你问题的出现；

➤ 一起娱乐，心情愉悦；

➤ 助你改善自我感受；

➤ 助你认识到自己的成功。

做自己的情感导师

我们既需要乐观也需要悲观，因为两者都是重要的。为了和谐的工作，两者我们都需要。当机会允许的时候注意从一边转化为另一边。看完下面的对比之后可以停顿一下，决定将自己放在情感性情的什么位子。

乐观者和悲观者

经常说乐观者认为这可能是世界上最好的，而悲观者则害怕是这样。悲观者认为自己的杯子只有半杯，而乐观者认为满的都溢出了！各有各的好处，当我们要完成工作的时候我们要乐观，当我们得到太多时需要悲观来面对现实。乐观会使我们的期望和能力膨胀，而悲观使他们缩小。

沉思者和激动者

沉思者对伤害他们的事物比较平静。对细小的冒犯不会计较，但是当他们认为冒犯很严重时，就会对别人几个星期或几个月前的缺点予以回击。相反，激动者没有经过思考就说话。经过他们就忘记了。沉思者有情绪上的自闭症，而激动者后悔他们的冲动。有时我们既需要沉思者的思考的能力又需要激动者。

轻松者和紧张者

轻松的人习惯不会对情感刺激过度反应，而紧张的人则相反。如果你是轻松的人你会经受更少的痛苦，但是会错过别人的一些细微差别。如果你是十分紧张的人，你会发现你比轻松的人敏感，并且这种敏感会使你在情感平衡中付出很大代价。

内向的人和外向的人

对于内向的人，他们的内心很重要，而外向的人则相反。内向的人认为其他人是地狱，而外向的人会认为孤独的一个人才是地狱。这种分类似乎有点混乱，因为许多内向的人有很好的社交能力，而有些外向的人在社交上很笨拙。从感觉上来说，外向的人比较注重其他人的感受，而内向的人比较注重自己内心感受。

你可以在生活的某一领域是乐观者，在另一领域是悲观者。例如很多时候一个人在生活上担任情感的一种角色，在工作上则相反。有时候我们表现一种性情例如当处于没有压力的环境时是轻松，在有压力的环境则是紧张。同样，我们会发现我们有时从内向转为外向，或相反。在自我发展中不是让自己固定一种性情而是能够使自己经历其他的。

良师益友的任务就是当我们过于偏向某一端的时候给予指导。例如我们的内心导师会说："你太冲动了，你应该多思考一下而不是让自己冲在最前锋。"内心导师了解性情是很重要的，否则她或者他会从另一面说话。在那些情况下内心导师会用假的愉快的乐观主义来代替悲观主义。它们会说："一切都还好，你就等着看吧。"之类的对被保护者没有任何帮助的话。被保护者从另一面来看待问题的观点和他们看待问题的观点有很大差别。

听力是指内心的听力。如果内心导师因为自己的事情而烦躁就会阻碍他们准确的听力。全神贯注取决于听到的东西和对它的反应。所以内心导师在给有益的帮助前应该聆听。一个很好的方法是用十秒钟的时间写下你所听到的。写的时候不管拼音、标点、逻辑、语法，不带有审查和判断的写。定上闹钟，手不停的翻页书写直到闹钟闹为止。不厌其烦的看看结果。重要的是过程而不是结果。

这种技巧经常被有创造的作家和艺术家使用。在作家 Julia Cameron 的著作 The Artist's Way 有很多描述。她称为上午专栏，是一种大脑渠道。他或者她准备倾听痛苦的部分人格。内心导师的存在比它指点一些明智的方法还要重要。

有些人能够很成功的控制自己的大脑，但刚开始的时候写下来是很有用的。你必须客观的看待这个过程。有时候会说："这是荒谬的，星期天的下午我应该有更好的事情可以做，只是一本无聊的书，为什么你会买它。"如果你听到这类的话，在表面上不要采纳，但是接受而不是怀疑，抵制是过程的一部分。

移情不同于同情，更容易接受。成为别人同情的对象比较丧失体面和羞辱。说："我和你有同感"不同于说："我同情你"。前者将别人放在一个平等的位置上，任何一方都没有优越感。

当你个性的导师的一面来倾听你自己的时候，你是在叫你的另一面来描述他们的情感。你被鼓舞并且不作任何判断，只是让这个过程呈现出来。通过锻炼你将会非常快地发展这种能力。你有能力明白人的智慧像最深的井一样的深奥。发展这种能力关键的包括：

1. 首先知道你发生了什么事情。
2. 避免问为什么，因为它代表了判断能力。

3. 问问别人的感受。
4. 要感情移入，而不是同情。
5. 聆听自己的心声。

当一个人遇到情感障碍的时候，他相反会使他周围的人感觉到。这在工作和比较亲近的朋友之间较容易发生，这被称为情感反射。重要的是你反射别人，或者你被反射的时候自己能够觉察得到。

例如，当一个女人被一个男人约了很多次以后不见关系的进一步发展时会很生气。但是不同的是当他走了以后，她的心情就好了。随着她的情感艺术的发展，她知道自己的气愤和男人反射给她的气愤的不同。她可以取下她无意间拾起的反射，并将它还给男人。这个男人也想使关系进一步发展，但是他是一个科学家，逻辑和理智高于一切。所以情感对于他来说很陌生。因为他没有自己的感觉，他使自己周围的人很生气。

反射可以传染，从一个人传染到另一个人。例如你会指责自己的同事，几天后你的老板又会指责你，你不能容忍这种情感，于是将它转给其他人，其他人又转给另外的人。但是如果你意识到了，你就会避免使其他人不开心并且重要的是公正地对待自己工作上的批评。

内心的指导者就是发现这些反射并且告诉被保护者。关键的指示有：

1. 你感觉一个情感不像是你的。例如当你嫉妒的时候，你发现别人的嫉妒和你不一样。
2. 你对某人的存在有强烈的感觉而当他离开的时候，这种感觉消失。
3. 你发现几乎所有的事务没有经过你的同意就离开了你。这是一种很难觉察的微妙的感觉。感觉就像你半知半解的事物而你却无法接触到它们。

对于反射，重要的是不要对其他人控告它。这会使它更加的防卫并且敌视你。而且你有可能是错误的。如果你感觉到情感反射给了你，那么这是一个对付它们的好机会。如果你发现自己无法忍受在团队中的忧愁和寂宽，你可以对付孤独的感觉。

情商的发展使我看到我们不喜欢或者是不愿意接受的事情。这一范围被称为影子。我们不能看到它们，因为我们将它放在我们的背后，但是它与我们紧密联系，无论我们走到哪里都会跟随着我们。年轻的时候我们不断地将事情放在影子里。随着年龄的增长越来越多，直到中年的时候，影子会变得很长。自我和影子是对立的两个方面。自我否定影子并且将它反射到其他人的身上。

Thomas将自己的贪吃放进了自己的影子。当Thomas是一个小孩的时候，他的母亲经常责骂他贪吃。他长大之后认为贪吃是世界上最坏的一件事情。他将自己贪吃的一面放进自己的影子而没有看到它。他后来和一个贪吃的女人结婚，他责骂她而认为自己无可厚非。当她离开他的时候，他必须停止反射自己贪吃的一面。当他意识到这是他的一个特性的时候，他就不会厌倦在其他人身上看到它。

在影子里并不是所有的事情都是否定的。有时候，人们将自己的优点放在影子里，我们许多人会隐藏我们的才干，因为我们害怕其他的人发现我们的不易接受。随着我们的痛苦感受的进行，我们压抑的特性显现出来。如果我们可以接受我们不理想的一面，我们就不会将事情放在我们的影子里。

内心导师的作用就是不要接受自我所认为的表面的价值。如果你总是发现自己讨厌某人或者某事，你就值得看看你的影子发生了什么。当你处于受指导的状态，你最好尽可能的温柔不带有评价的对待自己。自我原谅和耐心是最好的治疗。通过不憎恨自己而是接受自己不完美的地方，你就可以打破影子反射的循环。

情感可以改变我们。从生物学角度说恐惧使我们逃跑，爱鼓励我们，为了生存所有的这些都是需要的。从心理学角度说傲慢改变我们对自己的看法，焦虑使我们看的更远，孤独使我们再一次和世界联系。从精神上来说，希望需要的是我们的态度而不是结果。气愤理解净化我们，沮丧是对生活的宽恕。

情感由我们的思想、信仰和我们周围的事件所产生。所有的情感都有正反两面。所以即使是最消极的情感也可以转变为积极的。内心导师的作用就是将消极的情感转变为积极的。情感引导不能只停留在理论上，还要付诸于行动。这个任务你必须亲自做，你需要三件东西：笔纸、一个安静的房子、属于你的时间。每周说45分钟，如果你觉得有趣的话可以延长时间。在这个时间里，无论你做什么，不要觉得是负担，不要觉得这是你必须做的事情。认为这是因为你喜欢或者是为了自己的发展而做。

有必要记下你和你的内心导师的对话。刚开始的时候你也许会觉得很愚蠢，但不要告诉别人。

1. 分清楚你和导师声音的不同，如果你不记下来，整个过程就会失败。

2. 针对某一特定的事实让我们知道我们正在想什么，然后开始情感转变过程。

3. 让我们知道自己在完成情感发展的任务。只有这样情商才能起作用。

这个任务有点像走进一个体育馆。笔与纸、一个安静的房子、属于你的时间是你的情感体育馆。如果你做这个工作你就会得到结果，那么这本书的意义就实现了一部分。如果你发现有些部分你不赞同，那么很好。这本书由我写的因此包含了许多我所学到的东西。当你做情感自我指导工作的时候，你会发现你自己在写，这本身会有很大的满足感。

自我指导包括如下几点

- 知道你的性情；
- 锻炼聆听能力；
- 理解和同情心；
- 接受你的阴暗面；
- 对情绪转变负责；
- 熟悉你的情绪的性情。

Part9 把情商用起来，一开口就让人喜欢你

每个人都要为人生做充分、积极的准备，若想获得事业上的成功，就必须具备应付一切的好口才。语言的力量具有神奇的魔力，它可以操纵人的情绪，征服人的心灵。情商高的人总能运用自己的好口才，为成功打开更多的通路。

你的世界是由好口才建造的

说话能力是一个现代人必备的素质之一，好口才会给你带来好人缘、好运气和好财气。拥有好口才，就等于铺就了成功的坦途。口才是一个人一生中重要的财富之一，在人生的各个场合，如果缺乏出众的口才和娴熟的语言表达能力，你的人生将会陷入困境和僵局，难以达成意愿、实现目标。

事业的成功和失败，往往决定于某一次谈话，这绝不是过分夸张的，美国人类行为科学研究者汤姆士指出："说话的能力是成名的捷径。它能使人显赫，鹤立鸡群。能言善辩的人，往往使人尊敬，受人爱戴，得人拥护。它使一个人的才学充分拓展，熠熠生辉，事半功倍，业绩卓著。"他甚至断言：

"发生在成功人物身上的奇迹，一半是由口才创造的。"

在富兰克林的自传中，有这样两段话："我在约束我自己的时候，曾制定过一张美德检查表，当初那表上只列着 12 种美德，后来，有一个朋友告诉我，说我有些骄傲，这种骄傲，常在谈话中表现出来，使人觉得盛气凌人。于是我立刻注意这位友人给我的忠告，我相信这样足以影响我的前途，然后我在表上特别列上虚心一项，我决心竭力避免一切直接触犯别人感情的话，甚至禁止自己使用一切确定的词句，像'当然''一定''不屑说'……而以'也许''我想''仿佛'……来代替。"

一项事业的成败，常常决定于一次谈话的效果。你如出言不慎，无理也要争三分，那么，你将不可能获得别人的同情，别人的合作，别人的帮助。无数成功者的事实证明，善于说话是事业成功的催化剂，它直接关系到人际的和谐和事业的进展。

1983 年元旦，英国女王为多年给首相撒切尔夫人担任顾问的戈登·里斯授以爵位。其主要功绩是：有效地提高了撒切尔夫人的演说能力和应答记者提问的能力；为撒切尔夫人撰写了深得人心的演讲稿……一句话，为英国塑造了一位崭新的"风姿绰约、雍容而不过度华贵、谈吐优雅和待人亲切自然的女首相形象"。由此可见，英国王室和政界对政治家的口才是如何的重视。

在西方资本主义发达国家里，当前无不把会说话作为衡量优秀人才的重要尺度，每个公司、企业招聘各类人才，都要进行口试。因为说话与事业的关系至为密切，它是胜任本职工作最重要的条件之一。知识就是财富，口才就是资本。能说会道，才能正确地领悟上级的意图并恰当地表达出来，一个唯唯诺诺、语无伦次的人定不能胜任自己的工作。通过讲话让领导、同事、群众更深层次地了解你，才能让大家信任你，才有机会被提拔到更高的职位，胜任更重要的任务，才有施展才华、成功事业的机会。用好这种催化剂，成功也便指日可待了。

永远都要"有话好好说"

古代希腊最伟大的雄辩家狄摩西尼曾说:"一条船可以由它发出的声音知道它是否破裂,一个人也可以由他的言论知道他是聪明还是愚昧。"

这句话告诉我们,人们往往用内心的思想来评判自己,但是,别人却会从你口里说出来的话来评判你这个人。

纪晓岚是众所皆知的机智才子,此外,他还是个绝佳的沟通高手。纪晓岚在小的时候就已经非常有大将之风了。有一次,他和几个孩子在路边玩球,一不小心,把球丢进了一个轿子里。

大家匆匆忙忙地跑过去一看,这可不得了!轿子里坐的竟然是县太爷,不仅如此,那颗皮球还不偏不倚地击中了他的乌纱帽!

"是谁家的孩子胆敢在这里撒野?"乌纱帽被天外飞来的一球打歪的县太爷怒斥道。孩子们一哄而散,唯独纪晓岚挺着胸膛,走上前去想讨回皮球。

纪晓岚恭敬地对县太爷说:"大人政绩卓越,百姓生活安乐,所以小辈们才能在这里玩球。"

县太爷一听,气马上消了一半,他笑着说:"真是个小鬼灵精!这样吧,我出个上联给你对,要是你对得上,我就把球还给你。"

县太爷环顾了一下四周,出了道题目:"童子六七人,惟汝狡!"

纪晓岚眼睛一转,说出了下联:"太爷二千石,独公……"

"独公什么?赶快说啊!"

"大人,如果把我的球还给我就是'独公廉',要不然就是'独公……'"纪晓岚故意支支吾吾地不说下去。

县太爷看到这种情形,不由得哈哈大笑,他一边把球还给纪晓岚一边笑骂道:"好小子,真有你的!我才不要中了你的圈套,成了'独公贪'咧!"

一言定江山,一个人的谈吐便有可能改变他的一生。20世纪60年代,美国有一位民权运动者，在街头巷尾宣传"种族平权运动"。他的声音冷静，但用字遣词充满张力，一波接着一波的言语像一首交响乐，以一种锐利的形式层层迭上、推进人心。

当他终于以最深沉的嗓音嘶吼出"我有一个梦！我有一个梦"时，台下的群众全被震慑住了，他们疯狂地响应着："阿门！阿门！"

这个名叫马丁·路德·金的民权运动者，便以这篇著名的《我有一个梦》的演讲席卷全国，谱写着美国的历史。

征服一个人，以至于征服一群人，有很多时候用的往往不是刀剑，而是唇舌。

我们也许没有纪晓岚的机灵，没有马丁·路德·金的魅力，但是"有话好好说"，乃是我们必须用一生来学习的艺术。

好口才助你一路顺风

➢ 好口才一定会让你拥有好人缘；
➢ 好口才一定会让你拥有好工作；
➢ 好口才一定会让你拥有好职位；
➢ 好口才一定会让你拥有好业绩；
➢ 好口才一定会让你拥有好前程。

让你的声音感染你的听众

一位女性，如果她的声音清脆圆润，不管她到什么地方，只要她一开口讲话，所有的人都会洗耳恭听，因为他们无法抗拒如此富于魅力的声音。那种真诚、爽朗、充满生命活力的声音就像从干裂的地面喷出的一股清泉，就像从静寂的山谷涌出的一道急流,在每个人的心头涓涓流淌,恰似生命中最美的音乐。即便这位女士的相貌相当普通,甚或有些丑陋,但她声音的魅力却是不可阻挡的,并且也从某个层面反映了她迷人的个性。

也许,有人会问:优美声音的标准是什么?根据语言培训机构对学员的检测结果,我们总结了以下这些标准,以供参考。

1. 注重自己说话的语调

语调能反映出你说话时的内心世界,表露你的情感和态度。当你生气、惊愕、怀疑、激动时,你表现出的语调也一定不自然。从你的语调中,人们可以感到你是一个令人信服、幽默、可亲可近的人,还是一个呆板保守、具有挑衅性、好阿谀奉承或阴险狡猾的人。你的语调同样也能反映出你是一个优柔寡断、自卑、充满敌意的人,还是一个诚实、自信、坦率以及尊重他人的人。

无论你谈论什么样的话题,都应保持说话的语调与所谈及的内容相互配合,并能恰当地表明你对某一话题的态度。

2. 注意你的发音

我们所说出的每一个词、每一句话都是由一个个最基本的语音单位组成,然后加上适当的重音和语调。正确而恰当地发音,将有助于你准确地表达自己的思想,使你心想事成,也是提高你的言辞智商的一个重要方面。只有清晰地发出每一个音节,才能清楚明白地表达出自己的思想,才能自信地面对你的谈话对手。

3. 注意说话的节奏

口才出色的人,若与他谈话简直是一种艺术的享受。他们说话时,抑扬顿挫,引人入胜,就像一个出色的钢琴家,将语言的节奏当作钢琴的琴键而随意拨弄,弹奏出一曲动人心弦的"高山流水"。他们对语言节奏的掌握可谓随心所欲。

下面几种语言节奏较为常用,若能有效地掌握,也能起到打动人心的效果。

高亢型。高亢的节奏能产生威武雄壮的效果，声音偏高，起伏较大，语气昂扬，语势多上行。用于鼓动性强的演说，叙述一件重大的事件，宣传重要决定及使人激动的事。

低沉型。这种节奏具有低缓、沉闷、声音偏暗的效果。语速偏慢，语气压抑，语势多下行。用于悲剧色彩的事件叙述，或慰问、怀念等。

凝重型。这种节奏听来一字千钧，句句着力。声音适中，语速适当，既不高亢，也不显低沉，重点词语清晰沉稳，次要词语不滑不促。用于发表议论和某些语重心长的劝说，抒发感情等。

轻快型。轻快型节奏是最常见的，多扬少抑，听来不着力。日常性的对话、一般性的辩论，都可以使用这类型的节奏。

紧张型。紧张型节奏，往往显示迫切、紧急的心情。声音不一定很高，但语速较快，句中不延长停顿。用于重要情况的汇报，必须立即加以澄清的事实申辩等。

舒缓型。舒缓型节奏，是一种稳重、舒展的表达方式。声音不高也不低，语速从容，既不急促，也不大起大伏。说明性、解释性的叙述，学术探讨等宜用这种节奏。

4. 把握声音色彩与感情色彩

声音色彩是感情色彩的外部体现，声音色彩与感情色彩之间有一定的对应关系。当人心情愉快时，声音是明朗的，而抑郁不欢时，声音就较黯淡。若没有这种对应关系，就不可能用声音传递情感信息，也就无法引起对方情感上的共鸣。但在运用声音色彩进行表达时，却不能采用简单的"对号入座"的办法，即见喜用喜声，见怒用怒声。这是因为，声音色彩只不过是感情色彩的外部体现，如果失去了感情的运动变化，声音色彩便没有内在依据，声音就失去了活力，成了空洞僵滞的东西。感情色彩的变化丰富细致，因而与它相适应的声音色彩的变化也必须是生动丰富的。

5. 控制说话的音量

当你内心紧张时往往发出的声音又尖又高。查理是一家大型金融机构的投资研究部经理。在平时的工作中，他总是表现得异常活跃和激动，为了让大家听到他所说的话，他总是大声叫喊。每当他打电话时，隔几个办公室也能听清他所说的每一句话。同事们对他的这些行为感到迷惑不解。

其实，语言的威慑力和影响力与声音的大小是两回事。不要以为大喊大叫就一定能说服和压制他人。

声音过大只能迫使他人不愿听你讲话而讨厌你说话的声音。与音调一样，我们每个人说话的声音大小也有其范围，试着发出各种音量大小不同的声音，并仔细听听，找到一种最为合适的声音。

6. 充满热情与活力

响亮而生机勃勃的声音给人以充满活力与生命力之感。当你向某人传递信息、劝说他人时，这一点有着重大的影响力。当你讲话时，你的情绪、表情同你说话的内容一样，会带动和感染你的听众。

你需要掌握这样的语调

> 向他人及时准确地传递你所掌握的信息；
> 得体地劝说他人接受某种观点；
> 倡导他人实施某一行动；
> 果断地作出某一决定或制定某一规划。

如何一开口就让人喜欢你

多多读书，忌浅薄无知；话如其人，忌夸夸其谈；远离假话，摒除大话；不说空话，避免套话；选择对象，因人而异。这是成为一个杰出口才家必备的五种修炼。

1. 多多读书，忌浅薄无知

语言是口才的基础，怎样才能使语言表达得心应手呢？其方法就是多读书！在这个世界上，全新的事物真是太少了，每个时代的每一个人都得自愿或不自愿地捡起前人的衣钵，即使是伟大的演说家，也要借助阅读的灵感。

2. 话如其人，忌夸夸其谈

朴实无华的语言是真挚心灵的表达，是美好情感的展现。因而，语言的朴素美来自本色的心灵，话如其人，言为心声，平时为人处世质朴真诚，说话也就自然不会扭捏做作。古语说："其行也正，其言也质"，意思是以真诚的态度为人，是语言朴素美的前提。语言的朴素美贵在保持个性，该怎么表达就怎么表达，或严肃，或幽默，或直率，或调侃，或委婉，只要是发自内心，保持本色。

有的人开口"当然"，闭口"绝对"，武断得惊人。这样，别人就无话可说了。有人说，武断是交谈的毒药，这话一点不错。谁也不愿和这样的人多谈几句。即使同一个词，修饰后也有程度的差别，如"一切""根本""多数""一些""凡是"，要根据实际来选择，万万不能掉以轻心。如果把"部分"说成"一切"，把"可能"说成"肯定"，就会使自己陷入被动，这实际上是一种"虚张声势"，说了是会碰钉子的。

当然，强调"语言的朴实无华"不等于反对含蓄。说话的含蓄是一种艺术，即对于不便直说的事情就隐讳地加以表达，却又能让人家明白自己的意思，这就是所谓"只需意会，不必言传"。

所以说，含蓄是说话的艺术，是因为它体现了说话者驾驭语言的能力，而且也体现了对听众想象力和理解力的信任。如果说话者不相信听众丰富的想象力，把所有意思全盘托出，这种词意浅陋、平淡无味的语言会使话语逊色，甚至使人反感。

我们推崇的语言技巧是言有尽而意无穷。

3. 远离假话，摒除大话

中国人民历来有赞颂说真话的美德。在最早《韩非子·外储说·左上》

中关于曾子杀猪教子的故事，一直盛传不衰。曾子把妻子开玩笑说的话付诸行动，将猪杀了，让孩子相信母亲的诺言。曾子的妻子未必是在有意欺骗孩子，然而曾子却还是坚持了一种最可贵的精神，不让妻子说假话，不跟孩子说假话。

远离假话的同时我们也要摒除大话。

两个珠光宝气的女人在炫耀自己家庭的富有。

"您知道吗？我们家里的厨师换得可勤了，家里人吃同一厨师做的饭菜，最多不过3天，就不爱吃了。"

"谁说不是呢！为了换厨师方便，我们家的厨房门口装了一个旋转门。"

像这种大话除了能博得我们一笑之外，没有任何意义。说大话在口才表达上不但不能给你的话题增辉，反而令你的话题和观点黯然失色。墨子曾对他的学生说，话说得太多，就像池塘里的青蛙，整夜整日地叫，弄得口干舌燥，却没有人注意它；但是鸡棚里的雄鸡，只在天亮时啼，却可以一鸣惊人。说话何尝不是如此，与其呀呀咿咿说一大堆废话，不如简明直接讲几句。现代人时间观念增强了，说废话空耗别人宝贵的时间，对人对己都是一种极大的浪费。

4. 不说空话，避免套话

大多数的孩子都喜欢吹肥皂泡，被吹出来的肥皂泡在阳光下闪耀着艳丽的光泽，非常美妙。随着五彩泡泡的不断升高，它们一个接一个纷纷破碎。所以人们常把说空话喻为吹肥皂泡，这真是再恰当不过了。一些充满各种动听、虚幻诱人的词句，细细咀嚼却没有任何实在内容的话，迟早是会像肥皂泡一样破灭的。

说话的目的是为交流思想，传达感情。因此，总得让人家知道你心中要表达的是什么。只要开口，不管是洋洋万言，还是三言两语，不管话题是海阔天空，还是一问一答，都应使人一听就懂。

一些人惯于用一些现成的套话来代替自己的语言。三句话不离套词，颠来倒去那么几句，既没有思想性，更没有艺术性，令人听后味同嚼蜡。

5. 选择说话对象，因人而异

我们说话的对象是社会上的各种人，年龄、性别、性格、脾气、思想认识等各不相同。由于各人所处的地位不同，对同一事物的理解也是有差异的，说话的分寸也就要根据各种人的地位、身份、文化程度、语言习惯来做不同的处理。例如在日常生活中，对同辈人与对长辈(或上级)、对陌生人与对知己、对不同性别的人说话都应讲究分寸，考虑到听者的接受程度。

比如有这样两个句子。

"这事你错了，该找人赔礼道歉去。"

"这事咱们也有不对，最好还是去向人说清楚。"

两句话其实是同一个意思，但前一句说得较直率，有劝诫的口吻，较适宜于长辈对后辈（如老师对学生），或者知己之间。第二句话婉转多了，如对人称的处理就很巧妙。不将对方直称为"你"，而用"咱们"。其实说话者不一定介入这件事，只是为了把话说得婉转或表示自己与对方更贴心。另外把"赔礼道歉"说成"说清楚"，也是为了避免使用刺激性的字眼，使对方更容易接受。可见，同样是劝诫，但后者更多的是请求，比较适合后辈对长辈，或者对关系不太密切的人及一些自尊心特别强的人说，这样讲就比较适宜了。

内涵深厚才能妙语连珠

总有一些人抱怨自己没有好的口才，和别人在一起总是无话可说，于是总是埋怨自己没有天生的好口才。

其实，这种想法是很片面的。口才并不是天生的，或者说只要胆子足够大就可以了，口才是要有足够的底蕴作为基础的。

拥有好的口才是建立在深厚的学识基础之上的，如果脱离了这个根本，那么口才就会成为"无源之水、无本之木",就会像白开水一样,哪里还能说服别人呢?

口才的好坏与说话的技巧有关,但更与自己掌握知识的多少有密切关系,"腹有诗书气自华"这句话正是这个意思。肚子里没有多少知识的人,说出来的话就没有多少说服力,又怎么能让别人信服呢?当年诸葛亮在隆中苦读27载,一出山后便有舌战群儒之功,但当年的诸葛亮并不曾专门去学习过如何辩论,他所依靠的就是数十年的苦读。

知识面不够宽广,就算口才学得再好,技巧掌握得再多,也是无法说服别人的。准确、缜密的语言,头头是道,能够说服人;清新、优美的语言,饱含激情,能够打动人;幽默、机智的语言,妙趣横生,能够感染人。而这些都来源于头脑中的广博知识,那种不学无术的油腔滑调、油嘴滑舌算不上好口才,那种不着边际的、没有什么实际意义的夸夸其谈也不是好口才。只有那种以丰富的知识为坚强的后盾,能够给人以力量、愉悦之感的谈话,才是真正的好口才。

所以,要想有好的口才,首先就要丰富自己的内涵,提高自己的学识修养,只有这样,才能够口吐莲花,妙语连珠,倾倒众人。

那么,想要拥有好的口才,应该让自己具备哪些知识呢?当然,知识面是越广越好,天文地理,历史经济,什么都要学习,还要能够正确地使用语言,使自己的语言优美动听。

当一个人在某些方面的经验和知识多于周围其他人时,他就对该方面的问题取得了发言权,并且有充分的自信心。因此,只有具备多方面的知识,才能赢得更多的发言权。要求一个人什么都懂并不现实,但至少要对自己本专业知识和职业知识有足够的了解,尤其要多掌握一些文史哲方面的知识,这样,就能出口成章,言之有物。

知识丰富会扩大一个人的想象力,而想象力会为思维和语言插上翅膀。要在语言表达中"飞"起来,就必须通过学习和实践长出这样的翅膀不可。

如果你想拥有出众的口才，就要像酿蜜的蜜蜂那样，终日在生活的百花园里采撷；要像淘金的老汉那样，在沙砾中筛出真金。中国历代丰富的语言宝库，五湖四海优秀的语言财富，鲜明生动的民间语言，精心雕琢的书面语汇，都是我们应当开掘的"富矿"。

首先，可直接从生活中向人民群众学习语言。生活是语言最丰富的源泉，要使自己的语言丰富起来，就要从生活中汲取。老舍说："从生活中找语言，语言就有了根。"

学习语言要博采口语。俄国伟大的批判现实主义作家列夫·托尔斯泰称赞农民是语言的"大家"。语言的"天才"，的确存在于人民群众之中。比如，我们讲话常用程度副词"很"字，如"很黑"，在人民群众的口语中，却用更精确、更形象、更简练的表达法："漆黑"。

学习语言还要多看，即勤于观察、体验，真正熟悉你的对象，掌握他的声调、声色等，而不是生搬硬套。

其次，要多读中外名著。"熟读唐诗三百首，不会做诗也会吟"的经验之谈，是大家所熟悉的。它告诉人们要提高口才技巧，就应多读名著。"穷书万卷常暗诵"，心领神会，自会产生强烈的兴趣；体味语言的精微之处，就能唤起灵敏的感觉；熟悉名篇佳作的精彩妙笔，可以获得丰富的词汇，演说和讲话时优美的语言会不招自来。

最后，要拥有丰富的知识。知识贫乏是造成语言贫乏，特别是词汇贫乏的一个重要原因。如果《水浒》的作者不懂得江湖勾当，不知开茶坊的拉线、收小、说风情、做马泊六及趁火打劫的种种口诀，他就不可能绘声绘色地写出那个成了精的虔婆王干娘。这个例子生动地说明，掌握丰富的知识和学习语言是紧密地结合在一起的。

古人云："腹有诗书气自华"，广博、严谨的知识结构是表达者妙语连珠、左右逢源的坚实底蕴。

> **练就好口才要坚持如下四点**
>
> ➢ 好学上进，加强知识积累；
> ➢ 关注生活，加强生活积累；
> ➢ 紧跟时尚，把握时代脉搏；
> ➢ 崇尚真情，加强情感积累。

做世界上最会说话的高情商者

既然情商对我们每个人来说都至关重要，我们就要在提升情商方面多下工夫。在说话艺术方面，提升情商必看的12条说话艺术着重如下：

1. 急事，慢慢说

遇到急事，如果能沉下心思考，然后不急不躁地把事情说清楚，会给听者留下稳重、不冲动的印象，从而增加他人对你的信任度。

2. 小事，幽默说

尤其是一些善意的提醒，用句玩笑话讲出来，就不会让听者感觉生硬，他们不但会欣然接受你的提醒，还会增强彼此的亲密感。

3. 没把握的事，谨慎说

对那些自己没有把握的事情，如果你不说，别人会觉得你虚伪；如果你能措辞严谨地说出来，会让人感到你是个值得信任的人。

4. 没发生的事，不胡说

人们最讨厌无事生非的人，如果你从来不随便臆测或胡说没有的事，会让人觉得你为人成熟、有修养，是个做事认真、有责任感的人。

5. 做不到的事，别乱说

俗话说"没有金刚钻，别揽瓷器活"。不轻易承诺自己做不到的事，会让听者觉得你是一个"言必信，行必果"的人，愿意相信你。

6. 伤害人的事，不能说

不轻易用言语伤害别人，尤其在较为亲近的人之间，不说伤害人的话。这会让他们觉得你是个善良的人，有助于维系和增进感情。

7. 伤心的事，不要见人就说

人在伤心时，都有倾诉的欲望，但如果见人就说，很容易使听者心理压力过大，对你产生怀疑和疏远。同时，你还会给人留下不为他人着想，想把痛苦转嫁给他人的印象。

8. 别人的事，小心说

人与人之间都需要安全距离，不轻易评论和传播别人的事，会给人交往的安全感。

9. 自己的事，听别人怎么说

自己的事情要多听听局外人的看法，一则可以给人以谦虚的印象；二则会让人觉得你是个明事理的人。

10. 尊长的事，多听少说

年长的人往往不喜欢年轻人对自己的事发表太多的评论，如果年轻人说得过多，他们就觉得你不是一个尊敬长辈、谦虚好学的人。

11. 夫妻的事，商量说

夫妻之间，最怕的就是遇到事情相互指责，而相互商量会产生"共情"的效果，能增强夫妻感情。

12. 孩子的事，开导说

尤其是青春期的孩子，非常叛逆，采用温和又坚定的态度进行开导，可以既让孩子对你有好感，愿意和你成为朋友，又能起到说服的作用。

成功的路上没有捷径，要想练就一副过硬的口才，就必须一丝不苟，刻苦训练，持之以恒，正如华罗庚先生在总结练"口才"的体会时说的："勤能补拙是良训，一分辛苦一分才。"

每天都告诉自己："我是世界上最会说话的人""人类天生就是这样的，只要你说话的时候神气十足像个主宰者，就有人服从你。"

Part10 把情商用起来，职场少走十年弯路

绝大部分的职场新人进入职场，都想有好的发展，可有的人偏偏智商优异而情商不足，因之，他们总会与职场上的人和事发生一些不愉快。提高职场情商，已是职场人尤其是那些职场新人亟待解决的一个大问题。

运用情商蓝图，设计职业蓝图

我们可以积极运用情商蓝图中描述的各种技巧来发展自己的职业。同时进一步掌握下面的小技巧：

1. 制定一套专业道德规范

制定专业道德规范是职业发展的一个良好开端。基于价值观的道德规范将决定哪些行为是正确的或错误的，哪些行为是好的或是坏的。

2. 准确地进行自我评价

职业发展的一个重要策略是准确认识自己的优势、可改进的地方以及偏好。

3. 培养专业技能与热情，并围绕其构筑职业生涯

发展职业可以从培养有用的工作技能开始，然后围绕这些领域构筑你的职业生涯。对你的工作充满热情是专业技能培养的组成部分，一个人除非对自己的工作领域充满热情，否则很难持续发展其工作技能。

4. 获得优秀的工作业绩

良好的工作业绩是你构建职业生涯的坚实基础。除了那些盛行玩弄权术的企业文化的公司（溜须拍马、裙带关系盛行），在大多数公司里，工作能力依然是获得成功的主要因素之一。

5. 在持续学习与自我发展中不断成长

持续学习有各种形式，包括正式就学、参加培训项目与研讨会以及自学。自我发展也包括多种学习形式，但这一过程常常强调个人改善与技能培养。改善你的工作习惯或提高团队领导能力就是在工作中进行自我发展的例子。

6. 记录你所取得的成就

请准确记录你在职业生涯中所取得的成就，这样在公司重新给你分配任务或晋升你的时候将有备无患。这份成就记录对于准备简历也很有用处，有形的、可量化的成就比他人对你的成绩的主观印象更为管用。记录你所取得的成就能使你不卑不亢地宣传自己，当与公司的关键人物一起讨论工作时摆出事实，这样就可以既不抢占太多的团队荣誉，又可以让他们知道你的功绩。

7. 塑造专业形象

表现出专业形象有助于在商业关系中形成信任与亲和感。你的着装、办公桌、谈吐以及综合知识，应该给人一种专业、负责的形象。使用标准的语法与句式结构能给你带来优势，因为太多的人使用非常不正式的方式讲话。知识渊博也很重要，因为今天的职业商务人士应该对外部环境了如指掌。

8. 尽量减少职业发展中的自我挫败行为

工作拖沓是自我挫败行为的首要形式，它会毁掉一个人的职业生涯。

其他许多行为也会让你无法达成目标,并损害你的职业发展。克服这些行为的一个办法是,恳请他人对于那些在你掌控之中的,并且对你的职业发展造成损害的行为提供反馈信息。

自我挫败行为的 10 种表现

- 拖延;
- 正当事情进展顺利时,一次又一次把事情搅乱;
- 自我陶醉;
- 情感不成熟;
- 对自己有太多的负面评价;
- 不现实的期望;
- 报复心理;;
- 着意吸引别人的注意力;
- 寻找刺激;
- 经常旷工与迟到。

远离职场焦虑,调控工作状态

焦虑症早已不是新的名词,而是当今社会普遍存在的一种心理障碍,在白领中发病率较高,而在知识女性中的发病率比男性要高。对于职场焦虑症的治疗应以心理治疗为主,当然也可以适当配合药物进行综合治疗。

焦虑症的表现

流行病学研究表明,白领中有 4.1% ~6.6% 在他们的一生中会得焦虑症。焦虑症的焦虑和担心持续在 6 个月以上,其具体症状包括以下四类:

身体紧张、自主神经系统反应性过强、对未来无名的担心、过分机警。这些症状可以单独出现，也可以一起出现。

1. 身体紧张：焦虑症患者常常觉得自己不能放松下来，全身紧张。他们面部紧绷，眉头紧锁，表情紧张。

2. 自主神经系统反应性过强：焦虑症患者的交感和副交感神经系统常常超负荷工作。患者出汗、晕眩、呼吸急促、心动过速、身体发冷发热、手脚冰凉或发热、胃部难受、大小便过频、喉头有阻塞感等。

3. 对未来无名的担心：焦虑症患者总是为未来担心。他们担心自己的亲人、自己的财产、自己的健康。

4. 过分机警：焦虑症患者每时每刻都像一个放哨站岗的士兵对周围环境的每个细微动静都充满警惕。由于他们无时无刻不处在警惕状态，所以影响了他们做其他的工作，甚至影响他们的睡眠。

多种方法战胜焦虑症

对于焦虑性神经症的治疗主要是以心理治疗为主，当然也可以适当配合药物进行综合治疗。白领们不妨按以下几种方法进行自我治疗：

1. 增加自信

自信是治愈神经性焦虑的必要前提。一些对自己没有自信心的人，对自己完成和应付事物的能力持怀疑态度，容易夸大自己失败的可能性，从而忧虑、紧张和恐惧。

因此，作为一个神经性焦虑症患者，你必须增加自信，减少自卑感。应该相信自己。因为每增加一份自信，焦虑程度就会降低一点。恢复自信，最终将驱逐焦虑。

2. 自我松弛

也就是从紧张情绪中解脱出来。比如：你在精神稍好的情况下，去想象种种可能的危险情景，让最弱的情景首先出现，并重复出现。你慢慢便会感觉到在任何危险情景或整个过程中你都不再体验到焦虑，此时便算终止。

3. 自我反省

有些神经性焦虑是由于患者对某些情绪体验或欲望进行压抑，压抑到无意识中去了，但它并没有消失，仍潜伏于无意识之中，因此便产生了病症。发病时你只知道痛苦焦虑，而不知其因。因此在这种情况下，你必须进行自我反省，把潜意识中引起痛苦的事情诉说出来。必要时可以发泄，发泄后症状一般就会消失。

4. 自我催眠

焦虑症患者大多数有睡眠障碍，很难入睡或突然从梦中惊醒，此时你可以进行自我暗示催眠，如可以数数促使自己入睡。

焦虑症的自我预防

1. 有一个良好的心态

首先要乐天知命，知足常乐。古人云："事能知足心常惬。"对自己所走过的路要有满足感，不要老是追悔过去，埋怨自己当初这也不该，那也不该。理智的人不会在意过去留下的脚印，而注重开拓现实的道路。其次是要保持心理稳定，不可大喜大悲。"笑一笑十年少，愁一愁白了头""君子坦荡荡，小人常戚戚"，要心宽，凡事想得开，要使自己的主观思想不断适应客观发展的现实。不要企图让客观事物纳入自己的主观思维轨道，那不但是不可能的，而且极易诱发焦虑、忧郁、怨恨、悲伤、愤怒等消极情绪。其三是要注意"制怒"，不要轻易发脾气。

2. 自我疏导

轻微焦虑的消除，主要是依靠个人。当出现焦虑时，首先要意识到这是焦虑心理，要正视它，不要用自认为合理的其他理由来掩饰它的存在。其次要树立起消除焦虑心理的信心，充分调动主观能动性，运用注意力转移的原理，及时消除焦虑。当你的注意力转移到新的事物上去时，心理上产生的新的体验有可能驱逐和取代焦虑心理，这是一种人们常用的方法。

3. 自我放松

活动你的下颚和四肢。当一个人面临压力时，容易咬紧牙关。此时不妨放松下颚，左右摆动一会儿，以松弛肌肉，纾解压力。你还可以做扩胸运动，因为许多人在焦虑时会出现肌肉紧绷的现象，引起呼吸困难。而呼吸不顺可能使原有的焦虑更严重。欲恢复舒坦的呼吸，不妨上下转动双肩，并配合深呼吸。举肩时，吸气；松肩时，呼气，如此反复数回。

4. 冥想

如闭上双眼，在脑海中创造一个优美恬静的环境，想象在大海岸边，波涛阵阵，鱼儿不断跃出水面，海鸥在天空飞翔，你光着脚丫，走在凉丝丝的海滩上，海风轻轻地拂着你的面颊……

5. 放声大喊

在公共场所，这方法或许不宜，但当你在某些地方，例如私人办公室或自己的车内，放声大喊是发泄情绪的好方法。不论是大吼或尖叫，都可适时地宣泄焦躁。

有效自我放松五法

- 大笑疗法：因为笑是精神消毒剂；
- 运动疗法：机体的运动可以使精神放松；
- 深呼吸疗法：紧张焦虑时，做深呼吸 4~6 次，会缓解焦虑；
- 意守丹田疗法：意念集于丹田穴，而后想像意念向上移动，一步步直至头顶百会穴，同时吸气，再向后向下移至丹田处，同时呼气；
- 六秒钟放松法：短暂时间内收腹、缩颈、扭动身体、打哈欠，焦虑会随之消失。

有正确工作观，事业才能发展

对于职业生涯成功的定义，传统方法所强调的是升职和高薪。另一种衡量职业生涯成功的方法则强调心理因素，是指来自于实现人生最重要目标的一种自豪感或个人成就感。心理成功并不排斥传统意义上的成功。

总而言之，职业生涯成功是指在获得组织奖励的同时也感到个人满意。获得成功的职业生涯对自我实现或自我成就起到极为重要的作用。因此，只有建立正确的工作观，事业才能发展。

所谓工作观，其实就是一个人对自己本职工作的一个态度。良好的工作态度对一个人的职业发展非常重要。没有好的工作态度，将会一事无成，无论你处在什么样的岗位也是很难把工作做好的。

我们都知道，思想和感觉是紧密相连、不可分割的。这不仅仅是因为感情可以推动思维，同时也因为那些感情可以强化我们的思维过程。进入合适的感情状态可以使我们产生有益的精神状态，而这种精神状态正是创造性思维、共鸣和想象力得以产生的重要条件之一。

到底能不能养成良好的工作习惯，掌握有效管理时间的技能，这其实是一个对工作价值的认识问题，也是一个能否对工作和时间采取正确态度的问题。比如，如果你认为你的工作非常重要，而且时间是非常宝贵的资源，那么你就会自发养成良好的工作习惯。

如果我们能够确定自己的使命，然后制定目标，热爱自己的工作，就会比较容易做到。一个人如果有自己的生活使命（生命意义），那么他往往会尽可能好地利用时间做对自己有意义的事情，进而成为一名成果丰富的人。目标往往比使命更加具体，它们的方向与使命是一致的，而且也具有和使命一样的激励效果。致力于完成目标也会促进合理利用时间。

心理学家兼网球教练提摩西·加尔韦发明了"网球内心戏"来帮助网球运动员更好地集中精力于比赛本身。随着时间的推移，内心戏这种技巧推广到诸如滑雪等其他运动，后来更扩展到普通生活和工作中。这一技巧的基本理念是：通过消除诸如过度自我批评等内心障碍，你能够大幅度地提高注意力、学习能力以及工作表现。根据加尔韦的理论，每个人的内心都有两个自我：1号自我是批判的、恐惧的、自我怀疑的，他会说："你虽然已经差不多解决了顾客的难题，但是现在还不是得意吹嘘的时候。"像这样吓唬自己的评论会阻碍2号自我圆满完成工作。2号自我能够调用个人的各种内部资源，包括既得的和潜在的资源。

必须要压抑1号自我，这样2号自我才能进行有效地学习，圆满地完成任务，而不会受到1号自我的负面干扰。为了排除1号自我的干扰，你必须把注意力集中在与表现有关的重要因素上，而不是你希望达到的表现上。比如，当你要向上司推销一个改进生产力的好主意时，应该把注意力集中在他的表情上。

工作不光是需要埋头苦干，有时更需要讲究方法、技巧。人们往往通过埋头苦干，而不是富有想象力地寻找更好的解决方案来解决问题，许多时间和精力就这样被浪费了。比如，当你在开始进行网上搜索以前，最好先仔细想想应该键入什么样的关键词才能够让你迅速找到所需要的信息，那样你就不会把许多时间浪费在一堆无用的信息中。

在工作中，我们要注意珍惜时间。非常珍惜时间的人往往希望能够好好利用时间。如果一个人认为自己的时间非常宝贵，那么让他在工作时间闲聊是一件非常困难的事情。致力于完成一项目标可以自动地让你合理利用时间。

我们不是电脑，做不到同一时间内完成多个任务，所以，不要同时做太多的事情。许多人未能按时完成工作，是因为他们同时接受了太多的工作，以至于超出了他们的承载能力。特别是有些已经不堪重负的人还自愿安排额外的活动。比如，一个工作压力已经很重的人还接受了社区活动的邀请，那么他的日程安排就更加紧张了，而且完不成的任务数量也会越来越多。

为了避免这种情况的发生，你必须学会对那些额外的要求说"不"。如果你不能有技巧地拒绝那些会干扰你工作的额外要求，那么你就不能完成最重要的工作。如果你的上司给你布置了新的任务，并且已经超出你的负荷，那么你就应该向他说明这项新的任务会与优先级更高的工作产生冲突，并提出相应的解决方案。但是，不要过于频繁地拒绝你的上司。当你采用这一方法来提高个人生产力的时候一定要审慎，并且要有技巧。

工作狂虽然值得敬佩，但不值得学习。我们要注意适当的休息。一个能够保持良好工作状态的人十分明了过度工作会产生压力，同时也会让人精疲力竭，这都会严重影响生产力。让身体得到恰当的休息和放松，可以让精神保持振作，而且也会提高人们应对挫折的能力。如果一个人忽略了对于休息的正常需要，那么他就会成为工作狂，对于他们来说如果不工作就浑身不舒服。有些工作狂是完美主义者，他们对于自己的工作永远不会满意，因此总是不能罢手。而且完美主义工作狂还会过分注重控制，无论对己还是对人要求都会非常严格。

除了上面的几点，还要注意保持自己的办公环境的秩序问题。如果一个人的办公桌、办公室、公文包或者硬盘非常整齐有序，虽然并不一定意味着他的思路也非常清晰，但是整齐有序的确可以帮助他提高生产力，因为他可以更加集中注意力，而且也不用花费许多精力和时间去寻找那些找不到的信息和文件。注重整齐有序还有其他两个作用：整齐有序是质量的基石，而且，当你整理干净工作区域以后，会有焕然一新的面貌。

减少杂乱状况也是控制压力和简化生活的一种方式。高度发达的物质文明在改善我们生活质量的同时，也给我们的生活增加了许多复杂性。因此，我们不仅要培养正确的工作观，更要学会抛弃那些不需要的东西。

当一切变得简单，生活就会更趋于安定，事业就会更向前发展。

人际关系良好，工作得心应手

任何想要在工作上取得成功的人，都必须和上司、同事以及顾客保持良好的人际关系。一项调查显示，有90%的员工被解雇不是因为工作能力低下，而是因为工作态度不端正、行为不当以及难以和他人建立良好的人际关系。当你想要加薪、晋升或调到更好部门的时候，都需要得到顶头上司的首肯。

同时，如果你和同事关系良好，那么你在开展工作时就能够得到他人的帮助，顺利完成工作也就不成问题。所以，我们要与上司建立良好的人际关系。

1. 从上司的角度看待问题

（1）尝试着从上司的角度来看待工作中的问题。要想从他的角度看待问题，就必须首先了解他的个人风格。比如，你的上司是否会在决策前抛弃那些不太成熟且风险较大的想法？如果是，那么他虽然会向你征询意见，但实际上并不一定会采纳。所以，如果你提出的风险较大的方案最后没有被采纳，那也不要灰心丧气。

（2）通常上司和团队成员往往具有不同的视角，因为上司往往会掌握一些其他人不知道的信息。比如，你的上司很可能知道公司马上就要紧缩银根，但是这个消息还处于保密阶段，而此时员工请求公司资助他们去参加一个商品交易会，作为上司必须要回绝这样的请求，但没有办法对此做出合理的解释。这时，员工们应该对自己说："实在是太不幸了。不过也许上司有正当的理由，只是因为某些原因不能说罢了。"

2. 弄清上司对你的期望

有些人没有把工作做好仅仅是因为他们没有完全理解上司要求他们干什么。有时候，员工必须主动与上司沟通，弄清上司对于自己工作的期望是什么，因为上司有时也会忘记说清楚。

3. 建立信任的关系

要与上司建立良好的关系就必须赢得他（她）的信任。信任是通过一系列长期的行为累积起来的，比如按时完成工作，信守诺言，准时上班不无故缺勤，不向他人散布机密信息等。信任的建立必须具有下面 5 个条件：

（1）接纳性。虽然在决策之前可以充分讨论各个实施方案，但是一旦做出决定，就要坚决执行，并将上司的想法准确无误地传达给相关人员。一个不尊重上司的人在希望实现自己想法的时候也不会得到应有的帮助。

（2）有用性。一个值得信任的员工往往在上司面临压力的时候，可以及时给予上司帮助以及情感上的支持。

（3）可预知性。一个值得信任的员工是可以让上司放心的、总能按时保质完成工作的人。

（4）个人忠诚。表示你忠于上司的一个有效途径就是支持上司的想法。比如，你的上司想要采购一个工业机器人，你就可以研究一下使用机器人对于工厂有什么好处，并且向他人介绍你的研究成果。忠诚往往还意味着不要将上司告诉你的机密消息泄露给他人。

（5）坦诚。当工作出现问题的时候，一定要坦诚地告知你的上司，不要报喜不报忧。当然，如果你的上司已经有一大堆困扰缠身，那么你就应该在说明问题的同时提供符合客观事实的合理解释或解决方案，而不是说谎。

4. 尊重上司的权威

（1）报告问题的同时也给出解决方案。许多员工在会见上司的时候只是带着问题去，如果上司已经压力重重，这样做只会给他带来更大的压力。如果能够想好解决方案，或者把问题解决后再向上司汇报，这对他来说就是一种压力释放。

（2）建设性地表达歧义。在当今的职场中，如果你确实认为你的上司想法有误，那么更好的做法是以建设性的方式表达你的真实想法。从长远来看，这种做法比一味逢迎更加能够赢得上司对你的尊重。但前提是你必须对情况进行了深入透彻地分析，而且能够十分巧妙地表达。这意味着：千万不要当众大声与你的上司对峙，这会让他处于十分尴尬的境地。如果你不同意上司的想法，那么应该小心措辞，尽量不要采用冒犯的语气。

（3）给予上司积极的强化和认可。一个管理有方的上司应该会对员工的良好表现和行为进行表扬，而把这个过程颠倒一下，也能够帮助你与上司建立合理的关系，特别是在上司得不到大老板认可的时候，效果就更好。当你的上司给你特别好处的时候，你可以利用感谢给予他认可和欣赏。

（4）谈论重点问题。不要闲扯琐事，如果你总是闲扯一些鸡毛蒜皮的琐事，那么你的事业往往也不能得到发展。如果你特别喜欢谈论天气、电视节目或者是餐馆的饭菜，那么请把这些话题留给那些同样喜欢谈论琐事的人们，可千万别指望用这些话题来打动你的上司。

（5）审慎地发展与上司的私人关系。一个一直困扰员工的问题是，应该与上司发展何种类型的私人关系，以及发展到什么程度才是合适的。解决这个问题的一个指导方针是在大多数员工都可以参与的活动中与上司发展友善的私人关系；而与上司在工作之余的单独社交活动往往会导致角色冲突，这些活动包括独自与上司在外宿营或是两人约会等。

（6）小心地向上司推销自己的想法。在向上司推销自己想法的时候注意千万不要惹上司心烦。不要一想到什么就急急忙忙地找上司诉说，这样做会浪费他的时间。你一定要等到想法基本完善的时候，再与上司交流，而且要在给出具体建议之前列出实施建议的好处，并列出你的想法中可能存在的缺陷。

（7）与上司良性互动。上面所阐述的许多技巧的最终目的就是要做到与上司良性互动。研究发现，有意识地给上司留下良好印象的员工往往能够在绩效评估中获得更好的成绩。有意识地取悦上司的员工往往被认为与上司更加相似，而那些在人口统计因素（种族、年龄、性别）方面与上司相似的员工也会取得较好的绩效评估成绩。因此，不管是有心也好，天生也罢，和上司相似总能取得上司的青睐。

无论你的职位高低，有时候你总需要他人的帮助，而这些人往往并不是你的下属，因此你必须与同事建立良好的人际关系。如果你能和他们保持良好人际关系，那么就能做到一呼百应，开展工作自然也会顺利许多。研究发现，工作中的友谊与工作满意度以及工作热情的提高有关，而且在工作中拥有友谊的员工往往也对组织更加忠诚，辞职的可能性也小了很多。研究人员把研究成果总结成如下模型：

友谊→工作热情→工作满意度→组织忠诚度→低跳槽或低下岗概率

与同事相处，是有原则可循的：

（1）遵守群体规范。这些规范往往是不成文的规定，包括了群体成员哪些行为该做哪些行为不该做的标准。如果你没有偏离这些规范，那么你的许多行为都能够被其他成员所接受。但是如果你偏离得太远，那就可能被群体所抛弃。群体成员可以通过直接观察或者由其他成员告知学习群体规范。

大多规范还会涉及群体成员该和谁一起吃饭，周五下午一起喝茶，或一起加入部门的运动队，甚至涉及上班的服饰穿着。因此群体规范还会影响工作环境中的社会行为，如果你太不遵守这些规范，则很可能被大家驱逐出群体。

但是，如果你太遵守群体规范，又将面临丧失自我的危险。你会被上司认为是"那群人中的一个"，而不是努力在组织中寻求发展的个人。与群体交往过密也要付出代价。

（2）成为一个良好的倾听者。与同事建立良好关系的最简单方法就是成为一个良好的倾听者。在工作中同事可能会向你倾诉遇到的各种问题，或者向你倾诉各种抱怨。在午餐、休息的时间以及下班路上可以倾听同事谈论他们的私人生活、时事、体育新闻等，能够密切你与同事的关系，且不会造成不良影响。

（3）保持诚实和开放的人际关系。人本心理学认为与他人保持诚实和开放的人际关系非常重要。当某个同事询问你有关某个问题的看法时，你应该以诚相待，但是要注意措辞，这样有利于保持开放的人际关系。

（4）表现出乐于助人、易于合作、谦和有礼的态度。许多工作都需要团队合作，如果你表现得乐于助人，而且愿意与他人合作，那么就非常容易被视为很好的团队成员。公司的组建本来就是基于合作，没有合作整个系统就会崩溃。在对工作绩效进行评估的时候，很多公司都包括了关于合作态度的打分。你的上司和同事会对你的合作态度进行评价。

（5）多去帮助别人。不要总惦记着让别人帮你，对于维持良好的人际关系而言，多去帮助别人更为重要。可以运用前面提出的人情银行进行储蓄的方法做一些力所能及的事情帮助他人，而且帮人要帮到位，不要好事做一半，给别人造成许多麻烦。

（6）请求胜于命令。当你需要他人帮助的时候不要用命令的口吻，而是要用请求的口吻。运用请求的口吻能够收到比较好的效果，那是因为大多数人喜欢给他人出主意和提供帮助时的感觉，没有人喜欢被冷冰冰地命令做这做那。

（7）做一个能够给予他人支持的人。给予他人支持的人是能够促进别人成长的人，而且往往也是一个积极的人。他们能够给予别人支持，而且总是能够看到别人好的一面。与这一类人相反的人就是破坏积极氛围的人，因为他们总是看到别人身上不好的一面。下面的例子充分说明了这两种人到底有什么不同：

兰蒂是一位采购专家。一天她面如菜色地闯进办公室说道："非常抱歉这么贸然闯进来，有没有人能我帮我一把？我花了3个小时在电脑上绘制一份表格，但是不知为何这个文件突然消失了。我真是急死了！"

一位同事马格特说："不要着急，我可以帮助你整理一下思路，我们现在就过去看看吧。"而另一位同事拉尔夫则悄悄对马格特说："让他自己去看使用手册吧。否则你可就惨了，以后他每次碰到问题都会来找你的。"

如果你和拉尔夫这样的人待得时间长了，一定会觉得倦怠、沮丧、精疲力竭。而和马格特这样的人在一起一定会积极乐观、充满热情。能够经常给予别人支持，让别人鼓起勇气充满热情的人往往会获得更好的人际关系。

研究表明，成功者拥有宽广的人际关系网络，这个网络由他的支持者和各类联系人构成。当需要做某项工作时，或者需要解决某个问题时，他们能够召来某个人给予帮助。他们接受帮助是因为他们在人情银行的平衡帐户上拥有较大的"资产"，或者他们被视为是一个有影响的人，将来能够回报今天愿意提供帮助的人。

职场交友五原则

➢ 结交有上进心的朋友；

➢ 结交有正能量的朋友；

➢ 结交诚实守信的朋友；

➢ 结交比自己优秀的朋友；

➢ 远离负能量的"垃圾人"。

突破情感障碍，打破工作瓶颈

感情技巧真正的价值在于提高服务自己和服务他人的愿望和能力。下面展示一些如何将感情蓝图应用到工作中的实例，希望这些感情蓝图的事例可以激励你找到合适的方法，真正把情商应用到自己的工作中去。

先看一个故事：

裕纪的故事

裕纪的公司决定离开纽约市，但是，她却认为自己无论如何都应该待在那里。在日本，裕纪曾经是个金融领域成功的实业家，也是个小有名气的人物。在纽约，她想要开一家小规模的风险投资基金公司，而且她已经成功地获得了一个富有的日本投资者的小额投资。

裕纪被介绍到总部在西雅图的一家吸收基金的美国公司。于是，裕纪要坐飞机到西雅图与公司人员会面，但是，中介公司却没有及时安排好裕纪飞西雅图的飞机。裕纪感到很失望，于是打电话给西雅图公司总部的执行总裁，正好总裁要在下周去纽约。于是，他们决定在纽约见面。

裕纪是个很积极乐观的人。她愿意和消极的感情斗争到底，也总是努力避免消极的感觉，在听到坏消息的时候，第一反应就是试着"让自己平静下来"。她掌握了十分熟练的感情技巧，无论什么时候产生消极的感觉时，她都会马上运用这些技巧。于是，问题就解决了。

做到乐观积极是一回事，而不让自己体会消极感情就是另一回事了。裕纪去做的是一个重要的投资项目。如果西雅图公司总裁的说服力很强，那么裕纪就要将自己总投资的相当一部分交给总裁，来实现总裁的设想。

我们知道，处在积极情绪中的人倾向于看问题的全局，将注意力集中在各种可能性上。他们不会注意细节，也不去分析掌握的信息，从中寻找可能出现的问题。裕纪总是避免消极的感情，所以她也许不会仔细全面地看西雅图公司总裁的计划书，这是很危险的。

裕纪当然很明白危险的存在。她知道自己只注意积极的感情，也认为长期处在积极的情绪中未必总是最佳的策略。事实上，她也想起了从前的一些事情，那时候，积极的情绪曾给她带来了麻烦。因此，裕纪要在找到自己需要的信息，对公司面临的风险作出评估之后再决定是否投资，这才是处理问题的正确方法。

在总裁做介绍时，裕纪感到自己沉浸在总裁的兴奋情绪之中不能自拔。尽管这样，她还是产生了一种想法："这是我现在想要的感觉吗？"裕纪决定让自己平静下来的同时，心中有一个不同的目标：一定要把情绪由高涨乐观降低到中性甚至是有些消极的情绪之中。

裕纪把注意力更多地集中在市场营销计划和公司转移市场的计划上。结果她发现，在计划的推理中存在着很多问题。当然，她认为有些严重的问题可以纠正过来。所以，她和总裁进行了一次颇有建设性的讨论，并且提出了公司方面需要作出的保证。

当时她提出自己的判断和评论后，执行总裁表现得有些惊讶，或许也因为自己没有想到这些问题而感到有些尴尬。

裕纪做到了按照感情蓝图的四个步骤进行思考。首先，她对自己和他人的感觉进行了封断。同时,她产生了能够帮助自己集中注意力在细节问题上的情绪。然后,裕纪试着了解潜在的问题、他人的感受和他人产生这些感受的原因。最后,裕纪接受了令她不快的感觉,对感情中包含的信息进行了分析,最终取得了满意的结果。

再看一个故事:

拉塞尔的故事

拉塞尔从来就不是一个乐观的人,虽然他并不悲观,但是却很忧郁沉默。

拉塞尔从前的主要工作就是确保银行家和交易商之间的交易合法。因此,他必须很清楚证券和银行业的法律法规,向客户解释这些法律法规,并最终批准交易的达成。他特别擅长寻找差异和错误,可以在无数页数字、表格和宣传文案中找到弄错的地方。

他的工作做得很出色,所以得到了晋升。在新岗位上,拉塞尔需要向投资银行部门介绍如何更好地处理规章制度方面的问题。从表面上看,这份工作很刺激,因为这份工作可以给他提供与投资银行部门人员友好交流的机会。

但是,新工作给拉塞尔带来了难题。他似乎还沉浸在原来的工作之中。他还是把注意力放在寻找制度的问题和银行家如何没有理解政策等方面。他对未来没有计划,也看不到希望。

拉塞尔在工作上遇到的困难和问题主要是因为他在运用感情推动思考方面以及控制感情方面存在缺陷。

拉塞尔能够很好地应对消极和中性的感情,他能够很容易地进入略为消极的感情之中,而自己却没有意识到。对他来说,这已经成了工作的一部分。然而,在得到新工作之后,他找错误和注意细节的特点丝毫未减。从前在工作中比较合适的消极情绪现在已经行不通了。

拉塞尔的情商训练计划十分简单——他需要做的就是承认感情与思维

之间的联系，将情绪与手头的任务协调起来。对拉塞尔而言，承认感情和思维之间的联系并非易事。作为一个做分析工作的人，拉塞尔十分重视理性思考和判断，他并不认为感情在工作中有任何作用，特别是在自己的工作中。然而，凭借他的分析能力，他能够很快就会将这个障碍转化成帮助他的工具。

拉塞尔很快就接受了情商就是一系列技巧的观点，并且他喜欢研究感情在思维中的作用。他迷上了对情商的研究。他注意观察了自己平时的情绪，包括情绪如何变化以及这些变化如何改变他的观点。他开始记感情日志，在日志中，他试着将事情和想法与情绪的变化联系起来，这就为他提供了重要的信息。有了这些信息，拉塞尔就可以了解自己如何产生某种情绪了。例如，拉塞尔曾经渴望成为一个渔民，当他想到孩提时和父亲一同去北部安大略湖时，他的情绪就渐渐高涨了起来。总之一句话，他现在变得快乐多了，不那么消极，也不那么爱挑毛病了。他现在不仅可以设想多种不同的感情情景，而且能够在合适的时机将这些情景派上用场。

经过几个月的刻苦学习，拉塞尔已经能够很轻松地产生积极情绪了。在之后的几个月中，拉塞尔在思考问题的时候似乎更有创造力了，他也能够体会到他人的感受了，所以与客户的关系也得到了改进。

曾经很低调的拉塞尔仍然是一个情绪很低调的人。他喜欢低调的情绪状态，这样的情绪让他感到很舒心。他的个性和性情都没有改变，但是，他已经掌握了一种新的技巧。

孙茜的故事

孙茜当护士已经好多年了，她主要在神经外科工作。她很喜欢自己的工作，也很擅长，但是在一次事故之后，她发现自己几乎无法走路了。经过恢复性治疗，她虽然又重新可以走路，但是不得不换一个职业，因为她已经不能长时间站立不休息。

孙茜重新回到了学校，并以第一名的成绩获得了运筹学硕士学位。她比较喜欢内部审计，因为她认为内部审计和手术室里的危机管理环境相似。

孙茜利用自己的诊断技巧分析问题，但是之后就会把工作交给别人，像她在手术室的工作一样。

在一次审计中，她发现了一个错误，涉及的价值达 1250 万元。孙茜认为那仅仅是个错误，银行会向证券交易委员会承认错误，并主动采取行动消除产生问题的根源。但是，银行行长却不想听到这些话，他对孙茜说"给我找个不会发现问题的顾问"。

孙茜不同意这个建议，但是行长仍旧一意孤行。在孙茜被命令掩盖错误的一个月之后，人力资源部的代表布莱德突然来看她。他花了好长时间才说出自己来的真正目的，他告诉孙茜银行不再需要她的服务，并且，孙茜被解雇和顶撞行长没有任何关系。

孙茜的情商技巧是她的长处，通过情商分析我们发现，也许部分是由于这些技巧导致她丢掉工作。我们的分析从判断感情开始。

孙茜知道布莱德肯定有事情要说。布莱德感到紧张时总是"轻轻地敲着自己的手指"，说话时也不看着你。在和孙茜谈话时，布莱德就是这样。所以，孙茜仔细进行了观察。

当布莱德说到关键的地方时，孙茜已经准备好了。布莱德告诉她其职位被取消了，银行也不再需要她的服务了。孙茜对这样的决定自然感到不开心，也很不安，因为在这件事上，银行做得不对。但是，正如她所说的"如果我生气了，我就会把注意力集中在错误的原因上"。孙茜需要听取布莱德的信息，需要从银行的角度看待问题，包括布莱德和银行行长的角度。孙茜产生感情并进行推理的能力让她找到了正确地处理问题的办法。

孙茜很明白世事多变的道理。她看到了布莱德说话时的不安，也理解行长的左右为难。她知道这些人的感受，也明白他们为什么会产生这样的感受，也就是说，她理解感情的能力十分出色。后来，有人问她事情是不是有些不公平，她回答说："这完全取决于你看问题的角度。他们把我看作是容易发炮弹的大炮，我可以理解。"

孙茜尽全力要求银行承认财会上的错误，并且直接面对问题毫不回避。不管人们多么希望问题能够自然消失，想要对问题视而不见显然不会起作用。孙茜展示出了自己控制感情的能力，因为她接受了感情，并且希望受到感情的推动采取行动，使自己的行为符合公司的利益。虽然她的努力没有成功，但是她的做法很值得称赞。

不管在手术室还是处理审计问题，孙茜都试图从人性的角度出发。孙茜不是一个强有力的领导者，她也承认这一点。她愿意充当二把手，这就能够使她的判断力、理解力和全局观得到充分发挥。

但是在这种情况下远远不够。尽管孙茜拥有这些技巧，但是她却没能够实现自己的目标，这个故事的结局并不令人满意。当别人问她这个问题时，她说她宁愿结果不是这样，也许其他人会比她做得好。同时，她也指出自己无论如何都不会做出有悖于价值观和道德标准的决定。在强大的压力之下，孙茜愿意也能够保持自己的立场不动摇。

如果孙茜运用了感情蓝图的技巧，事情的结果会不会不同？也许吧。如果预期目标是让行长接受孙茜的建议，就要更好地了解行长的感受以及这些感受如何指导他的思维。通过感情假设分析，我们需要考虑，针对不同的建议，行长会作出怎样的反应以及这些反应通过何种方式表现。为了让他接受不舒服的感觉和恐惧，孙茜应掌握行长的感觉，这样或许会让她获得做出正确抉择的观察力、愿望和能力。

结果是孙茜丢掉了工作。尽管孙茜再次找到一份新工作并没有花很长时间，但是孙茜的诚实和正直没有得到回报，所以这看起来还是不公平、不公正的。我们不知道如果重来一次结果会不会不同，但是我们得到了经验教训，即尽管这个世界有时候会给高情商的行为以回报，但运用感情的能力和信息却一定是正确的事情。

我们不仅要能够正确地做事，而且要能够"做正确的事情"。只有这样，才能突破情感的障碍，打破工作瓶颈，助事业一帆风顺、蒸蒸日上。

情商技巧练习

➢ 回忆一段你处理得很好的感情冲突。
➢ 涉及的人是谁？
➢ 描述当时的一些细节。
➢ 产生感情冲突的原因是什么？
➢ 每个人（包括你自己）都做了些什么？
➢ 解决问题的途径是什么？
➢ 你从中学到了什么？
➢ 感情危机得到解决的时候，你的感觉是怎样的？
➢ 记下当时详细情况，包括感情词汇，要能够引起强烈的回忆和希望。

六大情商法宝，职场如鱼得水

身在职场，每个人都想通过努力奋斗出一个无悔人生。要想在职场如鱼得水，一些必备的情商成功大法你需要掌握。下面就为你介绍职场成功人士必备的"六大情商法宝"：

1. 志当存高远

自信是一个人成功必备的素质，一方面为自己的成功树立信心，另一方面如果没有把握好的话，那就成为负担，自信变成了自负。但是，无论怎样，要想成功，自信心是必不可少的，自信表现在那里？首要的就是有远大的志向。有志向是前提，但毅力耐力是保证，正所谓："有志者立长志，无志者常立志。"

志当存高远。很多人都拥有这种心态："我仅仅做一些我愿意做的事，我从不追求做事情做得尽善尽美。"这样，你怎么去处理上天赋予自己的一切？你怎么能甘于平庸呢？难道你想要和那个愚蠢的仆人一样思考吗？

　　目标决定了你成功的高度，有什么样的目标，就有什么样的人生。你今天站在哪个位置并不重要，你下一步迈向哪里很关键。我们不能延长生命的长度，但可以增加生命的宽度。社会结构是一种金字塔状结构，大量的人处在金字塔的底部，只有一小部分人处在金字塔的顶部。处在底层的人们每天仅够糊口。而处在顶尖的人则是蒸蒸日上，繁荣兴旺。每一座城市每一个公司，都是大多数人在底层，少数人在顶部，而处在顶部的人都是从底层逐渐上升的。重要的并不在于你现在的地位多么卑微，或者从事的工作多么地微不足道，只要你强烈地渴望攀登成功的巅峰并愿意为此付出艰辛的努力，那么总有一天你会喜笑颜开，如愿以偿。如果冠军总是选择顺其自然的话，那么他就不可能赢得奥林匹克竞赛，他必须是超越已有的纪录才能把金牌拿在手上。

　　你或许会认为自己太差劲，能成就一番事业的机会和概率微乎其微，但是，问题的关键并不在于你现在的地位是多么地卑微或者从事的工作是多么地微不足道，只要你有强烈的进取心，只要你不局限于狭小的圈子，只要你渴望着有朝一日成为万众瞩目的人物，只要你希冀着攀登上成功的巅峰并愿意为此付出切实有效的努力，那么任何障碍都阻挡不了你成功的步伐。我们不应该根据人们现在从事的工作来对他进行评判，在确切地了解一个人的理想和抱负之前，无法对一个人轻易地下结论。判断一个人的标准应该是看他所拥有的抱负和确立的目标。一个年轻人，只要他具备毅力、恒心和信念，他完全有可能成为一个杰出人物。在一个人的日常活动中，我们可以发现某些预示着他的未来的东西。他做事的风格，他对工作的投入程度，他的言行举止——所有的一切都预示着他会拥有什么样的未来。当我们看到一个工作兢兢业业，想方设法地使每一件事都做得尽善尽美，以自己的努力和成就为荣，并在此基础上积极寻求进一步的发展和提高的人时，相信他总有一天会崭露头角。

2. 置之死地而后生的危机

我们需要具备一定的冒险精神，因为冒险精神是有巨大威力的，但是，其风险之巨也十分令人担忧。因此，在制定行动目标时，就要从环境的变化和社会的实际情况出发，制定目标要以现实为基础。否则，盲目冒险，只会使自己一败涂地。

因盲目冒险，并且制定目标不符合实际而导致失败的例子有很多，这就告诉我们：目标是不可以凭理想和主观愿望去制定的。任何过高、过急和不切实际的目标，都将产生巨大的危害，不管这个目标是出于怎样美好的愿望，听起来多么令人振奋。事实表明，如果目标超出了自己的能力所及，与现实脱钩，是无法用于指导行动的。不切实际的目标，除了会加大风险以外，没有任何意义。计划绝对不能成为一张写满良好愿望和空想的废纸，详细、具体并且有利于执行的行动计划是运营计划的重头戏。

在制定行动方案时，要注意短期任务和长期目标之间的平衡。你在面对某些挑战时，可供选择的应对措施往往不止一种，这时并不是随便选择一种或选择最有利的一种就行了，而应该从是否有利于长期目标的实现去衡量。除了要注意短期任务与长期目标之间的平衡以外，还要针对那些可能出现的问题和障碍制定应急方案。行动计划要充分考虑可能出现的问题，并事先做出应对方案，以免事情发生时手忙脚乱，扩大损失。

3. 万事以"诚"当先

在现代社会，诚信的价值一点也没有贬值。UPS是美国一家享有盛誉的速递公司，它们的业务在全球闻名。它们承诺准时准点将物品送达。在广告里，这家公司是这样说的，为了准时送达，我们要利用任何交通工具：飞机、轮船甚至小货车。我们对顾客的承诺"一秒也不能差"！许多人亲眼见证过一次他们如何实践这个承诺。有个人的朋友送了她一个生日礼物，是用UPS公司传递的。在距离约定时间还有7分钟的时候，工作人员满脸焦急地从一辆计程车里抱着物品跑了过来。在签单子的时候，客户问起他打车的钱公司给不给报销。他摇摇头。"那你岂不是很不值？我收到的这份礼品大概还不够你打车的钱。"小伙子擦擦头上的汗："我们公司是一家极其讲信用的公司，信用是一切的基础。我们必须按照规定来服务。无论遇到多大的困难，我们必须保证准时准点到达。这是我们对顾客的承诺。一秒也不能差。"这话让人相当感动，再看公司的广告时，突然感到了一种别人对自己的尊重。那种尊重是一种承诺，是一种信用。这是一个人，一个企业生存的根本所在。

4. 激情洋溢地工作

市场竞争是残酷的，但唯有一个环节是充满感情的，那就是对职业的激情。

有热情，就是要在行动中很有激情！热情是世界上最有价值的一种感情，也是最具感染力的。自己充满了热情，你谈话的对象才容易变得充满激情，即使你表达得不太顺利，他也可以理解。如果没有热情，你所说的话简直就像过了一年的晚餐上的死火鸡，毫无生气和新鲜感。激情不仅仅是外在的表现，当你获得了激情它会占据你的内心。你在家中静坐，产生一个新想法，完善、成熟，最后你被热情点燃，没有什么可以阻止你。激情有助于你克服恐惧，有助于你事业上的成功，赚更多的钱，享受更健康、更富裕、更快乐的生活。充满激情地投入工作吧，现在就开始。对自己说这一切我都能做。要让自己充满激情，表现激情。以充满激情的状态生活30天，结果会让你意想不到，相信那将使你沉闷的生活变得活跃起来。"那些敢于去尝试的人一定是聪明人。他们不会输，因为他们即使不成功，也能从中学到教训。所以，只有那些不敢尝试的人，才是绝对的失败者。"

5. 有韧性的战斗精神

我们的人生充满了不可预料的悲伤。你曾经诚恳地努力过，但是，很可惜，你仍然失败了。也许你的失败，是因为你要获得成功还需要更多的东西。欧几里德的原理："整体的东西等于所有部分的总和，而大于任何一部分。"这个原理可用来说明我们的问题。重要的是：你该把所有必要的部分加到整体上去。当你用积极的心态寻找成功时，你就会不断地努力。

你会不断地寻求，以寻求更多的东西。有些人一遇到挫折，就停止寻找更多的东西，终于失望。你碰到了一个难题？那很好！没什么！因为你解决了一个个的难题，就是取得了一个个的胜利，你就增长了一些智慧。有时候，多走些路是绝对必要的。因此，你每碰到一个难题，就要用积极的心态去抓住它，解决它，从而使你成为更善良、更大度、更有办法、更成功的人。

广泛地说来，你将遇到三种问题：

A. 个人问题：情绪问题、经济问题、心理问题、道德问题、健康问题。

B. 家庭问题。

C. 事业问题或职业问题。

当你面对着需要解决的难题时，不管这个难题如何错综复杂，你一定要按照下面的要求去努力：

（1）要求圣哲给以引导，帮助找到正确的解决方法。

（2）从事思考，以图解决难题。

（3）讲述与分析这个难题，并给它下个定义。

（4）热情地对你自己说：这很好，太好啦！

（5）向你自己提出几个特殊问题，例如：那个东西有什么益处？什么人我们看不见？等等。

（6）绝不能因解决问题的路径迂回曲折而畏惧不前甚至放弃。

任何时候都要告诉自己要多忍耐些，要多走些路。对于那些具有积极心态的人来说，每一种逆境都含有等量的或更大利益的种子。有时，那些似乎是逆境的东西，其实是上升的好机会。你愿意花费时间从事思考以便决定你怎样才能把逆境化为等量或更大的利益吗？回答说：我当然愿意！

我们要实现人生价值，要追求卓越，卓越就是比别人更为执著；卓越就是比别人更敢于冒险；卓越就是比别人更富于梦想；卓越就是比别人有更高的期望！选择过一种完美的生活，追求目标，做自己想做的梦，人人定能成功，清楚地认识它，紧紧地盯住它。抱着初恋般的热情去追求目标。运用头脑，发挥聪明才智，去克服困难，坚韧不拔。由信念去指引，与理想沟通。不要让自己老是觉得委屈，顾影自怜。成功是由那些具有积极心态的人所取得的，并由那些以积极的心态努力经营人生的人所保持的。记住！这个世界上最重要的人就是你！你的成功、健康、幸福与财富依靠你如何应用你的看不见的法宝。你将怎样应用它呢？这由你自己选择。

6. 该出手时就出手

你的人生由你自己来掌握，要想自己的人生精彩，有意义，必须要用一种积极主动的心态来经营自己的人生，出手要如出枪："精、准、快"。

有计划是成功人生的保证

1953年，美国耶鲁大学对即将毕业的大四学生做了一项调查，调查发现，所有即将毕业的学生当中，只有3%的人对于他们想达到的人生目标有非常清楚的计划并且将它们写了下来，这些要达成目标的步骤包括他们为什么要达成这样的目标，他们要达成这个目标可能会碰到的障碍，需要与哪些人、哪些团体与组织合作，以及达成这个目标所需具备的知识、行动计划及达成日期。27年后，耶鲁大学又做了一次调查，发现这3%于1953年毕业的学生，他们的成就远远超过其余97%的人。

我们虽有很多弱点，但我们不是弱者。不要由于没有成功就责备这个世界的不够完美与现成，这是可笑与可鄙的。你要像所有成功者那样发展自己火热的谋求成功的愿望。怎样发展？把你的心放在所想要的东西上，使你的心远离你所不想要的东西；不要拒绝所有的励志书籍和他人的帮助和指引，更不要拒绝自己内心的冲动。

成功学专家哈伯德的职业信条

- 我相信我自己；
- 我相信我的产品；
- 我相信我的公司；
- 我相信我的同事和伙伴；
- 我相信美国的商业模式；
- 我相信产品的生产者、设计者、制造者、销售者以及世界上所有工作的人们；
- 我相信真理的价值；
- 我相信好的性情和好的身体；
- 我相信成功的必要条件不是赚钱而是创造价值，创造了价值，成功就自然而来；
- 我相信阳光、新鲜空气、蔬菜、水果以及世界上一切美好的东西；
- 我相信世界上最美好的词就是"自信"；
- 我相信我每做一笔生意我就多了一个朋友；
- 我相信我和别人分开后，我们都会渴望再次相聚，并且相聚时大家都很愉快；
- 我相信工作的双手、思考的大脑和友爱的心灵。

Part11　把情商用起来，把难办的事办成

当生活的频率较慢且可以预见时，人们容易保持乐观、冷静和理性。但如今，我们的生活似乎总是充满变化和"忙碌"，以前的旧观念现在似乎并不适用了。你必须明确如何用新的和不同的方法与别人保持互动，有效地利用情感技巧影响他人，办好难办的事。

运用情感技巧，妥善与人沟通

哈佛管理学大师西蒙曾经这样描述沟通："沟通可视为任何一种程序，借此程序，组织中的一员将其所决定的意见或前提，传送给其他有关的成员。"

真诚有效的沟通能拆除领导者与员工中间的墙壁，正确运用沟通手段可以帮助企业建立一支以协作工作为中心的强健的员工队伍，可以增强企业的竞争力和凝聚力。

正如哈佛另外一名管理学教授韦恩·佩思所说："沟通是人们和组织得以生存的手段，当人缺乏与生活抗争的能力时，最大的根源往往在于他们经常缺乏适当的信息，不充分吸取组织的信息，除了本身的努力之外，

很大程度在于他们是否拥有重要的信息和完成工作的技巧，而这些信息和技能的获得，又取决于在技能学习和信息传递过程中的沟通的质量。"所以，充分有效地沟通是一个组织提高效率、增强竞争力的关键。

正因为沟通是如此重要，哈佛商学院的学子必须一方面塑就自身超强的沟通能力，另外一方面还要在所领导的团队里面建立高效的团队沟通机制。

现代快节奏的工作和生活迫使人们成为高超的沟通者和信息管理者。在工作中，进行充分的沟通能防止误解指令等问题的出现，并且有助于减少时间和精力的浪费，从而提高生产力。在生活中，有效的沟通能够避免产生误解，有助于建立良好的人际关系，增加生活的乐趣。

沟通过程包括以下几个步骤，它们依次发生，即构思、编码、传递、接收、解码、理解，最后是采取行动。沟通的过程是循环往复的，信息接收者在解读、理解信息，并采取行动后会发出自己的信息。因此，这个循环过程至少重复一次。

构思：这个阶段是信息发送者的想法或信息在脑海中产生并构建成形的阶段。

编码：这时，想法被组织成一系列符号，如语言、手势、肢体动作或图画等。

传递：信息以口头、书面或非语言的方式传播。

接收：另一方接收到了信息。

解码：信息发送者向信息接收者发出的信号被解码。

理解：解读之后就是理解。当存在沟通障碍时，理解也许会受到限制。

行动与反馈：理解有时会引起行动。行动也是一种反馈，因为它是信息接收者向信息发送者发出的信息。

沟通过程中的行动步骤对于实践有着重要意义。在信息发出后，你通常会跟踪观察对方是否采取了相应行动。你对发出的信息进行跟踪能帮助你了解其是否被对方理解，也可以促使对方采取行动。有效沟通所包含的内容，不只是发出信息，然后消极等待你所期望的行动出现。

工作中人与人之间的沟通有几种传递方向。有些信息是向下传递的，比如从高层经理传送至员工。有些信息则向上传递，比如新来员工发给副总一封电子邮件。也会有平级交流，比如一位同事传递信息给另一位同事。除了有多种传递方向之外，信息还能沿着正式与非正式渠道传递。

信息传递的官方渠道就是正式沟通渠道。假设一位销售部门的助理想出了一个她觉得能够促进销售的主意——在互联网上销售（或称电子商务）。她传递消息的正式渠道大体如下：

助理→销售主管→市场营销副总裁→总裁。

个人之间的信息传递渠道远多于组织结构图设计的渠道或其他正式沟通渠道。非正式沟通渠道是一种非官方的沟通网络，是正式渠道的补充。许多非正式渠道的出现是必然的。例如，为了解决一个技术难题，员工可能会向所在部门之外的某人咨询。非正式渠道的另一个重要用途是，它们能解决一些最令人困惑的沟通问题。

优化沟通信息，突破沟通障碍

沟通障碍时有发生。构思与行动之间常常会发生很多干扰，信息的类型将影响干扰的数量：常规的或是中性的信息是最容易传递的；当信息变得复杂或者牵涉人们的情绪时，或是当信息与信息接收者的心理状况相抵触时，最容易发生干扰。

克服组织内一些最常见的沟通问题的方法，如图11-1所示。

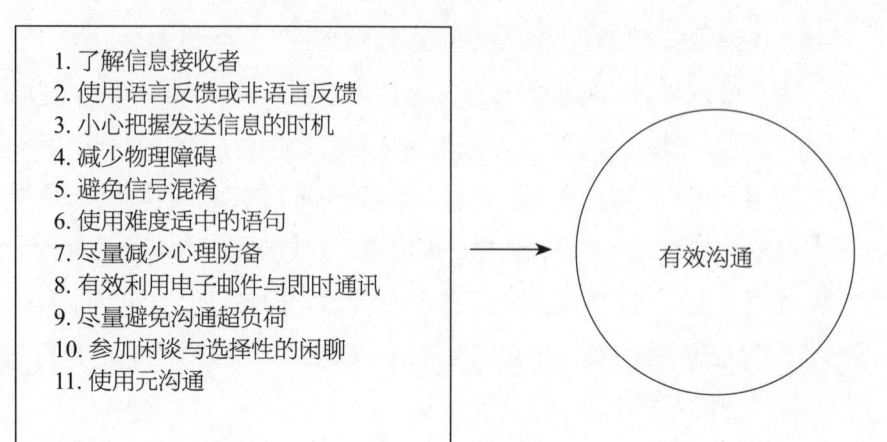

```
┌─────────────────────────────────┐
│ 1. 了解信息接收者                │
│ 2. 使用语言反馈或非语言反馈      │
│ 3. 小心把握发送信息的时机        │
│ 4. 减少物理障碍                  │          ┌──────┐
│ 5. 避免信号混淆                  │          │      │
│ 6. 使用难度适中的语句            │   ──→    │有效沟通│
│ 7. 尽量减少心理防备              │          │      │
│ 8. 有效利用电子邮件与即时通讯    │          └──────┘
│ 9. 尽量避免沟通超负荷            │
│ 10. 参加闲谈与选择性的闲聊       │
│ 11. 使用元沟通                   │
└─────────────────────────────────┘
```

图 11-1　克服沟通障碍的策略

1. 了解信息接收者

了解你需要沟通的对方是克服沟通障碍的基本原则。你越是了解信息接收者，你就越能有效地发送信息。了解信息接收者的3个重要方面是：培养同理心、识别对方的激励状态、理解对方的参考架构。

（1）为了培养同理心，形象地说，你要使自己穿上信息接收者的鞋。要做到这一点，你必须把自己想象成对方，并假想对方的观点和感情。

（2）信息接收者的激励状态包括当前的任何需要和利益。人们往往留神倾听那些能满足当前需求的信息。饥肠辘辘的人通常听不到低声说话，却很容易听到这样的耳语："吃晚饭好不好？"管理者也常常留意听一些有关节省成本或增加利润的建议。

（3）人们对话语和概念的解释不一样，是因为他们的立场和视角是不一样的。参考架构的这种差异会造成沟通障碍。为了减少这种障碍，你必须了解信息接收者"来自何方"。下面的例子发生在金融服务机构里，参考架构的不同造成了沟通障碍：

嘉伯在做代理的第二年，把他当月的销售数据给老板加里看。嘉伯对自己的成绩很是自豪，他说："您认为这种业绩对我这个年龄的人来说怎么样？"加里回答道："如果你想下半辈子每年赚4万元的话，这个已经很好了。"嘉伯答道："听起来不错。"

加里疑惑地看着他，说："你是说下半辈子每年赚4万元就很开心了？我这么说是想让你清醒一下。"嘉伯回答道："我并没有不尊敬您的意思，加里，但是在我家乡，4万元已经很多了。我父母的收入从没有接近过这个数目。"

2. 使用语言反馈或非语言反馈

为了确定信息接收者是否已经准确无误地接收了你的信息，你可以请求对方给予反馈。请求得到反馈很重要，因为它也是双向沟通的基本要素。当两人有了信息交流时，面对面的交流会更有效。一人先给另一人发送信息，启动沟通的过程。但是，另一人必须作出反应来完成这个沟通循环。因为在双向沟通中，人们不但可以交流事实，而且可以交流感情，所以有助于把意思说清楚。

3. 小心把握发送信息的时机

送出信息的最佳时机要视情形而定。当信息接收者有烦心事或赶着去别处时，发送信息就是白费时间了。如果你希望对方承诺你什么，那最好是在对方心情很好的时候提出你的请求。

4. 减少物理障碍

你有没有尝试过站在某人的办公室或房间门口与其沟通？你有没有尝试过在与某人沟通时有一张巨大的桌子把你们隔开？在这两种情形下，如果你减少那些障碍物，你们沟通的有效性就有可能增加。在开会的时候，加强人与人沟通的主要方法是让人们围圈而坐，而不要用桌子隔开他们。

减少物理障碍的另一种方法是，有足够的机会互相闲聊工作上的话题，与同事一起"天马行空"地谈论能帮助理清解决挑战性问题的思路。

5. 避免信号混淆

信号混淆的一种情形是关于同一话题，向不同的听众发送不同的信息。例如，公司可能在公开声明中吹嘘产品的品质很高。然而，在工作车间或办公室里，公司却告诉员工在任何能降低成本的地方都要偷工减料。另一种信号混淆发生在当你给别人发出信息说该怎么做，而你自己却用另一种方式去做的时候。当一位经理鼓吹人本管理的重要性，但自己仍然有工作歧视行为的时候，就会出现这种信号混淆。

6. 使用难度适中的语句

在与预期的信息接收者沟通时，要避免使用过于复杂的语言，尽量使专业术语出现得更少。但并非要一直避免使用复杂的语言和专业术语，当专家之间进行交谈时，专业术语是一种方便的语言捷径。行话也有很重要的心理作用，因为它传递了这样的信息：信息接收者是信息发送小群体里的一分子。还要避免信息太易于理解，这样也许会让对方感觉被照顾过头了。让你的预期信息接收者感到疏远的一种方法是说："我将用门外汉也能听得懂的话为你解释这个问题。"

7. 尽量减少心理防备

一个重大的沟通障碍是防御性沟通，即倾向于用保护自尊心的方式来发送或接收信息。

克服防御性沟通的障碍要分两个步骤。首先，人们得认识到防御性沟通的存在。其次，在被质问或批评时，尝试着不要过度防御。

使防御性沟通最小化的另一种方法是减少有可能引起他人防备的语句。如果使用信息接收者认为是带有侮辱或贬低意义的词语，那么对方马上就会构建心理防线，正确的做法是避免冒犯任何人。

8. 有效利用电子邮件与即时通讯

可以考虑以下的建议：避免不加选择地发送信息，不要淹没了他人。尽量不要使用带有政治目的的电子邮件去向别人证明你对某个出现的问题毫无过错。电子邮件与即时通讯不应该被用来取代有关一些敏感话题的面对面交流，比如解决冲突或斥责另一个人。不要在进行决策前要求众人给你写电子邮件，养成优柔寡断的习惯，这样的举动会降低你作为信息发送者的可信度。避免使用电子邮件激怒他人（发送刺耳、狂暴的，有时是粗鄙的短信），这是一种不成熟的行为。

从积极的角度来讲，要尽可能多地回复电子邮件。如果你回复迅速，那么信息发送者就不会觉得你对他们的信息置之不理。

9. 尽量避免沟通超负荷

当人们对信息的吸收能力超负荷时，他们倾向于拒绝新的信息，学术上把这种情况称为"线路超载"。被信息压垮也会造成记忆紊乱，记忆里保留的有用信息将变得模糊。

可以通过如下方法来减少信息超载的痛苦，例如开始阅读之前，仔细地组织信息并对其进行有效分类，关注那些有助于你更好工作、更有效地学习、更多享受生活的信息。

10. 参与到闲谈与选择性的闲聊之中

有效利用闲谈与闲话有助于克服沟通障碍。闲谈的重要性在于它能帮助提高谈话技巧，拥有好的谈话技巧将促进人际交往。

11. 使用元沟通

即事先和他人交流你的沟通方式，从而帮助克服障碍或解决问题。如果你正试图与一位面带怒容的同事说话，你可以说："对于我们的谈话，你看上去很不安。现在是不是不太适合跟你谈重要的事情？"

运用非语言，以情感促进沟通

人与人之间一大部分的沟通是在非语言的层面发生的。非语言沟通是指使用语言之外的方式传递信息。这种信息有时伴随着语言信息一起产生，有时则单独产生。非语言沟通的最大目的是要传送信息背后的情感。

艾伯特·梅拉宾的一项被大量引用的研究生动地表现了非语言沟通的实用性。他统计出了沟通过程中所有 3 种要素的相对权重。我们的语言对于他人情感的影响只占 7%；我们的音调占了 38%；我们的面部表情占了 55%。

因此，非语言沟通对于情感含义的表达占了93%，如图11-2所示。这个著名的研究不应该被理解为93％的沟通是非语言的。它只是用来说明信息的不同要素对于他人情感的影响大小，并不意味着信息本身的内容不重要。

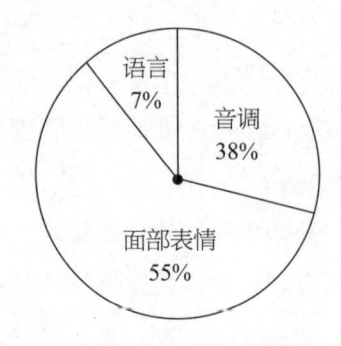

图 11-2 情感对于信息的影响

非语言沟通的传播模式有9种，具体如下：

1. 环境

传递信息所在的环境或背景将影响到信息的接收。假设你的主管邀请你外出午餐去讨论一个问题，你会觉得这比在公司的餐厅吃饭讨论的问题更为重要。环境中另外一些重要的无声信息包括房间的颜色、温度、灯光和家具摆放。例如，一个坐在整洁的大办公桌后面的人，要比一个坐在杂乱的小办公桌后面的人显得权力更大。

2. 人与人的距离

一个人的身体相对他人身体的定位经常被用来传递信息。大体上，身体与一个人接近就表示持积极态度，张开双臂环拥某人被认为是友好的举动。

3. 姿势

姿势传递着多种含义：站得笔直表明信息传递者很自信且心态积极；站姿懒散则会显得缺乏自信或心情沮丧。向他人倾斜暗示你很愿意接收他的消息，向后倾斜所表达的含义正好相反。双臂或双腿张开暗示着有兴趣或很关心；与不喜欢的人谈话时，人们通常采取封闭式的姿势——双臂交叉和两腿交叉。

4. 手势

频繁的手势表示了对他人的积极态度；相反，人们在厌恶或不感兴趣的时候通常不做手势。有一个明显的例外是，有些人在争论的时候会挥舞双手，有时则做出威胁的姿势。也有人说手势暗含了主导与服从的关系。主导者具有代表性的姿势是由里向外、朝向对方的，比如，坚定不移地凝视和触碰伙伴。顺从者的姿势通常是保护性的，例如触摸自己或耸动肩膀等。

5. 面部表情

如果将头部、面部及眼睛的动作一起配合使用，那么就能暗示对于交往的态度是积极还是消极。如果一个人不时仰起头，眼睛看着天花板，并配以严肃的神情，一般会向对方传递这样的信息："我怀疑你说的是不是真的。"保持与对方的眼神交流会促进人们的沟通，为了保持眼神交流，头部与脸部通常也必须跟着眼神一起动。如果头部和脸部转向其他地方，同时眼神也不注视对方，这通常被解读为有戒备心理或缺乏自信。

6. 语调

语调是指音调、音量、音质以及语速等方面。工作中频繁出现的3种情绪——愤怒、无聊和高兴——通常能通过音质进行辨认。当说话人的声音大、语速快、音调尖锐，声音起伏和发音清晰程度不太规则时，则显示出愤怒情绪。中等音量、音调和语速，音调没有起伏，则通常暗示无聊情绪。声音响亮、音调高亢、语速很快、激昂向上，并有节奏感，则通常表示高兴。但是单凭音质就下定论会出现很大失误，一位同事声音尖锐地对你说起项目的进展情况，这极有可能不是出于害怕，而是因为咽炎。

7. 对时间的使用

组织中非语言沟通的一种微妙形式是对时间的使用。职位高的人，如经理，通过让职位低的人等待来传递权威的信息；很少出现职位低的员工让职位高的经理等待的情况。雄心勃勃往上爬的人赴约时很少迟到；然而，高级官员开会也许会迟到，这种迟到象征着其十分重要或非常忙碌。看手表通常被解释为厌倦或坐立不安；然而在一个两人会谈中，如果职位高的人看手表,则可能是在说:"快点,你差不多已经用完了我留给你的时间。"

8. 个人外表

在与他人的沟通过程中,外表很重要。求职者在精心准备面试时都很重视这一方面的非语言沟通。人们对穿着得体、有吸引力的人会给予更多尊重和特权。穿着是否得体很大程度上要视情况而定:在一家信息技术公司,熨烫整齐的牛仔裤、时髦的 T 恤衫以及干净的运动鞋也许已是穿着得体;同样的服装穿到一家金融服务公司却很糟糕。

9. 用镜映来建立亲和感

一种用来与他人建立亲和感的非语言沟通形式是镜映,对他人的镜映是指精确地仿效他人。在建立亲和感的镜映技巧中,最为成功的是模仿他人的呼吸形态。如果你把自己的呼吸速率调整到与另一个人相一致,你将很快与此人建立亲和感。调整你的说话速度以适应你要建立亲和感的人是另一种镜映技巧:如果对方说话快,你也要说话快;如果对方说话慢,你就要减速。如果你试着跟说话速度完全不同的两个人同时建立亲和感,这种技巧就会让你不知所措了。

非语言信息有时会暗示问题的存在。例如,如果一位供应商在承诺交货日期时把脸转开且面色发红,也许就该怀疑这个日期是不切实际的。

含有问题的非语言信号有以下几种:

1. 压力

面无表情或假笑;姿势紧绷;手臂僵在一旁;动作生硬,例如突然转动眼睛,头迅速转动,紧张地轻叩双腿;言谈中情绪突然转变,从单调温和的回答转成活跃响亮的回答。

2. 沮丧

肩膀下垂;面部表情悲伤;讲话比平常要慢;手势减少;呼吸速率放慢;经常叹气。

3. 缺乏理解

皱眉;表情冷淡;不确定、无力地点头和微笑;一边的眉毛稍微扬起;

用不自然的语气说"好"或"我明白";转过脸时说"我懂了"。

4. 对敏感话题犹豫不决

头稍仰,眉毛微抬;舔嘴唇;眼神交互时深呼吸。

5. 以敌对顺从的形式表达不赞成

肢体或眼睛向下的举动,或两者都向下,类似于向权威人士鞠躬;闭上眼睛,手放在鼻子上,说"啊,不要!"

6. 说谎、欺诈与欺骗

可从细微之处识别虚假的微笑,尤其是眼部皱纹更像是鱼尾纹,而不是笑纹;相反,真实微笑的时候眼睛往往是弯曲的,并伴有常见的松弛表情。手指或脚不合时宜地叩击暗示着欺诈与欺骗;转动身体或其他任何突如其来的举动。无法保持眼神交流是信任度不高的标识。

7. 精疲力尽

打呵欠总是不礼貌的,即使你掩着嘴;同样一个呵欠也许暗示着疲劳,或者可能用来完成手头工作的动力不足,或力气耗尽了。

非语言沟常被错误地认为是辅助性角色。实则不然,准确而恰当地运用好非语言沟通,会在一定程度上克服沟通障碍,更利于把事情办成。

运用情商技巧,实现有效交流

人与人之间要想达成合作,交流是必不可少的。虽然很多人都在与别人进行不同程度的交流,但并非人人都会运用情商技巧,实现有效的交流。

我们先看两个事例:

两位程序设计师

两位电脑程序设计师介绍了他们工作的情况。他们为用户设计程序,以满足企业的迫切需求。一位设计师说:"我听客户说,他需要的是将所有数据都能放在一页里，程序的操作格式要简单。"于是，他遵照客户要求，从满足客户的需要出发来设计。

而另一位程序设计师似乎觉得那样做太麻烦。他不管用户的要求如何，以术语强调说："HP3000／30基础语言编程速度太慢，我用机器语言直接编程。"一句话，他注意的是机器，而不是人。

结果证明第一位程序设计师在工作中的表现绝佳，能设计出令客户称心如意的程序；第二位程序设计师在工作中表现平庸，实际上赶走了自己的顾客。第一位设计师显示出他的情感智商，另一位则是低情感智商的典型。

高情商的人更受欢迎

耶鲁大学发生过两个学生的故事。一个学生名叫佩恩，他才华横溢，富有创造性。但佩恩的问题在于他知道自己是个天才，结果正如一位教授评价的那样，他"令人难以置信的傲慢"。尽管他才思敏捷，却惹人讨厌，尤其是他的同学都很不喜欢他。不过，佩恩的考试成绩仍然科科名列前茅。毕业时，他成了抢手货，他所学领域的所有大公司都纷纷给他提供面试机会。至少从他的档案来看，他应是公司的首选对象。然而，佩恩的恃才自傲溢于言表。最后，他只能在一个二流的公司里谋得一份工作。

另一个学生名叫马特，与佩恩同一专业。他的学业成绩不如佩恩那样顶尖，但他却擅长与人交往，与他共事的人都喜欢他。在经过8次面试后，有7家公司决定聘用他。

两年后，佩恩丢掉第一份工作，而马特却正春风得意，事业顺利。

佩恩是低情感智商的典型，而马特则具有高情感智商，他能够巧妙地克服工作中遇到的障碍。高情感智商与认知能力结合，就能产生事半功倍的效果。工作中的佼佼者往往是两者兼而有之。越是复杂的工作，情感智商的影响越大。假如欠缺情感智商，就会妨碍人们运用他们的技术专长。学业的好坏只反映了一种基本能力，你需要凭它来进入某一领域。但这种学业能力不能使人成为明星、大师，情感智商对人们取得非凡成就才起着举足轻重的作用。

在沟通中，高情商的人都能克服跨文化沟通障碍，一般情况下有如下步骤：

1.敏锐地感知到跨文化沟通障碍的存在。在工作中，当你与一个来自不同文化背景的人打交道时，要请他给予反馈，这样可以使跨文化沟通的障碍减至最小。

2.对所有人员表示尊重。尊重的一大要点是承认其他文化与你的文化存在差异，但并不比你的文化低级。

3.使用简单的语言，放慢语速，清晰表达。当你的工作伙伴无法流利使用你的语言时，要用易于理解的方式说话。尽量少用你的语言所特有的成语和比喻。一位来自中国台湾的会计师和她的主管一起完成绩效评估以后被搞糊涂了。主管说："我会给你更多的任务，因为我注意到我们之间有一些很好的化学反应。"（他指的是融洽的工作氛围）这位女士没有试图问清楚，因为她不想表现得愚昧无知。

4.慢慢说也很重要，因为即使是对第二种语言的读写都达到专业水准的人来说，可能还是觉察不出谈话中的细微差别。与来自其他文化的人面对面交流也会增强你们沟通的效果，因为你的面部表情和其他肢体语言对沟通会有所帮助。

5.观察礼仪中的文化差异。如果冒犯了礼仪规则，并且没有做出任何解释，那么会马上造成沟通障碍。礼仪中的一大规则是，在许多国家，对地位高的人，除非一起工作了很长时间，否则人们只称呼其姓，而一般不会直呼其名。

高情商的人会成为更具说服力的沟通者，因为：

1.确切地知道你要什么

如果你已经在头脑中把一个想法想得非常透彻，那么你成功推销它的几率就能成倍增加。

2. 想好备选方案

如果无法说服对方接受你的初步提议，那么就要想好备选方案。如果 A 计划行不通，就转用 B 计划，再不行就用 C 计划。

3. 不要在尚未阐明其最终收益之前提议某个方案

如果要求加薪，你可以说："如果给我加薪，公司愿意我留多久我就能留多久。"

4. 按照他人的利益来规范你的提议措辞

人们如果明确了自己的收益，就更可能接受你的想法。几乎每位信息接收者都想知道："我能从中得到什么？"

5. 另外的建议还有：研究他人拒绝的理由

任何时候提问，都要说明你为什么要提问。尽早建立肯定回答的模式。使用具有影响力的语句。用数据支持结论。尽量减少"懦弱"的措辞。尽量减少常见的演说缺陷。

除了说之外，还要提高我们的倾听技巧。提高信息接收能力是培养更佳沟通技巧的另一个重要方面。

1. 做一名好的倾听者，首先要全神贯注，避免走神

更加专心倾听将提高倾听的效果，接收到更多的信息。在倾听的时候，要试着把分心的事情与顾虑抛到脑后；如果有来自外部的、让人分心的事情与顾虑，你也要忍住不受其干扰。简言之，好的倾听者要战胜分心。

2. 通过专心倾听以达到感受说话者情感的目的

这样做，你就能让信息发送者感觉到被理解与被接受。同样，如果你拒绝信息发送者的用语特征，而是重新措辞，就可能激发信息发送者的防御心理。

许多人在无法完成任务时，会说"我被困住了"。如果你这么回答："我能做点什么来帮你解困吗？"那么往往可以起到增进沟通效果的作用。但如果你这样回答："我能做点什么来帮你把问题想清楚吗？"对方就会被迫转换思维方式，也许还会对你设防。

3. 观察信息的非语言部分

例如，你可以从信息发送者的音调以及他的面部表情是否认真来判断其态度真诚与否。

4. 释义也很重要，即用自己的话重复对方的所说、所感与所指

刚开始进行释义的时候，你也许会觉得还不能灵活自如地运用。因此，你可以与让你觉得舒服的人进行一些练习。在经过一些练习后，释义将自然成为你沟通技巧中的一个重要部分。这里有一个如何进行释义的例子：

他人：这里的繁重工作真让我苦恼。我祈求大家动手把自己该做的事情做好。

你：你是说在我们团队里，你做的工作要比你应做的要多得多，是吗？

他人：当然。这就是我所想的我们应该要解决的问题。

好的倾听者会通过提问、点头表示赞同以及寻找共同点来鼓励对方。

电话与语音信箱的沟通技巧

- 接电话时，说出你的姓名与所在部门、团队或公司名称；
- 除非电话对方特别说明，否则确保只称呼其姓加职位；
- 语速适中，每分钟约 150~160 个字；
- 打电话时要面带微笑。你的微笑，对方能感知到；
- 练习好的倾听技巧，并在倾听的同时做好笔记；
- 使用快速且友好的语言来建立合作关系；
- 使用乐观、新潮的语言；
- 使用语音信箱。当你留言时，给出回复你电话的合适时间；
- 你在语音信箱或电话答录机上留下的问候语要有信息含量而且感觉友好；
- 留言时，清楚地说明你的姓名与电话号码，使对方能听清。

运用感情技巧，控制他人感情

高情商的人不仅能够控制自己的感情，还能够控制他人的感情。就像是在海洋里航行，高情商的人做的不仅仅是在海上掌舵，还需要设定航线，知道如何应对变化把自己的船停靠在遥远的陆地上。

我们先来看一个故事：

杰克·韦尔奇的故事

杰克·韦尔奇是通用电气公司的执行总裁，他为人很难对付，也许会被人认为是情商很低的领导者。尽管大家普遍这样认为，但是这种判断不完全正确。韦尔奇在通用电气公司长时间的任期内充分展现出了作为一名高情商领导者应具备的各种能力。尽管他因为粗鲁无礼、直言不讳、冲动的性格和有时看起来令人生厌的行为而出了名，但是韦尔奇却展现出了自己吸引人、激励人以及创造共享目标的能力。

韦尔奇在谈到自己和下属经理关于工作表现问题的讨论时说，他会提前给这些经理敲响警钟，不让他们走上危险的道路。他的直来直去的风格可以保证下属经理搞清楚问题出在哪里，需要做些什么来解决问题。如果工作问题迟迟得不到解决，那么那个经理就会丢掉饭碗。韦尔奇对他人的了解和苛刻的工作作风让下属经理们得到了其需要的信息，通过分析信息，他们可以预见到自己的职业未来和感情未来。正如韦尔奇所说："……让谁离开公司谁都不应该感到奇怪。在开除某个人之前，我都会和他谈至少两三次话来表达我的失望，并且给他们东山再起的机会……如果他会感到惊讶和失望，在第一次谈话中就早已经感觉到了，而不是在让他离开的时候才感觉到。"

韦尔奇讲到自己给爱尔梵协会作讲话时的一件事。爱尔梵协会是个精英级的社会组织，其成员都来自通用电气公司的管理层。韦尔奇被邀请到社团做嘉宾时冒失地说该社团是个时代的错误，根本没有存在的价值。毫无疑问，他的讲话没有得到大家热烈的欢迎。事实上"当我讲完话时，全场一片寂静，大家都惊呆了。在后来的一个小时中，我不停地在人群中穿梭并不住地微笑以缓和自己给他们的打击。但是，大家都没心情高兴起来。"

当然，任何有点情商的领导者都不会对这样的讲话导致的情绪而感到惊讶。韦尔奇到底知不知道自己在做什么，他有没有预见到在自己传递完想要传递的信息之后他人的反应。

实际上这个信息给了爱尔梵协会需要的"一剂良药"，因为这个社团真的病了。韦尔奇给它开出了药方，但是这种药却让病人感到疼痛。爱尔梵协会在韦尔奇那番话之后不久就进行了重组，而韦尔奇的话在现在看来确是一个警钟和挑战。社团成员听到了警钟的声音，于是站起来迎接挑战，使社团成为了对通用电气公司和社团成员都有重要意义的一个社区服务组织。

韦尔奇的某些行为从表面看来情商水平并不高，他在工作中的态度并不总是令人愉快或者让人获得鼓舞。但是，我们不得不佩服韦尔奇采取的行动或作出的决定所体现出来的感情技巧，至少它们都是四项感情技巧的组成部分。

在艰难的时刻进行管理就需要作出艰难的决定。如果你无法作出决定，如果你过于和蔼、无法处理消极感情和矛盾，你就可能成为一位在条件顺利时出色而在艰难时刻孤立无望的人。当你能够充分运用感情技巧，达到控制他人感情的目的，你离心中的目标就更近了一步，再难办的事也能办成。

> **韦尔奇处理事情的情商分析**
>
> - 判断感情：这个社团的情绪是自满、得意、开心；
> - 运用感情：整个社团目光短浅，他们主要将精力集中在内部事务和自己身上，没有看到全局；
> - 理解感情：替他们敲醒警钟可以使他们从自满的情绪中醒悟过来，他们可能会感到惊讶和气愤；
> - 控制感情：当他们醒悟过来的时候，他们自满的世界观就会受到挑战，这种感情上的不和谐可以激励他们成长、成熟。

打败拖延宿敌，成功近在眼前

拖延，即拖拖拉拉。有很多人已逐渐陷入拖延的漩涡，不可自拔。拖延是成功的大敌，拖延让你的梦想成空。只有拒绝拖延，才能提高你的效率。所以，凡事，只要你决定了就立刻去做，无须过分做准备工作。只有行动才是最真实的，任何伟大的设计和理想，其最终的实现必然要落到行动上。

大多数的人，在开始时都拥有很远大的梦想，但因为缺乏立即行动的个性，梦想开始萎缩，种种消极与不可能的思想衍生，甚至就此不敢再存任何梦想，过着随遇而安、乐于知命的平庸生活。这也是为何成功者总是少数的原因。

有的人能在瞬间果断地战胜拖延，积极主动地面对挑战，而有的人却深陷"拖延"的泥潭，自己被主动性和惰性拉来拉去，不知所措，无法定夺，时间就这样被一分一秒地浪费了。

美国历史上著名的总统林肯，小时候生长在偏远的乡村丛林边，他居住的一所地处旷野的简陋的小木屋，无窗无门，远离学校、教堂、铁路，那里没有报纸、图书，甚至连日常生活的必需品都很匮乏，更谈不上生活中的种种享受了。每天他必须步行几个小时到"邻近"的另一处简陋的学校里去念书，他必须在荒野中跋涉几十里才能借到一些他想看的书。然后，不顾一天的艰苦劳累，借着木柴的火光阅读。然而，林肯从不消极地等待机会，就是在这种严酷的生活环境中，造就了美国最伟大的总统。

很多时候，消极等待，是对生命的一种浪费；而拖延，则是成功的最大杀手。

很多人都有拖延的习惯。清晨，闹钟把你从睡梦中惊醒，想着自己所订的计划，同时却感受着被窝里的温暖。一边不断地对自己说该起床了，一边又不断地给自己寻找借口——再等一会儿。于是，在忐忑不安的挣扎之中，又躺了5分钟，甚至10分钟。

有一个幽默大师曾说："每天最大的困难是离开温暖的被窝走到冰冷的房间。"他说得不错。当你躺在床上认为起床是件不愉快的事时，它就真的变成一件困难的事了。即使简单的起床动作——把棉被掀开，同时把脚伸到地上的自动反应——都可以击退你的恐惧。

那些大有作为的人物都不会等到精神好的时候才去做事，而是推动自己的精神去做事。

"现在"这个词对成功的妙用无穷，而用"明天""下个星期""以后""将来某个时候"或"有一天"，往往就是"永远做不到"的同义词。有很多好计划没有实现，只是因为应该说"我现在就去做，马上开始"的时候，却说"我将来有一天会开始去做"。

理查德和罗恩是从同一个地方考到大学来的，他们住在同一间寝室里，两个人的感情非常好。他们约定，一定要一起读到博士研究生。

大学毕业的时候，两个人分别去了两处待遇非常优越的公司。其中理查德仍然坚持读书，准备应考，罗恩却认为应该工作几年，等有了一些积蓄再说。

过了几年，理查德考取了硕士研究生，罗恩也薄有资产。两人见面时，说起当年的理想，理查德劝罗恩继续读书，可是罗恩说，等结了婚再说吧！

又过了几年，理查德博士毕业后，去了国外。

又过了几年，理查德学成归来，在一所知名的大学里当上了博士生导师，成为这所大学里的学术带头人。

而罗恩呢，还在从前那家公司十年如一日地工作着，早就失去了继续深造的勇气。

理查德非常痛心地说，罗恩很聪明，如果是他们两个人一起读书的话，今天成为学科带头人的一定是他，而不是自己。

我们要想尽一切办法不去拖延。最好的办法是逼迫法，也就是在知道自己要做一件事的同时，立即让自己动手，绝不给自己留一秒钟的思考余地。

人人都认为储蓄是件好事。虽然它很好，但是并不表示人人都会依据有系统的储蓄计划去做。许多人都想要储蓄，但不是每个人都能真正做到。这里是一对年轻夫妇的储蓄经历。

毕尔先生每个月的收入是1000美元，但是每个月的开销也要1000美元，收支刚好相抵。夫妇俩都很想储蓄，但是往往会找些理由使他们无法开始。他们说了好几年："加薪以后马上开始存钱""分期付款还清以后就要……""渡过这次困难以后就要……""下个月就要……""明年就要开始存钱。"

最后还是他太太珍妮不想再拖。她对毕尔说："你好好想想看，到底要不要存钱？"毕尔说："当然要啊！但是现在省不下来呀！"

珍妮这一次下决心了。她接着说："我们想要存钱已经想了好几年，由于一直认为省不下，才一直没有储蓄，从现在开始要认为我们可以储蓄。我今天看到一个广告说，如果每个月存100美元，15年后就有18000美元，外加6600美元的利息。广告又说，'先存钱，再花钱'比'先花钱，再存钱'容易得多。如果你真想储蓄，就把薪水的10%存起来，不可移作他用。我们说不定要靠饼干和牛奶过到月底，只要我们真的那么做，一定可以办到。"

他们为了存钱，起先几个月当然吃尽了苦头，尽量节省，才留出这笔预算。

现在他们觉得"存钱跟花钱一样好玩"。

想不想写信给一个朋友？如果想，现在就去写；有没有想到一个对于生意大有帮助的计划？马上就开始；如果你时时想到"现在"，就会完成许多事情，如果常想"将来有一天"或"将来什么时候"，那就一事无成。

梦想是成功的起跑线，决心则是起跑时的枪声。行动犹如跑步者全力的奔驰，唯有坚持到最后一秒的，方能获得成功的锦标。

生命中的每一分钟都将一去不复返，都将弥足珍贵。因此，我们必须拒绝拖延，提高效率，保证有限的生命活出最好的质量。

明明任务就摆在眼前，已经看得见上司"催债"的嘴脸；明明只要轻轻抬手拨个电话、一点传真发封邮件，"再等等，就一下下"的心情依然支配了所有的行动。于是，天亮了又黑，"死期"将近，在渐渐沮丧的心情中，潜能的"小宇宙"却逼近爆发的边缘———名拖延症患者诞生了。

"拖延"的特点有：①抗拒压力。因为每天压力很大，所以要做的事情一直被拖下来。②没有自信。每次完成任务都达不到自己最高的能力，对自我能力的评估会越来越低。③操控别人。他们着急也没用，一切都要等我到了才能开始。④受害者心态。我也不知道自己怎么会这样，别人能做的自己做不到。⑤"我太忙"。我一直拖着没做因为我一直很忙。⑥顽固。你催我也没用，我准备好了自然会开始做。

拖延，只会让目标遥遥无期，只会让他人领先。

当今社会是一个分秒必争的时代！美国上班族的午餐，都已经在办公室匆忙解决了，"有空再谈"已经成为他们在这股横扫全球的高效率风浪中的口头禅。但是，不少在商界做老总的朋友告诉我一个事实——很多本来可以优秀的员工，却在拖延的浪涛中被淘汰。

这个问题已经在世界上许多大公司绝迹，秉持"拒绝拖延"理念的美国埃克森·美孚石油公司就是其中一例。当然，"拒绝拖延"也是沃尔玛、通用汽车、德国电信、苏黎世金融服务、英特尔等知名大公司严格执行的员工行为准则。埃克森·美孚石油公司跃升为全球利润最高的公司，不仅是因为埃克森公司和美孚携手合作，更是因为它拥有一支绝不拖延的员工队伍。这家公司的实践再次告诉我们，"员工克服拖延的毛病，培养一种简便多效的工作风格，可以使公司的绩效迅速提升，使每一位员工的工作及生命都富有价值"。

感觉自己"不忙碌"，就代表我们的"重要性"不够；我们感觉工作很多，实际上大部分时间都在打岔走神；拖延，不给自己的时间做主，那么，我们的时间就会沦为任何人、任何事都可以随意占有的"公共资源"；任何憧憬、理想的计划，都会在拖延中落空；过分的谨慎与缺乏自信都是工作的大忌。立即执行，便会感到简单而快乐，拖延，便会感到艰辛而痛苦；拖延的习惯会消灭人的创造力；把今天的工作拖到以后去做，所耗去的时间和精力其实可以把今天的工作做好；慢工可以出细活，十年可以磨一剑，但是，一个美女也会在无休止的拖延中变成老太婆。

避免拖延的唯一方法就是随时主动地工作，和拖延症战斗。已经有了不少关于拖延的研究，提供了很多可借鉴的办法。比如，记录自己的拖延、制订合理的计划、奖励自己的不拖延、说服自己开始工作、哪怕只工作5分钟等。专家认为，要解决拖延问题，最重要的或许是不要一开始就指望根除它，而要把拖延作为自己的一部分从心理上接纳，不至于气馁下来半途而废。要与拖延战斗，耐心、宽容和坚持，三者都非常重要。

与其费尽心思地把今天可以完成的任务千方百计地拖到明天，还不如用这些精力把工作做完。而任务拖得越往后就越难以完成，做事的态度就越是勉强。在心情愉快或热情高涨时可以完成的工作，被推迟几天或几个星期后，就会变成苦不堪言的负担。在收到信件时没有马上回复，以后再拾起来回信就没那么容易了。

许多大公司都有这样的制度：所有信件都必须当天回复。

当机立断常常可以避免做事情的乏味和无趣。拖延则通常意味着逃避，其结果往往就是不了了之。做事情就像春天播种一样，如果没有在适当的季节行动，以后就没有合适的时机了。无论夏天有多长，也无法使春天被耽搁的事情得以完成。某颗星的运转即使仅仅晚了1秒，它也会使整个宇宙陷入混乱，后果不堪设想。

"没有任何时刻像现在这样重要，"爱尔兰女作家玛丽·埃及奇沃斯说，"不仅如此，没有现在这一刻，任何时间都不会存在。没有任何一种力量或能量不是在现在这一刻发挥着作用。如果一个人没有趁着热情高昂的时候采取果断的行动，以后他就再也没有实现这些愿望的可能了。所有的希望都会消磨，都会淹没在日常生活的琐碎忙碌中，或者会在懒散消沉中流逝。"

真理都是简单的，但也正因为简单而常常被人们忽视。也许有人会说，在合适的时候，拖延一下也是很有好处的。例如，在疲倦、沮丧或者愤怒的时候，中断工作比勉强继续的效果好，在没有足够的条件来完成某项工作的时候，暂时搁置等待条件的成熟；在有更重要的事情需要处理时，分清轻重缓急是有必要的；在准备应对危机却感觉很糟糕的时候，暂停应对以进一步做好准备，说不定就会柳暗花明。

实际上拒绝拖延并没有对合理的等待提出异议，它也相信优秀的员工都不会以此为拖延寻找借口，不会因此逃避真正需要马上执行的工作。

但时间一旦消逝永不回头，我们应该想想自己的生命大约还剩下多少时间，立即拒绝拖延，提升工作效率，从而给自己腾出更多的私人时间，在这个竞争激烈、迅速变迁的世界享受工作，享受人生。

所以，凡事只要方向正确，决定了就要立刻去做。只有将拖延从你的思想中赶走，成功才会向你招手。

忍住难忍之气，成就难成之事

对某些不公平的事不理会、不计较，并不是窝囊，而是一种宽宏大量。懂得遇事先忍一忍的人，无疑是成熟和明智的人。忍一时者谋全局。

西汉名将韩信年轻的时候，有两种爱好，一是钓鱼，一是剑。有一天，韩信带着一把长剑走在街上，忽然，一群无赖挡在了他的面前，其中一个对他说："别看你带着剑，其实是胆小鬼一个，如果你有能耐的话，就把我杀了，如果你没有能耐，就从我裤裆下钻过去。"说罢，叉开双腿等韩信来钻，这群无赖哈哈大笑。韩信顿时火冒三丈，真想一剑刺死这个家伙，但他咬了咬牙，冷静下来，想了想，还是从无赖的裤裆下钻了过去。

　　这就是著名的"胯下之辱"的故事，俗话说"士可杀不可辱"，韩信为什么能忍受这样的奇耻大辱呢？对此，韩信后来说："我当时并不是怕他，而是没有道理杀他，如果杀了他，也就不会有我的今天了。"作为叱咤风云的一代名将，韩信的确不是胆小鬼，试想一下，如果韩信一剑刺死无赖，就难逃一死，哪有日后百战百胜的韩大将军呢？因此忍让不是窝囊，我们要像韩信那样"忍小忿而就大谋"，这才是大智大勇的表现。

　　忍耐不是麻木不仁，不是懦弱窝囊，相反，它更需要自信和坚韧的品格。能以牺牲自己的小利而保全大局，善于从容退让，这不是窝囊，而是大公无私；对他人的小过失不理会、不计较，这不是窝囊，而是宽宏大量；失败后，能忍受暂时的屈辱，在暗地里默默积蓄力量，这更不是窝囊，而是忍辱负重。能做到这些，才是真正的男子汉大丈夫。"将军额上可跑马，宰相肚里能撑船"，古往今来，那些最终成就大事的帝王将相，每一个人或多或少都有过忍让的经历。

　　唐朝的娄师德为人深沉，气度宏阔，有极强的忍耐力。他的弟弟做州守被罢官免职后非常恼火，娄师德劝他弟弟说："你要学会忍让，不要因自己被罢官，就大发雷霆。"他弟弟说："别人把唾沫吐到我脸上，我自己擦干总算行了吧？"娄师德说："不可以，你自己把别人吐到你脸上的唾沫擦干了，会更加引起吐你人的气愤，你要让他自己干了。"娄师德靠这种忍让，得到了武则天的欣赏，官居宰相之位。

能包容一切、忍耐一切，必能改变一切、克服一切。当环境所迫或者与人发生矛盾和冲突时，有理智的人总会保持清醒的头脑，对自己有克制，忍让忍让再忍让，一直忍到苦尽甘来的时候。

从容不迫应对，化干戈为玉帛

证严法师曾说："一般人常说，要争一口气，其实，真正有功夫的人，是把这口气咽下去。"人只看得见别人的过错，看不见自己的缺失，面对别人的指责，也常不加自省，反倒以恶言相向来掩饰自己的心虚。

不中听的话是一把锐利的剑，可以刺穿你的心脏，但是你也可以伸手握住它，使它成为你的利器。

言者无意，听者有心，一切在于你如何用心来面对人生的挫折，你可以反驳别人的批评，斥责别人的无知，但这样并不会使你在别人心目中的地位提高，反而得不偿失。只有痛定思痛、反求诸己的人，才可以化干戈为玉帛。

麦金莱任美国总统时，因一项人事调动而遭到许多议员政客的强烈指责。在接受代表质询时，一位国会议员脾气暴躁、粗声粗气地给总统一顿难堪的讥骂。但麦金莱却若无其事地一声不吭，听凭这位议员大放厥词，然后用极其委婉的口气说："你现在怒气该平和了吧？照理你是没有权利责问我的，但现在我仍愿意详细解释给你听……"说罢，那位气势汹汹的议员只得羞愧地低下了头。

遭到别人的指责和抱怨的事常可碰到。遭人指责抱怨，是件极不愉快的事，有时会使人觉得很尴尬，尤其是在大庭广众面前受到指责，更是不堪忍受。但从提高一个人的处世修养角度讲，无论你遇到哪种情况的指责，都应该从容不迫，对者有则改之，错者加以耐心解释，泰然处之。为摆脱因指责而气愤的尴尬局面，不妨采纳心理学家提出的以下建议。

1. 保持冷静

被人指责总是不愉快的，面对使你十分难堪的指责时，要保持冷静，最好暂时能忍耐住，并做出乐于倾听的表示，不管你是否赞同，都要待听完后再作分辩。因对方的一两句刺耳的话，就按捺不住，激动起来，硬碰硬，不仅解决不了问题，还易将问题搞僵，将主动变为被动。

2. 让对方亮明观点

有些指责者在指责别人时，往往似是而非，含糊其词，结果使人不知所云。这时，你可向对方提出讲清问题的要求，态度要和气，如"你说我蠢，我究竟蠢在哪里"或者"我到底干了什么傻事"，以便搞清对方究竟指责和抱怨你什么，让对方及时亮明自己的观点和看法。这一策略往往能有效地制止指责者对你的攻击，并能将原来的攻防关系转变为彼此合作、互相尊重的关系，使双方把注意力转向共同感兴趣的问题。

3. 消除对方的怒气

受到指责，特别是在你确实有责任时，你不妨认真倾听或表示同意对方对你的看法，不要计较对方的态度好坏，这样，指责完毕，气也消了一半。即使当你确信对方的指责纯属无稽之谈时，也要对其表示赞同，或者暂时认为对方的指责是可以理解的。这会使对方无力再对你进行攻击；相反，你却可以获得更多的机会和时间进行解释，从而消释对方的怒气，使隔膜、猜疑、埋怨和互不信任的坚冰得以化解。

4. 平静地给恶意中伤者以回击

也许，大多数指责者并不是出于恶意而指责别人的。但是，在现实生活中，确有极少数人为了其个人目的而对他人进行恶意中伤的。对于这样的寻衅挑战者，应该坚定地表示自己的态度，不能迁就忍耐，更不能宽容而不予回击，但应注意态度，以柔克刚。这样，会使你显得更有气魄，更有力量。

如何提高忍耐力

- 加强思想品德修养；
- 提高自身文化素养；
- 随时稳定自己情绪；
- 强化自我意识，遇事要沉着冷静；
- 一边加强学习，一边投入实践；
- 要强化自己的意志力量，对奋斗目标要有高度的自觉；
- 当需要不能同时兼顾时，抑制一些不可能实现的需要；
- 经常思考，增强预见性，这样才能在关键时刻及时、果断作出选择。

Part12　把情商用起来，没有销售不出的产品

很多业务员都在寻找销售秘籍，想尽快搞定客户，其实最好的销售秘籍就是做一个高情商的销售人。销售就是要玩转情商，无论是销售小兵还是销售总监，都需要明白这个道理：只有提升自己的销售软技巧，你的销售事业才会节节攀高。

历练职业悟性，以情感带动销售

智商、情商都可以表现在悟性上，对形势的认识和判断往往可以看出一个成功销售员的智商与情商。古井集团的王效金堪称业界典范。

王效金，经济学研究生毕业，高级经济师，全国优秀企业家，中国经营大师，安徽古井集团董事长，安徽古井贡酒股份有限公司董事长、总经理，1989年引发一场震惊全国的"白酒革命"，人称"中国酒界第一人""经营怪杰"。在这些成绩和荣誉的背后，有许多耐人寻味的地方，只要认真发掘，一定能找到我们需要的东西。其中，我们可以从这位领导的经营策略中学到一些东西。

王效金的悟性很高，在白酒非常紧俏的情况下，古井的生产规模就在短时间内提升了几个层次。实现了规模生产、规模经营、规模效益，因此可以讲他们超前了一步。看得远，看得深了。但是等扩大投资完成后，还没有喘口气，他就碰到一个难题，那就是1989年白酒市场的萧条。一下子所有的酒都滞销了。该如何将产品销售出去成了他最大的难题。

经过反复思考，王效金认定，这不是市场原因，不能以一时的波折而否定整个白酒市场的兴旺。后来他们打出了三招："降度降价、负债经营、保值销售"。结果古井成为1989年全国名酒厂里唯一没有滑坡的厂，那一年他们的利税还增长了3%。1989年的治理整顿，提供了一个全国白酒行业普遍萧条的契机，使古井迅速在全国扩大了自己的市场份额，前几年规模生产积聚的能量一下子释放了出来。带来了从1990年到1996年连续6年的高速增长阶段。那时候的速度是一年翻一番，每年利税净增1个亿。可以说，1989年的治理整顿使古井扫清了市场障碍，但前提是规模生产和规模经营。企业完成了第一次跨越，就是从生产型的企业转向生产、销售型的企业。于是在企业积累了大量的资本后，开始进入资本经营。

于是，在以前的积累上，古井开始走向另一条路，也就是由生产经营型走向生产经营与资本经营并重型。我们称之为古井的第二次历史性跨越。王效金的眼光看得更长远了，1990年末他又提出再一次扩建生产规模，目标是10000吨。虽然酒的市场很大，但扩建的风险也很大，而且仅靠自有资金在扩建速度上很慢。1990年的市场机会很好，但这种机会稍纵即逝，如果一步步从土建到厂房、设备、再到生产出酒，时间有些不等人，于是王效金开始了资本扩张的第一步，收购了周边的乡镇企业，形成了古井目前的生产规模。

我们发现，古井的两次扩张都属于超前一步，而不是等到机会到你身边的时候才开始扩张。现在企业的扩张，不管是企业行为、政府行为还是市场行为，都是等到形势逼得企业不扩张不行的时候才扩张，不过那时候就晚了。古井这样超前决策，超前扩张是基于对市场的判断，本身的确带有一定的风险，但回报与风险是并存的，没有风险当然也就不会有高额回报。这就需要领导的眼界与胆识了。

有些人问过王效金在投资的时候靠什么来把握，他说："靠第六感觉，靠直觉判断"，事实上这个第六感觉的形成，是知识与经验长期积累而成的，那就是一个成功商人对市场的悟性。王效金的经验之谈就是：我们在接触一个项目后，先要有一个直观的判断，之后再从定性到定量作个分析，如果定量的结果和你的感觉是一致的，那么这个项目就能做得好。如果有差距，就需要整合方案，把风险控制到最小的程度。

能够建设性地使用一些相关的情商技能，让你与每一个客户的交往变得积极、愉悦和富有成效。在此过程中，每一次的机会都能使你的能力得到更全面的发展，使自我实现的水平更高。

准确运用感情，打动客户心坎

现实生活中，我们无论做什么事都离不开特定的情境，比如购物、推销、展会等。这就需要人们在不同的情境中，准确地拿捏自己的情感。作为销售人员，应该学会在不同的情境运用不同的感情，从而打动客户，达到销售目的。

有效运用感情的能力从一定意义上说是创造性思维的基础。当人们能够进入或者离开某种感情状态时，就会从不同的角度看待事物，这些角度的变化往往可以形成看待世界的不用方式。

能够运用感情推动思考的含义是什么？具备这一能力的人可以用表12-1，A栏来描述，相反的一类人往往用B栏中的陈述来形容。

表 12-1　运用感情的能力描述

A 栏：熟练	B 栏：不熟练
有创造力的思考者	注重实际、具体的事务
能够激励他人	不激励他人
当感情比较强烈时，将注意力集中在重要的问题上	心情不好时往往会忘记重要的事情
认为感情可以提高思维水平	感情较为单一，容易转移
可以体会他人的感受	感情完全集中在自己的身上，不会受到他人感情的影响
感情可以为信念和观点提供信息，也可以改变他们	感情无法改变信念和观点

让我们来观察一下这两种人，看看哪一栏描述的类型更好一些。

李焕森在市场营销部门工作，但事实上，她的工作重点更多的是集中在销售而不是营销上。李焕森具备熟练的社交技能和分析能力，为人聪慧，是个乐观的人；她还很善于表达自己的感情，同时也表现出了敏锐的洞察力。但是，面对消极的感情时，她表现得就不一样了。当对话的内容涉及这些消极感情时，她就会变得惴惴不安并且马上转换话题，她要努力使自己表现得很开心，很愉快。

李焕森的另外一个方面也让人感到惊讶：她没有创造性的思维和新观点。她做事脚踏实地，注重实际和具体的事情，不重视想象力的作用。在那些有强烈同情心和深刻见解的人看来，李焕森对那些她认为是"爱埋怨的人"和"投诉者"的人没有给予很多的理解。她认为那些人没有理由只注意生活中的消极方面。

李焕森运用感情推动思考的能力很弱。她不想（也许没有能力）激发感情并利用感情推动其思考问题、加工信息、作出决定或者理解他人的处境。这对李焕森和像她一样的经理人来说也许并不是致命的缺陷，但是，逃避感情往往反映出一个人思维模式的僵化。

朱莉娅在父亲创建的公司做金融分析工作。她的事业与其说是"选择"来的不如说是家族需要。她的父亲孜孜不倦地培养这个独生女,想让她作为公司的继承人,做金融分析工作就是她进父亲公司前积累必须的实际工作经验的第一步。

然而朱莉娅感到自己的事业并不那么尽如人意,她的事业中似乎缺少点什么,朱莉娅也决心找到自己到底缺少什么。她兴趣广泛,为人热情。公司虽然满足了她的某种需要,但是,工作范围却相当狭窄。她需要一块更大的画布绘制自己的职业蓝图。

听朱莉娅谈论工作、同事和自己的想法十分让人着迷。她想象力十分丰富,并且富有同情心,容易与他人产生共鸣。她能够真正体会他人的感受,并且能够将别人的感情经历和自己的感情很好地联系起来。她将这些感情融入了自己的思维,于是便产生了创造力极强、有深刻见解的观点。

几个月以后,她被一家刚刚起步的公司雇用。这次,朱莉娅没有做金融分析员,她在营销和新产品开发部门担任副经理,这个职位为她提供了发挥创造力的机会。

我们不应将感情视为不速之客,相反应该将感情看作是思维和认知的重要组成部分,因为感情可以提高我们的思维水平。

快乐这种感情可以帮助我们萌发新观点,促使我们产生新的思维方式,探索事情的可能性。快乐就是拥有梦想并实现梦想。

快乐可以帮助我们更好地利用归纳推理解决问题,这些问题往往是我们遇到了一个普遍的问题、需要找到可能解决办法的时候出现的。

如果我们处在快乐的感情中,解决问题的创造力就会提高。快乐的人往往会牢记过去的事情,并把这当作是快乐的回忆。心情愉快也可以使人们感觉更慷慨、仁慈、友善。人处在积极的感情中时,决策的能力也会相应提高。这意味着积极的感情状态可以帮助我们产生更多的新观点和新选择。

处在积极感情中的人更倾向于依靠全面的知识结构。快乐的人比那些不快乐的人更倾向于搜集信息，更多地依靠总体的计划而不是细枝末节的东西。

但是，快乐的感情也存在不好的一面。它们常常在解决问题时导致较多错误。快乐的感情一般可以说明我们做得已经很好了，或者已经成功了。因此，我们就有可能认为工作已经完成，于是停止更深入解决问题的努力。

不同的感情推动思维的作用不同

李文强来到单位时面带微笑，兴高采烈。他刚坐下来，老板走了过来，让他看一看下一年度的部门预算。李文强很高兴地答应了，并承诺马上就做好。他一页一页地浏览着预算表中的每个数字，工作效率很高。预算表中确实存在着某些错误，他把错误的地方圈点出来，并在空白处作了改正。

第二天，预算被作了修改，并准备呈交给公司办公室。这份文件十分重要，于是老板决定让李文强再最后看一次以确保所有的错误都得到了改正。李文强慢慢地走进了办公室，心情有些不愉快。"发生了什么事？"老板问道。李文强微微一笑回答说："没什么，我很好。"他并不是情绪沮丧，但是，他确实是处在一种消极的情绪之中，尽管表现得不是很明显。李文强走进办公室，很从容地检查预算的终稿。他检查了第一次的修改之后，又看了看专栏部分，他惊讶地发现了另外一处错误，那是他上次没有发现的。于是，他重新回到预算的开始部分，仔仔细细地分析了每一行的预算数字。最后，他一共发现了五处错误，其中两处错误相当关键。

为什么李文强在第二次检查预算的时候做得更好了呢？是因为这次他更熟悉预算了吗？这种可能性并不大，因为当你熟悉某种事物时，你就有可能较少注意细节。唯一的不同在于李文强第一天情绪较为积极，而第二天则稍微有些消极。这一事例告诉我们，不同的感情推动思维的作用也不同。

人害怕的时候就会十分小心。害怕的时候，我们的感官就会更灵敏，肾上腺素会遍布全身。我们被全面调动了起来，随时准备行动。害怕会促使我们在遇到危险时努力逃脱。害怕不是令人愉快的感觉，但是轻微的害怕也许是有所裨益的。当所有人、所有事都不值得信任时，害怕会使我们进入一种思维模式。如果利用的适当，害怕还可以让我们对过去的推断进行重新思考，在陈旧的事物中发现新东西。

悲伤可以帮助我们解决演绎推理性的问题。当我们需要集中注意力在细节问题上或者在一系列事实中找错误时，我们就会遇到演绎推理性的问题。

生活经历会告诉我们从失败中学到的东西比在成功中学到的多，因为失败可以使我们在一定程度上失望或悲伤，我们可以看到自己的不足，找到从前没有注意的问题。同时，只有失败带来的悲伤情绪得到理智的运用时，失败才有可能成为有益的事情。

气愤会使我们的视野和世界观变得狭隘，把我们的注意力和精力集中在我们所认为的危险事情上。气愤有时也可以在必要的时候为我们注入能量，使我们有勇气纠正错误，对周围不公正的事情做出反应。

达尔文说的好："在发生出乎意料的或者未知的事情时，惊讶就会产生。我们感到惊讶时，会很自然地想尽快找到事情产生的原因；于是，我们会睁大眼睛，视野也就跟着扩大，眼球会很轻松地向任何方向移动。"

当意外的事情发生时，惊讶的感情会重新定位我们的注意力。我们的自满情绪被冲淡了，于是我们要全神贯注地倾听或者观察事情的新动向。

正因为思维和感情紧密相连，所以擅长运用感情推动思维的人更擅长激励别人。这些人凭直觉会知道什么可以鼓舞人、激励人、打动人。这就是管理和领导的本质所在，上述技巧是管理和领导的重要的感情组成。正如领导的定义中所指出的："领导关注组织运行中感情的作用，为管理工作注入生命和意义，并使其始终保持下去。"

内科医师往往被人们视为最理性的人。他们数年来的医疗训练无论从科学上还是学术上都是十分严格的。当然，他们是最不容易被瞬间的感情所影响的一类人群。然而，康奈尔大学的心理学家艾丽丝·爱森却发现情况并不完全如此。在实验中，她分别给那些学医的学生和医生每人一个小礼物，结果，他们作出诊断的速度更快，而且更准确。同时让人们感到有趣的是，这些"心情好"的医生诊断时往往提出了有利于病人治疗的建议，也提供了更多的咨询。

那么，认知的决策过程是如何被一个看似不合理的原因所影响的呢？专家认为，不管送出的礼物有多轻，它都会引起快乐的、积极的感情。当人们的感情相对积极时，他们更有可能表现得慷慨大方、乐于助人。同时，积极的感情也有利于更具创造力地解决问题，这也许就是医生为什么会做出更加准确的医疗诊断的原因。

我们的记忆也是和感情紧密相连的。例如，在进行测验的时候，你当时的感觉是否重要呢？事实上，重要的是进行测验时的感受要与学习测试材料时的感受保持一致。当我们记忆信息的时候，如果心情与首次获取信息时的心情保持一致，那么这些信息往往会被记得更清楚。这种现象被称作心境一致记忆。其实，这种关系十分直接：如果你在获取新信息的时候处于一种积极的情绪之中，那么当你需要使用这些信息的时候保持积极的情绪是很有帮助的。

对于那些富于感情的记忆，这种结果似乎表现得更加明显。一般来说，这些富含感情元素的记忆往往更容易回忆起来，而且间隔时间很长的情况下也不例外，感情不太强烈的事情就不那么容易回忆起来。

感情不仅包含着重要的信息和数据，而且还可以将我们的注意力集中在周围环境中比较重要的事情上。当我们感到害怕的时候，我们就会从周围的环境中寻找可能存在的危险。当我们开心的时候，我们的能量和注意力就会得到释放，于是我们就会大胆地探索周围的世界，寻找新的发现。

假如你正在上班的路上，你感到有些忧虑，也有点紧张，但并不确定自己是因为什么而感到不安。你开始想放在公文包里的预算数据表，那是到办公室以后要交给内部审计的。你心不在焉地挪开公文包里的手提电脑，重新审视那张数据表，看到第二页上有一个明显的错误。这时，你虽然感到紧张，但却精力充沛。你会把所有注意力都集中在这件事情上，认真检查每一行的每一个数字。你重新进入了运算过程，计算每一个数字是否有误。在这一过程中，你又发现并纠正了一处较小的错误。突然，你意识到车停了，你已经到站了。你一手抓起提包，一手拿着外衣及时地冲出了车门……

虽然紧张和忧虑会着实让你感到痛苦，但是，这些感情却可以得到有效的运用。它将你的思维集中在了极为重要的任务上，帮助你注意细节，并且可以帮助你寻找错误。从而准确运用自己的感情，从心打动别人。

引发情感共鸣，创造销售契机

一些顶级销售员都具备超高的情商，无论什么产品，他们总能想出办法将产品推销出去。这是因为，他们能够准确地判断客户的心思，了解和掌握了感情和思维之间规律。

高情商的人都能够准确地判断感情，了解感情和思维之间的规律，并且能够使感情与场合匹配起来。如果感情和场合没有匹配起来，那么该怎么办呢？

首先放松。放松可以让你变得无拘无束、灵活自如。无拘无束是改变情绪的关键，这样可以让你改变自己的行为和做事风格以便进入特定状态和心态。

其次提高想象力。当你变得更善于接受事物时，你就可以利用想象或者其他类似技巧产生各种各样的情绪和感情了。也许这很有趣，但是这样做的目的是产生不同的情绪以便能够产生不同的思维方式。然后，我们才能够产生有创造力的想法，感受他人的感觉（如共鸣）或者转换看问题的角度等等。

开发想象力还需要一个步骤：将适当的身体感觉融入想象之中——你试图产生的那种感情应该有的感觉。

首先，你要知道不同的感情都是怎样的。一种感情也是一种身体感觉，例如温暖、心跳和呼吸。将感觉和感情联系起来有利于我们找到一种更简单、更准确的产生感情的方法。试着体会与一些基本感情相关的感觉（见表12-2）。

表12-2 感情和感觉

感情	呼吸	心跳	肌肉	温度	位置
害怕	加快	加快	紧张	冷	腹部
气愤	浅而短	加快	嘴部紧张	热	全身
悲伤	低沉	减慢	放松	冷	胸部
快乐	减慢	微增	放松	暖	胸部

这是训练感觉的起点。你可以从关注和提高感情意识开始做起，接着你要判断伴随感情产生的感觉。

如何才能培养感情想象力？下面的练习会帮助你学习这项重要技巧。

1. 选择一种你希望产生的感情，然后考虑你曾经经历过这种感情的场景。如果想不起来一件具体的事情，也许下面的问题会起一些作用。

悲伤：你丢了价值不菲的东西。

气愤：你受到了不公平的待遇。

害怕：你担心糟糕的事情要发生。

惊讶：意料之外的事情刚刚发生。

快乐：你得到了非常想要的东西。

2. 回忆当时的情形。考虑当时的情况是怎样的？相关的人有哪些？在头脑中勾勒当时的情景。如果你想不起来，想想其他的场景。最好是近来发生的，容易回忆起来的。

3. 体会当时的感觉，特别是伴随感情出现的身体感觉。

悲伤——天很冷，你感到你的心情很沉重，步履艰难，好像是脚上裹着重物一样。你略为蜷缩着身体。你的周围看起来一片漆黑。你在试着分辨不同的形状,好像在迷雾中一样。你的呼吸很慢,也很深。呼气的时候,你发出一种低沉的悲叹声。你低垂着头,嘴巴微微张着。

害怕——你的周围一片寂静,空气似乎已经凝滞了。要发生什么事情了,但是你又不确定会发生什么。你的所有肌肉都紧张了起来,你站着一动不动。你的心在怦怦地跳动,脸色渐渐变得苍白,嘴巴也干燥起来。

爱——一股暖流流进了你的全身。你禁不住笑了。你似乎发射出了一缕光芒,你确信所有看见你的人都知道你心中充满了快乐、激情和希望。你的心跳有些加速,整个世界都是绚烂多彩的。

气愤——你紧紧地咬着牙,凝神盯住那个人。你握紧双手又分开,一只手拍打着另外一只。你感到全身充满了热量,心跳开始加速。你紧皱着眉头,嘴角下拉,嘴唇和肩膀都紧张了起来。

快乐——你感觉很不错,很温暖,不是热,而是安全、满足。你感觉身体浮了起来,就像躺在盛满温泉的浴盆里一样。你笑着,不时地发出笑声。你兴奋得到处游走,好像在漫无边际地跳舞一样。

4. 随时加强自己的视觉感受和身体感觉。加强想象可以帮助你体会不同感情带来的身体感觉。定格想象出来的画面,然后在头脑中重新以较慢的速度播放。随着每一个场景的出现,重新体会身体感觉。试着使画面更生动一些以加强自己的感觉。

5. 用积极的感觉结束。如果你想象出来的是气愤、悲伤、害怕或类似感情中的任何一种,那么你要练习以另外一种不同的基调结束。想象一幅安宁的画面,你感到放松、愉快。不断加强这种感觉,直到它流遍你的全身。

改变情绪最有效的方式之一就是重复某些话语。这种做法产生的效果是微妙的,但是对改变情绪来说却是十分有效的。

如果你已经很开心,但是如果你要参加一个悲伤或其他消极情绪的活动,你也许就要试着不让自己那么开心了。因此,那些被使用的话语必须要反映你要产生的情绪。

某些时候，我们应该感觉到伤心。失去了心爱的人或者发生了令人失望的事情都能导致我们产生悲伤的情绪。这种悲伤对我们自己和他人来说都是一种信号——我们需要得到安慰和支持。

但是，某些时候，当悲伤的情绪妨碍我们采取必要的行动时，我们也要把悲伤抛在一边。从古到今，历史上有无数历经坎坷的人们的故事。但是，历史上也不乏那些战胜了苦难，重新找回希望、力量和勇气的人们的故事。无论是历史上的某些英雄还是曾有过壮举的民族，都有曾经处在消亡边缘又投入新世界怀抱的壮举。无论是在大屠杀中被杀害的人们，还是被自然灾害吞噬的城市，都向我们讲述了重生和希望的故事，让处在低落情绪中的我们获得了激励和鼓舞。

当然，我们并不想拿自己的不如意和失望同这样的历史事件作对比。但是，这对我们学习他人如何处理感情冲突是不无裨益的。销售产品亦是如此，如果你能在客户心里激起情感上的某些共鸣，你就有可能创造更多的销售契机，从而完成目标，再创佳绩。

朗读下面话语助你改善情绪

- ➢ 我今天感觉好极了！
- ➢ 我很开心！
- ➢ 一切都在好转。
- ➢ 今天真好！
- ➢ 我感觉很不错！
- ➢ 我心情很好！
- ➢ 我的心中充满了喜悦。

编织情感纽带，赢得永久生意

作为一名销售人员，在工作中除了要与上司、同事，还要与与顾客建立良好的人际关系。我们先看看洛克菲勒的故事：

靠魄力成功的洛克菲勒

洛克菲勒说过：最艰难的竞争经常不是来自于最睿智又谨慎的强势竞争者，而是来自于处于险境却忽略成本的企业主本身，这种企业主最后不是因为背负许多债务而落逃，就是宣告破产而告终。有了这样的经营理念，所以早期的富豪多半靠机遇成功，唯有约翰·洛克菲勒例外，他依靠的就是自己。

他并非多才多艺，但是异常冷静、精明，富有远见，凭借自己独有的魄力和手段，白手起家，一步一步地建立起他庞大的石油帝国。在进入石油行业之前的他，已经显示非凡的商业头脑。14岁那年，他在克利夫兰中心中学上学。放学后，他常到码头上闲逛，看商人做买卖。1855年9月26日，他在一家经营谷物的商行当上了办事员。他工作勤恳，聪明好学，不久就养成了对数字的好眼光。他除了记账外，还为商行的经营出主意。第三年他的年薪提到600美元。但他知道自己对这家商行的贡献远不止这些，因此要求加薪到800美元，结果遭到拒绝。洛克菲勒断然决定离开这家商行，自闯天下。

1858年，年仅19岁的洛克菲勒向父亲借款1000美元，加上自己积蓄的800美元，与比他大10岁的克拉克合股创办了一家经营谷物和肉类的公司。这是洛克菲勒生平所办的第一家公司。由于经营顺利，第一年就做了4.5万美元的生意，净赚4000美元。第二年年底净赚1.2万美元，洛克菲勒分得6000美元。洛克菲勒做生意时总是信心十足、雄心勃勃；

同时又言而有信，想方设法使自己取信于人。克拉克对洛克菲勒做事仔细十分欣赏，他描述当年的情形说："他有条不紊到极点，留心细节，不差分毫。如果有一分钱该给我们，他必取来；如果少给客户一分钱，他也要客户拿走。"

就在洛克菲勒的事业蒸蒸日上的时候，美国宾夕法尼亚州发现了大量石油，成千上万人像当初采金热潮一样拥向采油区。一时间，宾夕法尼亚土地上井架林立，原油产量飞速上升。克利夫兰的商人们对这一新行当也怦然心动，他们推选年轻有为的经纪商洛克菲勒去宾州原油产地亲自调查一下，以便获得直接而可靠的信息。冷静的洛克菲勒没有急于回去向克利夫兰的商界汇报调查结果，而是在产油地的美利坚饭店住了下来，进一步作实地考察。他每天都看报纸上的市场行情，静静地倾听焦躁而又喋喋不休的石油商人的叙述，认真地做详细的笔记。而他自己则惜字如金，绝不透露什么想法。

经过一段时间考察，他回到了克利夫兰。他建议商人不要在原油生产上投资，因为那里的油井已有72座，日产1135桶，而石油需求量有限，油市的行情必定下跌，这是盲目开采的必然结果。他告诫说，要想创一番事业，必须学会等待，耐心等待是制胜的前提。果然，不出洛克菲勒所料，"打先锋的赚不到钱"。由于疯狂地钻油，导致油价一跌再跌，每桶原油从当初的20美元暴跌到只有10美分。

转眼3年后，原油还在一再暴跌之时，洛克菲勒却认为投资石油的时候到了，这大大出乎一般人的意料。他投资4000美元，与一个在炼油厂工作的英国人安德鲁斯合伙开设了一家炼油厂。安德鲁斯采用一种新技术提炼煤油，使安德鲁斯——克拉克公司迅速发展。当时的石油业，秩序还十分混乱，生产过剩、质量较差、价格混乱……激烈的角逐已现端倪，洛克菲勒的公司就像汪洋大海中的一叶小舟，随时都有沉没的危险。

高瞻远瞩的洛克菲勒意识到，必须把自己的企业扩大，船大才能抵御惊涛骇浪的冲击。他果断地说服自己的弟弟威廉参加进来，建立了第二家炼油公司，并派他去纽约经营石油进出口贸易，尽快打开欧洲市场。威廉临去纽约前，兄弟俩促膝谈心，踌躇满志地立下了誓言："我们要扩张、再扩张，资金越多，我们发展的本钱也越丰厚，我们要独霸世界！"虽然当时洛克菲勒对于自己将要创造的"超级帝国"，心中并没有什么明确的概念，但他对企业的未来及个人的前途信心百倍。他坐镇克利夫兰市的总部指挥着全局，应付着一切挑战。要生产出高质量的产品，扩大市场，首要的是制定质量管理标准，削减成本，降低价格。他向银行贷款新建了一座堪称"标准"的新炼油厂，生产出标准的煤油，很受人们的欢迎。

从一开始，他就把目光转向国际市场。他在纽约开设的办事处，专门向东海岸和国外出售公司产品。他尽可能削减各种成本，如自制油桶，并买下一家化学公司，自制炼油用的硫酸。为了免付铁路运输费用，他还购买了油船和输油管。年轻时的节约习惯，被洛克菲勒用到了生产中，发挥出巨大的效益。科学的管理、精细的经营、高质量的产品为标准石油公司赢得了声誉，也具备了坚实的竞争能力。

1865年洛克菲勒初进石油业时，克利夫兰有55家炼油厂，到1870年标准石油公司成立时只有26家生存下来，1872年底标准石油公司就控制了这26家中的21家。到1879年底，标准公司作为一个合法实体成立后刚满9年，就已控制了90%的全美炼油业。到了1880年，全美生产出的石油，95%都是由标准石油公司提炼的。自美国有史以来，还从来没有一个企业能如此完全彻底地独霸过市场。洛克菲勒热衷于公司间的联合，他联合了两位资金雄厚、信誉很好的投资合作者。

3年之后，也就是1870年1月10日，创建了一家资本额为100万美元的新公司，它的名字就是标准石油公司。身为公司创办人和总裁的约翰·洛克菲勒获得了公司大部分的股权，当时他年仅30岁。随着洛克菲勒的石油帝国的发展，因本身庞大而导致的难以控制的危险性也越来越大。洛克菲勒清醒地看到这一弊病并引起重视。正在这时，洛克菲勒在一本公开发行的刊物上发现一篇文章，里面写道："小商人时代结束，大企业时代来临。"

他感到这与自己的垄断思想不谋而合，就对文章予以高度评价，并以高达500美元的月薪聘请文章的作者多德为法律顾问。多德是个年轻的律师，他"走红"后，就千方百计为洛克菲勒的公司寻找法律上的漏洞。

一天，他在仔细研读《英国法》中的信托制度时，突然产生出灵感，提出了"托拉斯"这个垄断组织的概念。所谓"托拉斯"，就是生产同类产品的多家企业，不再各自为政，而以高度联合的形式组成一个综合性企业集团。这种形式比起最初的"卡特尔"，即那种各自独立的企业为了掌握市场而在生产和销售方面结成联合战线的方式，其垄断性要强得多。在多德的"托拉斯"理论的指导下，洛克菲勒在1882年1月20日召开"标准石油公司"的股东大会，组成9人的"受托委员会"，掌管所有标准石油公司的股票和附属公司的股票。洛克菲勒理所当然地成为该委员会的委员长。

随后，受托委员会发行了70万张信托书，仅洛克菲勒等4人就拥有46万多张，占总数的2/3。就这样，洛克菲勒如愿以偿地创建了一个史无前例的联合事业——托拉斯。在这个托拉斯结构下，洛克菲勒合并了40多家厂商，垄断了全国80％的炼油工业和90％的油管生意。托拉斯迅速在全美各地、各行业蔓延开来，在很短时间内，这种垄断组织形式就占了美国经济的90％。显然，洛克菲勒成功地造就了美国历史上一个独特的时代——垄断时代。

就这样，一步一步，洛克菲勒走出了自己路，同时开创了一条前人从未走过的路。如果没有超人的情商、没有超人的毅力与创新精神，洛克菲勒是很难成功的。

由此，我们总结出与顾客建立和保持良好关系的方法主要有以下9种：

1. 建立顾客满意度目标。使用这种方法的前提是首先考虑好有关目标，并要考虑好三级目标：公司目标、部门目标和个体目标。然后有针对性地采取达成目标的具体措施。

2. 了解顾客的需要。许多顾客没有办法清晰地表达他们的需要，而且，他们有时候也不确定到底是否有需要。为了帮助顾客明确他们的需要，你必须要收集信息。比如，照相机店的销售人员会问顾客："你心里期望的照相机是什么样子的呢？"这样他就可以判断哪种型号、品牌和价位的相机能够符合顾客的需要。

3. 将顾客的需要放在首要位置。如果已经清楚界定顾客的需要，那么下一步就是在可能的范围内尽力去满足顾客的需要，而不是自己贪图方便省心，顺便满足一下顾客。如果长期"顺便满足顾客"，顾客就不会去满足你了——连顺便满足的机会都不给你！

4. 关心顾客。在与顾客接触的时候，一定要真正从顾客的利益出发，至少让顾客感觉到你的真诚。你可以这么问："您的相机用得顺手吗？今天过得好吗？"当顾客回答了你的问题以后，一定要表现出真诚的关切，而不要虚情假意。

5. 表现出积极的态度。用很多方式都可以表现出积极的态度，比如得体的着装、友善的姿势、热情的语调以及良好的电话沟通技巧。如果一个顾客因为提出了过多的要求而觉得有点不好意思，那么你应该回答："您不用客气。我们的工作就是为了让您满意，没有您的支持我们的事业也就无法兴旺。"另一个重要的方法就是对每一位顾客都展现热情的微笑，微笑往往能够让人们关系融洽。即便你的顾客对服务非常愤怒，也请保持微笑的姿态。

6. 主动帮助顾客解决问题。如果顾客有问题，即便不是你的工作失误造成的，那也要主动为顾客解决问题。

7. 后续跟踪。跟踪自己的服务是否令顾客满意是与顾客建立良好关系的有效办法。有时，一个回访电话就足够了。这一方法之所以有效是因为这样就完成了沟通的一个循环过程。

8. 建设性地解决冲突。如果你和顾客发生了冲突，那么首先应该采取双赢的方式来解决冲突。另外，还请记住两个方法：第一，允许顾客把胸中的怒气发泄出来；第二，把顾客当成合作伙伴。

9. 把顾客当成合作伙伴。这意味着与顾客一起来解决问题，比如，一位顾客的一个订单无法按时交付，那就应该这么说："让我们一起来看看这个问题应该怎么解决。您看我们是否能够一起商讨出一个对我们双方都有利的解决方案。"

洛克菲勒的智慧语录

➢ 顺应环境。你无法改变现况，也不能改变既有的交易法则。这是我们不能不承认的事实——企业人士必须让自己随时顺应环境。

➢ 机会。我们没有人想过公司后来会扩张到这种程度。我们尽力做好每天的工作，期待眼前可见的未来，让自己可以抓住机会，同时打下稳固的根基。

➢ 合作。要让强有力的人士同意你的想法，这可是件不容易的事。我们一贯的政策就是，在证据面前、在还未达到共识并决定最后行动之前，都要耐心倾听并坦率讨论。

Part13 把情商用起来，下属才愿意追随你

在任何一个企业中，领导的作用都非同寻常。企业发展的成败几乎都与企业领导的决策力、执行力密切相关。领导的智商重要，情商的重要性更远远超过了智商。只有情商高的领导，下属才会死心塌地地追随。

修炼素养，塑造领导风格

杰出的领袖都有杰出的智商，更有杰出的眼光与意志。

从情商的角度来看各行各业的杰出领袖，给我们的启示是很大的。《解放企业的灵魂》一书的作者理查德·巴雷特在书中将领导者被分为七个层次，所有这些层次都很重要，只是内容上略有不同。巴雷特说他的这种灵感来自于心理学家亚伯拉罕·马斯洛夫的"需要层次论"。

巴雷特的领导模型根据不同的层次所需要的技巧从低到高分别是：

权力型

合格的危机管理者愿意对事情负责，能够指导别人。可能的缺点：时间长了，容易形成独裁、管制和剥削。

家长型

对内、对外鼓励发展积极健康的关系。可能的缺点：这样的需求可能导致情感上的不安全；容易导致操控和自命不凡。

管理型

把管理当作科学。他们有效率、野心和生产积极性，强调层次结构。可能的缺点：可能会看重身份地位；在家庭和工作的平衡以及人际关系上可能存在问题；有官僚主义的倾向。

推动型

懂得人际交往。喜欢参与，既是团队成员又是建设者；授予别人权力；鼓励学习知识和改革创新。

教练型

培养雇员的能力。能够产生向心力并创造团队精神；追求价值观；表现正直和情感智慧。

服务型或伙伴型

领导就是导师。系统性地观察；在团队中是一个有责任感的成员；与顾客和厂商结成战略联盟和伙伴关系。

智慧型

想为全世界服务。具有全球眼光，目光远大；对"不确定因素"和"孤独"感到怡然自得；既考虑公平性又关心子孙后代。

在各种不同的行业里，领导的素质是千差万别的，不能这样一条一条来套，大部分的好领导都是综合型的，具备其中数条标准。大家注意的话可以发现，这些要求与素质大部分是关于情商的内容，所以说，培养高素质的管理人才，重心就是个人情商的培养。

卓越情商，成就领袖风范

商场如战场，在商业上的成功一定需要高情商的帮助，我们可以从一些成功的商业帝国领袖身上来看看他们的杰出情商表现。

众所周知，IBM 在世界计算机行业的地位是任何公司都不可代替的，可是我们要知道，这样的巨大成绩背后一定会有一个令人艳羡的传奇人物——沃森，企业的卓越领袖。

托马斯·沃森生于 1876 年，逝于 1956 年，是 IBM 的首任总裁、精神领袖。我们从他的身上可以看到，伟大的事业，都是需要一位杰出的带头人的。他从 1914 年接管 IBM 公司到 1956 年卸任。把 IBM 由经营不善濒临倒闭的小企业成长为全美十大制造商，并为以后进入电脑时代打下了坚实基础。这需要智商，更需要情商的力量，这从他的成功过程可以看得很清楚。

他的经历也是充满曲折的。刚开始，沃森就业于安迅资讯公司。可是，当他 40 岁，也就是他在安迅公司工作了 18 年之后，突然被解雇了。

但是这样的打击不可能让沃森放弃，因为他以往的经历磨炼了他的意志。沃森在到安迅公司上班前，在家乡纽约潘堤站附近的农场区，挨家挨户推销钢琴。他的父亲是位木材经销商。沃森是位既诚实又勤奋的年轻人，他认为自己这两项特质，可以让他靠做业务员致富。不过，在一连串挫折后，他开始了解光有这两项特质是不够的。后来他又开过肉店，但因为经营不善而转行，随后便设法让自己进入安迅公司水牛城分公司担任业务员。很快地，沃森的谈吐、衣着和想法就像标准的安迅公司员工，同时也跟同事一样成功。

沃森在 28 岁时，就被任命安迅公司位于俄亥俄州达顿的总部主管。皮特生以相当昂贵的皮尔斯·亚诺汽车奖赏沃森对公司的忠诚，后来还在自家隔壁买栋房子奖赏他。可是天有不测风云，1913 年年初，安迅公司有 22 位主管被裁定违反雪曼反托拉斯法案。沃森也因此需入狱一年。沃森不愿认罪，他认为自己没做错事，所以宁可上诉，如果败诉的话就去坐牢。公司更直接要求他离职，当时他才40岁，却面临坐牢的命运。

沃森离开安迅公司后几个月内都没有工作，沃森比别人具有更优秀的资格。机会终于来了，认为自己发明"集团"的资本家弗林特，在1911年把四个不太相关的事业拼凑成计算制表记录公司。3年后，这家公司的营运开始走下坡，几乎无法承担庞大债务。经过为期3天的面试后，弗林特决定雇用沃森来领导公司，当时公司一名董事坚决反对这项决定，他提出质疑：如果沃森因上诉反托拉斯法的诉讼败诉，到时公司该由谁来主导。不过弗林特还是克服这项难题，把沃森聘进来。但是，在沃森任职的第一年内，就因为先前反托拉斯法的诉讼案，败诉被判服役，就任总裁的前景也因为这个不确定性而黯淡无光。后来，到了1915年5月，沃森接到一封电报，原先认定有罪的裁决已经暂时搁置。几天后，沃森终于被正式任命为总裁。

沃森到CTR任职后，把安迅公司的那套作风搬来运用，尤其是在基本销售方法和培养国际事务营运方面，就跟安迅公司的做法如出一辙。后来该公司还为了强调国际事务，从1924年起改名为国际商业机器公司。沃森则把自己和每位员工当作是IBM的大使，大家并非只在工作的时候代表公司，而是无时无刻地代表公司。保守穿着成为公司指定的形象：就连在纽约安迪寇特工厂里的机器加油工人，也觉得自己必须穿白衬衫打领带上班，全体员工都彻底改变。沃森要求IBM员工的婚姻生活美满、住在高级社区、开最新款式的汽车、对社区有贡献、上教堂，随时保持沉着稳健。事实上，IBM还规定上班时间禁止抽烟喝酒。沃森重整自己的新公司，把事业整合在一起，并推动企业向前发展。他恢复自己的本能，也就是诚实勤奋推销钢琴的热忱，并下定决心好好学习。

沃森发布命令营造出一种教育情结，他说："要服务而不光是推销。"沃森秉持的态度是：IBM应该有更好的产品和销售技巧，否则其他公司的销售额就会赢过我们。沃森把IBM打造得同样积极有野心，但对成功有更正确的看法。在许多公司都相当贪婪时，他要公司正派经营。他让主管和业务员相信，公司不会让他们失望，也不会裁撤他们。沃森在繁荣时会扩大企业，但他更有胆识在景气萧条时大规模地扩大企业。在1929年10月美国开始进入经济大萧条，IBM的销售额下滑时，沃森并没有解雇业务员，他反而增聘几百名业务员。在他的领导下，IBM越来越强大了。

沃森在20世纪50年代促进IBM快速成长，他开始成为公众人物，几乎可说是美国企业的闪亮明星。沃森刚开始成为公众人物时，因倾向民主党而出名，他是少数全心全意支持罗斯福总统及新经济政策的产业家。同时，沃森也致力于世界和平。后来，IBM因罗斯福总统的新经济政策受益匪浅，公司也在1935年接到新成立社会安全局的资料处理作业合约。至于世界和平，对IBM来说更是从中获利甚多，1940年时IBM在全球的营运据点，已遍及75个国家。不过，若说IBM因支持民主党及世界和平而获利，这种态度就有点讥讽。如果沃森是个讥讽的人，早在1913年他就不会为自认没做的事被判有罪而抗辩。如果沃森是个讥讽的人，IBM也就不会存在。个人的素质决定企业的命运。

纵观古今，政坛中人无不思维敏捷，口才出众。凭着这两点，他们令对手畏惧，使常人敬佩，从而巩固地位，事业有成。正确的思维方式和出众的语言技巧，无疑是领导成功的必备因素。

古人说为官者要具备"泰山崩于前而不变色，麋鹿兴于右而目不瞬"的修养。实际上是指出了领导心理素质和情商的重要性。放眼古今中外，成功领导无不是情商出众。因为领导干部工作繁琐艰巨，往往需要坚强的心理素质。缺少情商而能成功的领导是不存在的。我们以美国历史上一位伟大的总统罗斯福什为例。

富兰克林·罗斯福，是美国的第32任总统，曾经毕业于哈佛大学。他是一个瘫痪后又站起来的人，一个说"坚毅的人总会出头"并且自己亲身证明了此话的人。

他曾被父母想方设法阻止在政治门外，最后却成为美国历史上最杰出的总统之一。他是美国历史上唯一一位残疾人总统，为世人树立了一个坚忍、机智、奋斗不息的形象。他打破了美国总统不能连任两届以上的惯例，任期长达12年，创造了美国空前绝后的纪录。

他又是一个精明的政治家，不论在和平时期还是在战争年代，他都能立于不败之地。他对于真正意义上现代美国社会的出现，功不可没。他建立了福利国家模式，把美国人民从苦难和经济大萧条中拯救出来。在第二次世界大战中，把孤立主义美国变成世界大联盟的领导者，有了他的提倡和支持，世界上才有了联合国。

但这位伟大的领导者并不是天才，只不过有着高超的情商智慧。奥利弗·万德尔·赫尔姆斯认为，总统罗斯福"智力水平中等，但是性格却是上等的"。这话一点也不错。人际关系与领导环境息息相关。如晚清名臣胡林翼，为处理好与满人上司的关系，不惜屈身拉拢，终能一展抱负；而同是名臣的左宗棠，因任性意气用事，在入阁拜相一个月后，便被排挤出中枢，其中高下，不言自明。

个人的信念决定一生的成败，罗斯福是个充满激情的人，他寄托于未来的信念如此强烈，相信自己有力量塑造未来的信心永远不受外界的困扰，此种信念与信心一旦和客观评价未来的能力相济为用，就意味着一种拥有了格外敏锐的思想意识，不论是自觉的或是半自觉的，这种意识可以让人认识到个人环境的趋势，认识到组成未来的芸芸众生的向往、希望、恐惧、爱憎，认识到社会及个人的"倾向"。罗斯福将这种敏感发挥到了天才的程度。他在总统任职期间一直保持住的那种象征意味，主要因为他感觉到了他的时代的趋势以及它们对未来的影响。

不仅对于美国舆论的动向，而且对于他的时代更大的人类社会前进的总体方向，他都有所意识，这便是人们所说的玄妙。这些内心的暗流，这种运动的颤动和复杂的盘旋，仿佛记载在他的神经系统内部，具有一种地震仪般的精确度。他的绝大多数同僚都承认这一点，不过态度不一样，有的怀着热情，有的则带着几分不快或是一腔愤愤之情。我们这些远离美国的人民则公正地把他看作是他的时代最真实最坚定的民主代言人，最富于当代精神，最具有外向眼光，最勇敢，最富于想象力，最博大的胸怀，超脱了一种内心生活的迷醉，具有无与伦比的能力：运用他的洞见、他的先见，运用把自身与位卑的人民的理想真正等同起来的这样一种力量去创造信心。

在他的健康最终受到损害之前，不仅对现在，而且对将来都是胸有成竹，明白自己要走向何方和运用什么手段，这样一种感觉使得他意气风发，每天充满欢欣，使得他乐意与形形色色，而且素不相识的人交往，只要他们体现了生活激流中的某个特定方面，并且在他们各自特殊领域内积极地支持前进的运动趋势，不论是什么具体的运动趋势。这种内心的活力弥补了才智或性格上的欠缺，而且不仅仅是弥补。他的敌人则时刻不停地指出他的缺点。他好像确实没有受到他们这样那样的讥讽的影响：他首先无法容忍的是消极、静止、忧郁、惧怕生活、关注永恒或死亡，无论这些思想意识同时伴有何等伟大的识见或何等细微的敏感。因为谁也不曾比他更炽烈地热爱过生活，把所有的爱心倾注于他所接触的每一件事和每一个人，他没有时间去领会孤独寂静的生活。

情智兼备，员工心甘追随

一些人非常聪明，在最需要认知能力的领域里如鱼得水，但是在预测这些人的事业是否成功时，智商最不起作用。在许多领域中，一个人能否崭露头角，能否成为领袖人物，情商比智商所起的作用要大得多。研究人员用麦克莱兰提出的方法进行了深入地访谈，以了解各行各业中工作明星所具有的能力，了解情商的巨大作用。

且看下面的故事：

你，站——站起来了

事情发生在一个很不寻常的日子。那天正是全美橄榄球超霸杯赛的一个周日，大多数美国男人都坐在电视机前观看球赛。而当天纽约飞往底特律的某航班延误了两个小时，乘客的焦虑烦躁明显可见。最后，飞机好歹到达了底特律，可不知怎么阴差阳错地停在了离通道门约300米远的地方。乘客因延误到达已经紧张不安了，这下全都站了起来。

这时，一位乘务员走到了客舱里。她该怎样使乘客都坐下来，以便让飞机滑行到通道门口呢？

通常的情况往往是，乘务员严肃地向大家宣布："联邦航空条例规定，在飞机滑行到通道门前，请务必坐在自己座位上。"

然而，这位乘务员却不是这样。只听她用甜润的声音逗乐地告诫一个调皮捣蛋而又十分可爱的小孩："你，站——站起来了！"

听到这话，每个人都笑了，他们坐回到自己的座位上，直到飞机滑行到通道口。在平静的气氛中，乘客们轻松地下了飞机。

这种能力的巨大差别就在于智力与情感的差别，说得更专业点，即认知能力与情感能力的差别。所有的情感能力或多或少都与感觉领域内的某种技能有关，与认知能力共同发挥作用。这与纯粹的认知能力完全不同。电脑通过编程即可将认知能力执行得跟人一样好，如数字化的声音也可以宣布："联邦航空条例规定，在飞机滑行到通道门前，请务必坐在自己座位上。"但是电脑的声音不自然，决不会产生那位空姐打趣的艺术效果。人们一般不愿意按照机器人的指令行事，而乘务员则成功地转移了人们的情绪，避免了意外事件发生。她能准确地敲击情感音符，而仅靠人类认知能力却无法做到这一点。

萨姆的要求

萨姆已70岁了，他生活还能自理，包括处理银行存款之类的生活细节。遗憾的是，他说话的声音又尖又严肃，有点让人难以接受。

一个星期一的早晨，萨姆去银行取钱，他让出纳员从信用卡中支出现金。

出纳员大声地（出纳猜想萨姆有些耳背，因为萨姆说的话难以听清）告诉萨姆，她没有听懂萨姆的话，而且萨姆的信用卡已经到期。萨姆听后对出纳员大声吼道："我需要50美元现金。"银行里的每一个人，包括保安人员都看到和听到了事情的全过程。萨姆和出纳员都感到很生气，萨姆尤其感到难堪。

排在萨姆后面的一位顾客去见经理，平静地向他解释了事情的经过。经理走了过来，沉着地邀请萨姆来到经理办公室，倾听萨姆诉说。几分钟后，萨姆满面笑容地向出纳员解释着他的要求。因为耽误了其他顾客的时间，出纳员转身礼貌地向他们表示道歉。

由此看来，一旦每个人开始使用情商，事情就又回到正常了。

选择合适的日子放映电影

假设这样一种两难困境：你在美国驻北非某国使馆当文化参赞，华盛顿来电指示你播放一部电影。在要求播放的影片中，有一些美国政治家在该国遭到围攻辱骂的镜头。如果放映这部电影，当地居民会觉得受到了攻击指责；不放映呢，国务院的官员又会不满。

怎么办？

这不是虚构的情形。的确有一位外交官曾面临这种两难的局面。那位外交官回忆说："我知道，如果我头天放映了那部电影，第二天就会有500名甚至更多愤怒的学生前来将使馆焚为平地，但是，华盛顿的官员又认为电影非常好，一定要放。我不得不冥思苦想，怎样放映电影：既要让使馆向华盛顿报告说，我们已遵照指示放映了电影，而又不惹恼所在国的人民。"

那位外交官想了什么办法呢？他把影片安排在一个斋日放映，因为他知道这天根本不会有所在国的人来看电影。

这一案例是令人钦佩的高情感智商的典型，即"技术专长与经验"的结合。除了智商，我们的日常生活能力与我们所掌握的专业技术结合一起，决定了我们在日常工作生活中的表现。无论我们的知识潜力有多强，它也只是专业知识，只有专业知识和实际工作能力结合在一起时，我们才能做好具体工作，才能成为一名出色的领导，才能让下属心甘情愿地鞍前马后。

用心体恤，激励员工有方

激励，就是激发人的内在潜力，使人感到力有所用，才有所展，劳有所得，功有所奖，从而增强自觉努力工作的责任感。因此，能否建立健全激励机制，能否有效地激励每一个员工，将直接关系到一个单位和一个部门的发展。

1. 目标激励

一个振奋人心、切实可行的奋斗目标，可以起到鼓舞和激励的作用。所谓目标激励，就是把不论大、中、小、远、中、近的目标结合起来，使人们在工作中每时每刻都把自己的行动与这些目标紧密联系。目标激励包括设置目标、实施目标、检查目标。

2. 奖励激励

奖励就是对人们的某种行为给予肯定和奖赏，使这种行为得以巩固和发展。奖励要物资与精神相结合，方式要不断创新，新颖刺激和变化刺激的作用是比较大的，重复多次的刺激，作用就会衰减，奖励过于频繁，刺激作用就会减少。

3. 支持激励

支持激励就是作为一个领导者，要善于支持员工的创造性建议，把员工蕴藏的聪明才智挖掘出来，使得人人开动脑筋，勇于创造。支持激励包括：尊重下级的人格、尊严、首创精神，爱护下级的积极性和创造性；信任下级，放手让下级大胆工作，当工作遇到困难时，主动为下级排忧解难，增加下级的安全感和信任感；当工作遇到差错时，承担自己应该承担的责任，创造一定的条件，使下级能胜任工作。

4. 关怀激励

了解是关怀的前提，作为一名领导者，对下属员工要做到"八个了解"，即了解员工的姓名、籍贯、出身、家庭、经历、特长、个性、表现；"八个有数"，即对员工的工作情况有数、身体情况有数、学习情况有数、经济状况有数、住房条件有数、家庭成员有数、兴趣爱好有数、社会交往有数。

5. 榜样激励

通过具有典型性的人物和事例，营造典型示范效应，让员工明白提倡或反对什么思想、作风和行为，鼓舞员工学先进、帮后进。要善于及时发现典型、总结典型、运用典型。

6. 集体荣誉激励

通过给予集体荣誉，培养集体意识，从而产生自豪感和光荣感，形成一种自觉维护集体荣誉的力量。各种管理和奖励制度，要有利于集体意识的形成，形成竞争合力。

7. 数据激励

用数据显示成绩和贡献，能更有可比性和说服力地激励员工的进取心。对能够定量显示的各种指标，都要尽可能地进行定量考核，并定期公布考核结果，这样可使员工明确差距，迎头赶上。

8. 领导行为激励

一个好的领导行为能给员工带来信心和力量，激励员工朝着既定的目标前进。这种好的领导行为所带来的影响力，有权力性的和非权力性的，而激励效应和作用，更多的来自非权力性因素。包括领导者的品德、学识、经历、技能等方面，而严于律己、以身作则等则是产生影响力和激励效应的主要方式。

对员工的激励，一定要紧紧抓住员工的切实需求进行。切忌空洞的说教、言之无物的激励。最重要的是：因人制宜、因事制宜、因地制宜，要讲究激励的适合度。

激励下属 6 要点

➢ "人活一口气，佛烧一炷香"——在志气上多激励；
➢ "人为财死，鸟为食亡"——在薪酬上多动脑筋；
➢ "活着就是为了快乐"——在兴趣上激励；
➢ "不达目的，誓不罢休"——在目标性的问题上激励；
➢ "先天下之忧而忧，后天下之乐而乐"——在善济方面多激励；
➢ "孝为先，和为贵"——以团队作为激励点。

方法得当，凝聚向心力

古永锵从投资公司到了搜狐担任职业经理人，成功地完成了他成为优秀职业经理人的转变，但退出搜狐后，他可能还会选择去另外一家公司去做职业经理人，而不会去创业。因为要成为创业者或企业家还需要更多的东西。最主要的差别，在于要成为企业家，就要有足够的胸怀、抱负。你要在创业初期你还没有多少钱的时候，就愿意与你的创业团队来分享眼前利益和未来利益。还要有激情和理念，你才能感染自己和其他人。在最困难的时候，在所有人绝望的时候，你要感染你的客户，你要感染你的员工等所有人。职业经理人可以随时撤退，但是创业者不能。

新一代的企业家，尤其是 IT 行业的企业家，与国外的交流比较多，本身的学识也是非常优秀的，再借助互联网这个时代快车，于是张朝阳、丁磊、王志东、陈天桥、周鸿祎、王文京等等才脱颖而出。当然也有起来后又退缩了的，比如邵一波。邵一波比其他几个所缺乏的就是吃苦的能力，不愿意再辛苦打拼，因而选择卖掉易趣。他不要那种获得成功后的人们对企业家的尊崇。所有这些，和一个人的信念有很大的关系。如果只是为了富裕的生活，陈天桥可以不必去搞那充满风险的盛大盒子，周鸿祎也可以继续在雅虎拿着高薪呆下去。李彦宏也可以把百度卖给 Google 而养老。不过，创业成功的比例太小了，1％的成功者是踩着99％的不成功的公司过去的。中国可能有几万个、十几万个过得很好的职业经理人，但是过的很舒服的企业家似乎没有。一个企业倒下了，职业经理人的责任会很小，企业家的责任却很大。所以优秀的人才有两个选择，简单一些的、没有特立抱负的去做职业经理人；不怕风险要实现更大抱负和胸怀的去创业，创业成功成为企业家的，风光无限、凤毛麟角。

职业经理人的追求，首先是与企业共荣。2004年2月9日，原微软（中国）有限公司总裁唐骏在北京正式接过上海盛大网络发展有限公司发出的总裁聘书。为了实现企业长期可持续发展目标，盛大需要引进和掌握更为先进的管理经验，以及国际化的管理思路。唐骏加盟盛大，促进了盛大管理机制的成熟，使得盛大管理团队科学分工，职责明确，保持着高度的协调与统一，富有战斗力和生命力，体现了高度的与国际接轨的管理思路。唐骏负责的业务运营方面一路增长，自己也获得了丰厚的回报。

国外也有典型的例子：1992年郭士纳上任前，IBM 亏损达50亿美元，年营业额600亿美元。饼干大王郭士纳出任 IBM 的首席执行官以后，将 IBM 由一个 PC 机生产大户转型成了以服务和技术为支柱的更具竞争力的企业。2002年郭士纳交出 IBM 的时候，IBM 的股票价值已经增值了800％，年营业额达到860亿美元。郭士纳只身空降岌岌欲坠的巨轮 IBM 时，他并不认为 IBM 已病入膏肓，而是高度重视 IBM 的巨大价值。郭士纳的所作所为其实很简单，只是按照商业价值重新审视和理顺 IBM 的业务，看似笨拙的大象自然起舞蹁跹了，郭士纳也成了拯救天下的英雄角色。郭士纳最值得肯定和学习的是：从来到 IBM 的第一天起，他就誓与 IBM 共存亡，这种打拼的精神是我们学习的榜样。

如此的人才在中国很难发展，为什么？明显地，这并不是能力上的巨大差异，而在于长期的文化积淀造成的情感差异，也就是"情商"的不同。

现代研究表明，职业经理人的成长与生存，是和文化背景紧紧相连密不可分的。这里说的文化，包括职业经理人受教育的文化背景，也包括公司所在地的文化环境。

大概地说，中国与美国文化的差异是不同语境文化的差异。中国是一个高语境国家，高语境文化的特征是很多时候表达含蓄、用字隐晦，需要他人根据当时讲话的环境以及非言语的线索，比如声调、表情、动作，让人去揣测文字背后或话语背后的真正含义。也就是说中国文化的沟通讲究点到为止、言简意赅、同时强调心领神会。而美国文化恰恰相反，是一个低语境的文化，在沟通的时候强调直截了当、开门见山，把所有要沟通的信息都用明白无误的、可编码的文字语言传达出去，常常没有隐藏在字里行间的意义，不需要说话听声、锣鼓听音。高语境的人思维跳跃，善于推测、思考、善解人意，缺点是坚持性差；低语境的人喜欢按部就班，本分、不喜欢变化，善于做重复与有条理的工作。

中国文化传统的理想境界，梁漱溟先生早年总结过，叫作耕读之家，一边是农夫的生活，陶渊明式的，回到屋子里就是琅琅读书。这是中国人理想的田园生活，也是后来亚当·斯密晚年最欣赏的生活，这叫自然的发展道路，而不是欧洲那样非自然的发展。这种思想的教育结果，就是让人们知足。中国传统思想的精神取向是内生的，不是外扩的，不是去征服世界的，所以根本不希望去影响别人，就老老实实地过我们的耕读生活就完了。所以很多中国人在心里面是希望得到职业经理人这个职位的，这意味着，挣着不菲的收入，过着现代的耕读生活：有房、有车有资本储备，还不用像企业家一样去过劳操心。

但是中国文化影响下的中国企业（包括外国在华企业），却特别不适合职业经理人生存。制造业这种按部就班容易定量的企业好管理，比如长城电脑的生产部分，无论长城怎么变换职业经理人，生产这一块从来没有乱过，并一直是长城利润的最大来源。中国人是善变的，随时都在变。其他国家的人不是这样。美国人需要鼓励创新、鼓励变化，但中国人不需要。

因为你不鼓励他，他都在变。中国人随时都在变，老板就在变，企业的目标、需求、文化、制度、形式无一不在变。所以才会有课程教导中国职业经理人如何应对老板的变化，美国就不需要。

外国人守纪律，所有岗位都按照既定的计划来执行。中国人看形势，员工时刻在看老板的喜好和风向，并不看重经理人。中国的大多数员工宁愿与老板义气相约，也不会为期权遵守契约。中国的企业大多还处于变化和成长中，所以员工也都希望在变化中取得更好的适合自己的位置。

作为一名企业领导，只要方法得当，充分调动和利用团队情商，为企业凝聚坚不可摧的向心力，企业才会有源源不断的生命力，企业才会做久、做强。

团队情商包括三方面

> 成员的个人情绪；

> 团队自身的情绪或氛围；

> 外部其他团队和个人的情绪。

Part14 把情商用起来，不打不骂教育好孩子

普天之下的父母，都希望培养出优秀的孩子。父母是孩子最好的老师，因此，父母对孩子教育方法是否得当，直接影响孩子的成长及人生的发展方向。情商高的父母，不打不骂，就能教育出好孩子。

以身垂范，做孩子的好榜样

哈佛大学教授丹尼尔·戈尔曼说："智商高的人也许事业无成，情商高的人却一定能表现非凡。家庭是培养情商的第一学校，有高情商的父母，才有高情商的孩子。"

的确如此！父母是孩子一生的老师，明智的父母都应该以身垂范，给孩子作出好的人生榜样。

有一对夫妻经常抱怨他家的孩子"贪玩""淘气""不好好学习"。有一次，因为儿子考试两门功课不及格，夫妻就共同"收拾"孩子，打得孩子哇哇大哭。邻居实在忍不住了，就过去批评他们："你们整天让

孩子好好学习，你们好好学习了吗？你俩召集一群人打麻将，却让孩子做作业，他能做得下去吗？"尽管邻居言辞激烈，但夫妻俩一声没吭。从那以后，邻居再也没有听到他们打骂孩子了，他们家里的麻将声也消失了。

俗话说，榜样的力量是无穷的，对于孩子成长来讲，这一点尤其重要。每当父母抱怨孩子做得不对的时候，其实应该先反问自己：让孩子好好学习，我好好学习了吗？让孩子天天向上，我天天向上了吗？让孩子刻苦用功，我刻苦用功了吗？让孩子排前几名，我上学的时候排前几名了吗？让孩子必须有出息，我有出息了吗？让孩子遵纪守法，我遵纪守法了吗？如果连自己都做不到，或者不想做的事情，而要求孩子做到或者去做，那么，这样的教育能成功吗？

正如俄国伟大的文学家托尔斯泰所说："教育孩子的实质在于教育自己，而自我教育则是父母影响孩子的最有力的方法。"

孩子的家庭教育非常重要，它就如一座大厦的基础部分，决定了大厦的风格和高矮。孩子最早接触的生活环境主要是家庭，而父母是孩子的第一任教师，身为教师，则要以身垂范，做好孩子的榜样。

父母想要给孩子做出好榜样，需把握如下原则：

1. 父母要以身作则

"父母榜样"作为一种具体的形象，具有强烈的暗示和感染力量。父母不仅是一种权威，而且是孩子言行举止标准的提供者，要想孩子的言行有所遵循，就要以身作则。

2. 父母要以身示教

父母的一言一行，孩子都会看在眼里，并加以效仿。在日常生活中，父母要谨言慎行，以身示教，凡是要求孩子做到的，自己必须首先做到。

3. 父母要说话算数

父母一旦答应了孩子某件事，就一定要兑现。如果父母经常说话不算话，就会降低在孩子心目中的可信度，甚至会下意识地效仿父母，养成说话不负责任的不良习惯。

父母合力，才能教育好孩子

教育子女的责任，要由父母共同承担，哪一位都不能逃避。同时，父亲和母亲要为对方承担教育责任创造条件，不应独揽"大权"；只有在父母共同承担教育责任、和谐互补的情况下，才有可能全方位发挥家庭的教育功能。

在现实中，令人遗憾的是，相当多的母亲承担了过多的教育责任。我们在一项调查中发现，从5岁到15岁的孩子，除了家务劳动外，母亲排在第一位的都是"管教孩子"，而父亲排在第一位的则是"看书报"或"看电视"，显然父亲们为教育孩子投入的时间、精力少。这种情况可能来自两方面的原因，一是受传统的"男主外，女主内"的思想影响，二是做母亲的带孩子的主动性和"惯性"，在一定程度上削弱了父亲的积极性。

我们曾经就父母亲对孩子的教育影响力发展情况作过调查研究，母亲在孩子5岁时的影响力高于父亲19.1个百分点。母亲的影响力在小学三年级时达到高峰，但随后就有下降趋势。到初中二年级时，孩子们最爱听母亲话的是44.1%，最爱听父亲话的是44.4%，父亲稍稍超过了母亲。这项调查的结论是，母亲对孩子的教育影响力最初高于父亲，而从小学中年级以后，有逐渐下降的趋势。而父亲对孩子的教育影响力有逐渐上升的趋势。到初中超过了母亲。这给我们提出两个问题：一是为什么母亲们投入的时间精力不减，甚至增加，而教育影响力反而下降？二是为什么父亲们投入的时间和精力没有母亲们多而教育影响力反倒逐渐上升？我们认为，主要原因是母亲们对孩子的管教内容和管教方式一以贯之，没有随着孩子的年龄的变化，选择适合孩子的内容和方式。而父亲们的管教内容和方式，又较多地适合了孩子的成长特点。然而，这并不意味着父亲做得很好，在教育中，需要提高认识和改变方法的地方有很多。这一切都是从总体趋势分析的，每个家庭的情况会有自家的特点。

现在，我们就如何全方位发挥家庭教育功能提些建议。

1. 建议做父亲的，从孩子较小的时候就为教育孩子投入足够的精力。一方面增加早期对孩子的影响力，另一方面也减轻妻子的负担。

2. 父亲和母亲在教育孩子上要有分工、有合作。在教育孩子中，父母二人要尽量扬长补短，实现优势互补。教育孩子的事情主要涉及学习、生活、劳动、体育、文娱和其他活动。父母要让孩子感觉到，爸爸、妈妈都在关心他、教育他，就好像父母带孩子上街游玩，孩子最愿意走在中间，一只手被父亲拉着，一只手被母亲拉着，他会充满欢乐、倍感幸福地往前走。分工合作，不要怕麻烦，不合适时可以随时调整。

3. 建议母亲在孩子上小学中年级时，反思、清理一次自己的教育言行。哪些内容和方式方法应该有所改变，避免孩子的厌烦心理产生。如果母亲自己认识不清，可以全家讨论，也可以请教家教专家或老师。同时，建议父亲也经常检讨自己的教育言行，适时地进行调整。

4. 父亲和母亲经常一起研究孩子的教育问题。不断总结经验教训，互相提出建议，制定合理措施，提高教育效果。如果父母有一方因为某种原因，不能常和孩子接触，就应该用写信，打电话，赠书、赠小礼品等方式努力尽到自己的责任。

教育孩子，父母要保持一致

当孩子在一个家长那里得不到满足的时候，他就会转而去找另一个家长。要杜绝这种情况的发生，家长们一定要保持一致，相互支持对方的决定。

对子女教育的态度出现分歧，从古到今屡见不鲜。儿童思维的一大特点是缺乏主见，易于服从。他们"迷信权威"，任何长辈包括父母、老师等，在他们心中都享有很高的权威，所以，这时如果父母的教育一致，是易于使孩子接受的。反之，如果父母意见有分歧，就会影响教育效果。孩子本身还不具有明确的是非观念，如果父母意见不一，孩子无所适从，很自然地倾向于保护他们的一方，那么持正确观点的父（或母）一方所作的努力也就完全无济于事了。

因此，父母对孩子教育时的一致性很重要。如果不一致，可能会产生如下结果：

1. 造成孩子的双重人格

父母教育不一致对孩子造成的最严重、最重要的影响就是会导致孩子的双重人格。

父母在教育孩子的问题上发生分歧，爸爸说要往东，妈妈偏偏说往西，令孩子无所适从，不知道听谁的才好。但孩子也会有本能的自我保护心理，谁护着自己，他就倾向谁。有的家庭在教育孩子时"你唱白脸我唱黑脸"，这对孩子是很不好的。情况严重的就会造成孩子的双重人格，在爸爸面前一个样，在妈妈面前另一个样。

2. 使父母的威信降低，破坏家庭教育的效果

父母教育意见不一致还会直接影响父母的权威性。

孩子总是认为，大人的话就是正确的，尤其是在自己眼中有威信的人说的话就一定是正确的。因此，当父母的教育意见不一致，若在孩子面前争执，会破坏父母在孩子眼中的形象，降低父母的威信，从而影响教育效果。

3. 削弱孩子自我控制能力的发展

自我控制能力是指一个人控制和支配自己行为的能力，这种能力是从小逐渐形成并发展的，并且需要父母的帮助和支持。

当孩子出现一定的行为后，如果父母一致肯定或否定，他就会知道自己正确与否，并学会在新的环境中发展自我控制能力。但若父母意见不一致，当孩子再次遇到同样的情况时，根本就不知道自己应该怎样做，更谈不上有意识地改正自己的行为了。

4. 容易使孩子不明是非

孩子在各方面都不成熟，其是非判断标准多来自于成人，尤其是父母。

在家庭中，当父母产生分歧的时候，孩子往往会觉得胜利一方的观点就是正确的，而事实上也许并非如此。长此以往，孩子的是非观会变得模糊，甚至是非颠倒。

5. 影响孩子的心理健康

当父母教育观点不一致时，双方容易发生争执，使家庭气氛变得紧张。

孩子也许并不知道父母在吵什么，但他知道父母是因为他（她）而发生了争吵，胆小、内向的孩子会因此感到惶恐不安。在以后的日子里，为了不使父母发生争吵，他常常会谨小慎微，即使在家庭中，在父母面前，也不能表现出孩子的天性，生怕因为自己的不小心又使父母发生争执。孩子如此自我压抑，成长必然会受到影响，尤其是在心理健康方面。

父母教育孩子四原则

> 注意说话的分寸；
> 理智地爱护孩子；
> 切勿一味地庇护；
> 不在孩子面前提出不同观点。

尊重理解，培养孩子的情商

孩子是父母的希望和未来，孩子是否幸福是父母一辈子的牵挂，中国的父母在这一点上表现更为突出。把自己的孩子培养成为一个具有高情商的人才，是为人父母者为孩子创造幸福未来的首选途径。

做孩子的情商模范

吉姆·凯利有一个困窘的童年。他的家庭非常贫困，当与他同龄的孩子都在无忧无虑地开展各种各样的体育活动时，吉姆却要与他的家人一起在一个轮胎厂做工。幽默拯救了吉姆：他能将他自己左边的脸弯曲成一个傻的模样，让在场的每个人都开怀大笑。他的父亲拍西·凯利支持儿子这种独特的"逃出"日常生活挑战的能力。更为重要的是，拍西希望吉姆能依靠他自己灵活的表演来生活得更舒适。

14岁那年，吉姆的喜剧天赋促使他在某天晚上去一个本地喜剧俱乐部尝试表演了一个以讲笑话为主的喜剧节目。吉姆非常投入排练他的节目，但他在上场表演前一周还在担心陌生人是否会接受他讲的笑话。他爸爸认识到吉姆心中的担心，花了几小时来帮助他练习表演。拍西希望吉姆克服焦虑，并帮助他建立起信心，他知道一个14周岁的孩子无法仅靠自己完成这个任务。在那个晚上他们一起去了俱乐部，但是吉姆在台上的个人表演遭到惨败。尽管遭受了挫折，拍西还是说服了吉姆继续保持对喜剧的爱好。

19岁那年，吉姆又回到了台上演出，他的节目甚至成为在加拿大巡回演出会的常规节目。大笑的观众证实了父亲一直告诉他的事情：吉姆非常有喜剧天赋。但是他知道对任何一个喜剧演员来说真正的考验是在好莱坞，因此他打点好所有的行装前往加利福尼亚。还没有待多久吉姆就意识到自己仅仅是这个大池塘里的一条小鱼。在破旧的汽车旅馆里生活和表演了两年后，表演仍然不成功，吉姆放弃了并且回到加拿大。回到家后，拍西提醒吉姆他有一种非凡的表演天赋，但是如果他想表演成功的话就必须在任何情况下都坚持下去。

吉姆返回到洛杉矶。他经常到一座小山上远眺好莱坞。一天夜晚，他突然被父亲对他的喜剧天赋的信心而感动，他给自己签了一张千万美元的支票，备忘录上记载着："对表演服务的报答。"

许多年后吉姆成为一位在一部电影中扮演主角而获得2000万美元报酬的第一流的演员。在这之后不久，拍西去世了。在父亲的葬礼上吉姆非常悲伤，在向父亲的遗体告别时，吉姆向他父亲给他的爱表达感激之情。吉姆俯身在拍西的上方，低声说了最后一句"再见"，轻轻地从西服口袋里拿出一张千万美元的支票，作为父亲在所有这些年带给他热情支持的象征，这意味着所有的岁月都是父亲对他热心支持的回报。

在影响孩子的情商方面，父母亲拥有唯一的最好的机会。拍西·凯利的耐心指导比帮助吉姆理解他自己的天赋来说起了更多的作用。他的支持和鼓励增强了吉姆克服不适感的能力和相信自己的能力。拍西教他儿子自我管理技巧，因为他深知这是儿子最需要用来认识自己巨大潜力的技巧。情商技巧是培养的，不是天生的。在理解和处理情绪方面，父母的指导是隐藏在孩子展示情商最终能力背后的驱动力量。

一项研究表明，一个孩子的情商是父母情商技巧展示的结果，而不是他们个人情绪上困境体验的结果。孩子们是从他们父母那里学习情商技巧的，没有父母的示范，孩子们会错过最好的学习资源。你与你的孩子一起度过的每一个时刻都是展示情商的机会。当你避免大喊大叫时，你的孩子也会如此。当你注意并做到了询问孩子的难过感觉时，你的孩子将会学习到向朋友们显示同情心。如果你为你的孩子们做了情商的模范，他们将发展出他们所需要的与其他人更好相处的技巧，他们将会体验更高水平的成功，这将持续到他们的成人阶段。与孩子们实践情商的父母们会抚育出更为幸福、更加适应社会、获得更好的地位、取得更高水平职业成功的孩子。

大部分孩子的情绪会比成年人的波动范围更宽、程度更深、变化更快。询问任何一个有着两岁半小孩的父母，他们将会描述一分钟的令人眩晕的幸福，但接下来会转变成完全的失望。在孩子 4~7 岁范围期间，父母会享受孩子们在说出感觉时提高词语运用能力带来的成长快乐，但同时也会卷入到孩子们带来的琐碎事务中。快到青春期的少年则开始对学习负责，对自己的行动和自己的情绪负责。青少年能感觉到一种复杂的情绪，但是他们的生活经验还没有为这种情绪做好准备。抚育孩子的每一个阶段都会以某种新方式表现出来的强烈情绪为特征。在每一个年龄段，正在成长的孩子们和父母都会惊奇地发现情绪的变化。为了发展情商技巧，你的孩子必须感到被容许——甚至被邀请——来充分体验这些情绪和学会理解它们。

实战篇
把你的情商用起来

为了帮助孩子们理解情绪，你首先必须要为孩子们营造一个能接受这些情绪的宽松环境。

承认和接受孩子的情绪非常简单，也非常普通，但如果你把这一点当成是你的义务，那么在孩子身上累积的影响将会意义深远。承认和接受你女儿的感觉很简单，只需要说一句话"你最喜爱的毛毯不见了，这真让你很伤心"，而不是说"不要哭了，我们可以买另外一条"。第一种陈述告诉她，她所拥有的感觉是正常的和重要的。两种陈述都不会带走遗失毛毯的痛苦，无论选择哪种方式她都会继续哭泣。但第一种回应示范了情商意识，并告诉她，她的所想所感是有意义的。小孩子们无法以一种复杂的方式考虑事情，但是他们的心灵会像海绵一样吸收他们的经验。你通过教他们如何处理感觉来塑造你的孩子。

当孩子们最需要安慰时，承认和接受孩子的情绪是难做的一件事。

尤其在父母情绪低落时，如果孩子在他的能力范围之下做了一些愚蠢的行为，父母要避免发脾气很难。当你的3岁小孩拒绝与邻居小孩分享玩具并用玩具打了邻居小孩的头时，你不太可能会弯下腰低声说道："我理解你感到愤怒，宝贝，但是用你的玩具卡车打莉莉的头是不对的"，而一般都会大声训斥或者打孩子一顿。以上这两种反应都不是高情商的人所提倡的，因为你的语气、你行动的速度甚至你的所作所为都会教给孩子关于情绪处理方面的内容。一个表明你理解孩子愤怒的反应，比抓住他的胳膊把他拖出屋外的反应将会教给他更多的东西，从而学习到如何在下次控制他自己。

冲突和消极的抵抗也会在父母身上产生强烈的情绪。

当看到你的孩子变得很脆弱时，你会像看到他伤害其他的小孩一样烦恼。但是对情况的仔细考虑，会发现孩子们正是通过行动来表达他们的情绪。学步的小孩打其他的小孩或被其他小孩威吓得站在那儿不能动弹，这都是正常的，除非他们学到一种更好的自我表达方式。你的工作是给小孩子示范如何舒服地与自己的情绪相处，并通过与他们做一些有用的事情来训练你的小孩。作为父母，你应当用你的情商技巧提高孩子们在面临挑战时有同样反应的能力。你的孩子们将长大成人时，他们知道如何增强人际关系和管理自己的行为，从而获得他们想从生活中获得的东西。

像你面临自己的情绪时感到挑战和不适一样，训练孩子处理情绪也得一点点积累。

像生活中的许多事情，如果我们不仔细选择行动，那么我们必定会重复过去的一些模式。进步来自选择某种最有效的反馈，而不是最容易和最乐于接受的反馈。

倾心指导，培养孩子综合能力

孩子的能力越强，他将来驰骋的舞台就越大。孩子的综合能力主要包括：语文能力、动手能力、观察能力、想象能力、创新能力、领导能力以及应变能力。作为父母，一定要将培养孩子的综合能力作为必须履行的责任。这样，孩子将来长大了，才能在社会上立足并拥有一席之地。

那么，我们应该在哪些方面培养孩子的综合能力呢？着重从以下几方面入手：

1. 语言能力，让孩子成为沟通高手

从接受语言到学会使用语言对孩子来说是一个极其漫长的积累过程。当这种积累达到一定量时就会如同火山爆发一样，孩子的语言一下子冒了出来，家长必须作好引导和培养。

语言是人类特有的心理活动，语言与思维在相互影响下共同发展。如果孩子的语言表达能力不是很强的话，其原因一方面与孩子本身的潜质有关系，例如，有些孩子的语言能力发展快，而一些孩子的语言能力发展得比较滞后。另一方面与后天的因素影响有关。孩子语言能力的发展与其所处环境的关系比较密切。如果我们不经常和孩子聊天玩耍，孩子就没有语言的刺激，那么他的语言能力就无法得到发展。如果父母经常用语法不正确或句型不完整的语言与孩子交流，那么孩子就很难模仿到标准的合乎规范的语言。如果父母对孩子的关心超出了适度的情况，让孩子不用语言表达就能得到满足时，那么孩子学习语言的动力就会消失。当孩子出现语言表达能力不强的情况时，如果孩子没有功能上的问题，家长就要考虑一下自己的原因，而不是孩子的原因。

一般情况下，有以下几种方法可以解决孩子语言能力不强的问题：

（1）与孩子多多交谈

（2）将孩子的句子进行扩充

（3）耐心等待孩子的发展

（4）重视亲子阅读

（5）给予孩子及时的鼓励

（6）父母要调整自己的心态

（7）进行足够的语言刺激

（8）对孩子作出积极的回应

（9）经常和孩子谈论周围的事物

（10）利用儿歌与故事开发孩子的语言潜能

（11）鼓励孩子大胆说话

2. 动手能力，让你的孩子心灵手巧

孩子经常动手动脑，做力所能及的事，独立从事一些活动，这能促进他们身体、智力、能力，以及性格、情绪等方面的发展。

喜欢拆东西，是许多孩子的共同特点。手是人体重要的感觉器官，让孩子多动手是促进智力发展的重要途径。通过手的活动，可以获取更多的外部信息，这些信息能促使大脑积极活动，促进孩子的大脑发育，使孩子心灵手巧。孩子动手能力差，主要原因有三种：担心孩子小不会做事，怕他出事，或怕孩子损坏东西；家庭装饰摆设成人化，没有孩子动手的小天地；孩子动手材料少。

如果家长过分"关心"和"保护"，一切包办代替，孩子就会由于缺少锻炼机会而影响他们各方面的发展，造成能力低下，性格怯懦等，智力发展也会受到阻碍。

家长如何培养孩子的动手能力呢？不妨参考如下建议：

（1）大胆放手锻炼

（2）为孩子创造条件

（3）积极支持鼓励

3. 观察能力，给孩子一双敏锐的眼睛

父母在鼓励孩子勤于观察的同时，还要注意帮助孩子善于观察。培养观察力的最好方法是教孩子在万物中寻求事物的"异中之同，或同中之异"。

有的父母认为，孩子眼睛好、听觉灵敏，观察力就一定很强，其实不然。观察力并不如我们想象的那么简单。观察能力是在综合了视觉能力、听觉能力、触觉和嗅觉能力、方位和距离知觉能力、图形辨别能力、认识时间能力等多种能力的基础之上发展起来的。因而它也是形成智力的重要因素和智力发展的基础。

现实生活中，有许多父母不注意培养孩子的观察力，没有把观察力的培养放在应有的位置上。这样最大的弊病就是抑制了孩子思考能力的提高。俄国生物学家巴甫洛夫说："观察，观察，再观察。"培养孩子观察的能力，对发展孩子的智力是十分重要的。

观察能力达到准确无误并透过现象看到本质的功夫，并非一日养成。比如，艺术家有一种艺术家特有的眼睛，人们认为是白色的墙壁，在画家的眼里却是红色的、黄色的、蓝色的……博物学家能一眼认出动物、植物的种类，检测员则能从建筑物的外形上识别其不同的结构。当你沾沾自喜地买到一件"十分满意"的商品时，商品质检员却一眼能看出它是一件拙劣的仿制品……

父母怎样培养孩子的观察能力呢？我们的建议是：

（1）明确观察目的

（2）培养孩子观察的兴趣

（3）教孩子正确的观察方法

（4）让孩子见多识广

（5）鼓励孩子边观察边思考

4. 想象能力，让孩子的思想飞翔

到处都存在孩子的想象力。只要父母放开自己的思维，给孩子大展身手的空间，就会取得事半功倍的效果。

曾经有人做过这样一个测验：

一个"0"图形分别让幼儿、小学生、中学生来看，测试的结果是大多数中学生和一部分小学生说这是数字"零"或英文字母"O"，另一部分小学生的答案是"面包圈""眼镜片"；幼儿园的小朋友的答案是"眼泪""肚脐眼""围棋""表"等，这样的回答是我们成人、中学生、小学生都难以想到的。幼儿的想象力是我们不得不惊叹的。

针对这一测试结果，我们不禁要问：随着年龄的增长，我们的想象力会逐渐减少吗？为什么年龄越大，想象力就越匮乏呢？这是我们不断成长的必然结果还是由于我们的教育方式造成的后果呢？

年龄与学识不是扼杀我们想象力的真正杀手，历史上的伟人、奇才不都是拥有渊博的知识，也同样拥有着惊人的想象力。之所以如此，是因为他们在学习知识的过程中，仍然持有对知识的质疑态度，他们坚信已有的知识还不是全部，还有更为广泛的空间去探索。想象力要在知识的帮助下才会更加有力量、有方向。

可是，对于我们现代的孩子来说，成人使他们过度地相信现有的知识，他们可能被所谓的"知识"捆绑住了应有的想象力。成人的逼迫行为，忽视了孩子的想象力。孩子原本具有丰富的想象力，可是被扼杀了，这就是我们说的"用进废退"，想象力就是在"不用中退化"的。

在当今社会，如果家长能够相信"孩子的想象力比知识更重要"，那么，请家长细心留意孩子的想象力，在孩子想象的瞬间去作出积极的引导。

（1）支持孩子"奇思妙想"

（2）给孩子留有想象的"空间"

（3）向孩子提出想象的问题

（4）让孩子做一些收尾工作

5. 创新能力，开启孩子智慧的大门

创新能力是时代最需要的一种能力，谁有了创新的能力，谁就容易被社会接受，也容易有所成就。因此，我们需要更好地培养孩子的创新能力，让孩子学会创新思维，懂得创新是智慧中的智慧。

在通往成功的道路上，创新总是要伴随着每一个人。创新是成功的智慧杠杆，没有创新，成功就缺少了必要的智慧基石。

对孩子创新能力的培养，家长要做到：

（1）要充分相信孩子，不要总以家长为中心

（2）创建良好的氛围培养孩子的创新精神

（3）尊重孩子的个性发展

（4）培养孩子的创新思维

6. 领导能力，让孩子脱颖而出

从小锻炼孩子的领导才能，让他们能够在群体中脱颖而出，使他们能够带领一班人完成更大的事业，对社会对个人都非常有帮助。

传统观念认为，领导力是天生的，但是我们现在知道，领导力也可以通过后天的培养得到，这就对孩子的教育提出了更高的要求。目前，美国等西方国家的学校已经把学生领导力的培养引入正常教学实践中，中国的许多教育专家也越来越重视对这个问题的研究。他们发现在领导者的能力中，大多都是可以通过对孩子的培养获得的，比如胸襟开阔、能与人合作、能支持别人等。这也给家长培养孩子的领导力指明了道路。培养孩子的领导能力应被视作孩子早期教育的重要内容。

应该怎样培养孩子的领导能力？以下八条秘诀可供借鉴：

（1）做一位积极推动孩子前进的家长

（2）让孩子们积极探索

（3）让孩子用心考虑如何取得成功

（4）给孩子一个机会

（5）认真对待孩子们的梦想

（6）让孩子做"如果前提变化又将怎样"的推测

（7）做孩子竞选活动的支持者

（8）教孩子学会尊重他人、灵活应变，并具有责任感

7. 应变能力：让孩子学会随着情况变

父母经常带孩子去参加一些具有挑战性的活动，让孩子在活动中增强动脑、动手的能力，必要时父母给予正确的引导。锻炼的次数多了，孩子的应变能力就得到了培养和加强。

孩子一旦能够独立行走，便"走上"了社会。面对纷繁复杂的生活环境，面对突如其来的事态变故，要保证他的健康和安全，父母在教育孩子成才的过程中，就一定要随时注重培养孩子的应变能力，使孩子掌握高超的应变技巧。

应变能力是一个人立足于社会的基本能力之一，拥有了应变能力，才会生活得如鱼得水，才会较容易地达到自己想要的目标。而这一项能力，需要父母从孩子小时候就进行有意识的培养，而不应该只盯着孩子的学习成绩。那些认为孩子学习好将来什么就都不缺了的父母，不仅观念陈旧，可能还会因此对孩子造成无法弥补的伤害。

在如今科技、经济等迅速发展的社会里，应变能力显得尤其重要。没有应变能力，只守着满腹的死知识是跟不上时代的潮流的。所以，父母们应该从只注重孩子的学习成绩转向多方面、各角度地对孩子进行培养，这样对孩子才是负责的，对孩子将来的发展才是有益的。

> **培养孩子应变能力三要素**
>
> ➢ 培养孩子随机应变的灵活思维；
> ➢ 培养孩子对突发事件的处理能力；
> ➢ 鼓励孩子参加具有挑战性的活动。

情感关怀，育人潜移默化

身为父母，一定要让孩子意识到不良情绪的危害，并及时地帮助孩子疏导不良情绪。通过不断加强心理品质的修养，父母不但能使自己保持良好的情绪，同时，其方式方法和情绪态度也将带给孩子潜移默化的影响。

心理学上有一个著名的实验，叫作情绪实验。实验是这样的：

一位11世纪的古代学者曾把一胎所生的两只羊羔置于不同的外界环境中生活：一只小羊羔随羊群在水草地快乐地生活；而在另一只羊羔旁拴了一只狼，它总是看到自己面前那只野兽的威胁，在极度惊恐的状态下，根本吃不下东西，不久就因恐慌而死去。

医学心理学家还用狗做嫉妒情绪实验：把一只饥饿的狗关在一个铁笼子里，让笼子外面的另一只狗当着它的面吃肉骨头，笼内的狗在急躁、气愤和嫉妒的负性情绪状态下，产生了病态反应。

实验告诉我们：恐惧、焦虑、抑郁、嫉妒、敌意、冲动等负性情绪，是一种破坏性的情感。

情绪是心理活动的核心，对身心健康有着重大的影响。因此，学会自觉地调节和控制情绪，是心理保健的重要内容。我们在日常生活和学习过程中，无论做什么事都带有情感色彩：当考试取得好成绩时，会感到喜悦；失去珍贵的东西时，会感到惋惜；愿望一再受妨碍而达不到时，会失望甚至愤怒；进入一个陌生的环境时，会感到局促不安甚至产生恐惧等。喜悦、悲哀、愤怒、恐惧等情绪活动，都会引起身体一系列的生理变化。

据科学研究表明，积极健康的情绪，如愉快、欢乐、适度的紧张，对人体均有好处，它可以导致心脏输出量增加，促进血液循环，使人精神振作，大脑工作能力增强。而伤心、悲痛、愤怒、焦虑等消极情绪引起的生理变化，于人身体是不利的。如肌体长期处于这些不良的情绪影响下，往往会引起多种疾病的发生，如高血压、胃溃疡，以及心理障碍等。因此，青少年应该懂得情绪在保护心理健康中所起的重要作用，并学会自我调节和控制情绪。

有的家长教育孩子时，常常为自己的情绪所左右。家长高兴时，教育孩子能注意方式方法，不高兴时就简单粗暴，甚至无事找事，把孩子当作出气筒，动不动就打骂训斥、讽刺挖苦等等。这种因家长情绪的好坏而出现的教子尺度不一，其祸害是无穷的。具体表现在如下几方面：

1. 会在孩子的行为标准上造成混乱。就是说，这往往会使孩子不知自己到底应该怎样做，既不利于孩子不良行为的及时纠正，又不利于孩子良好行为习惯的养成。

2. 这容易使孩子养成看家长脸色行事的坏毛病，并且不利于家长及时、准确地把握孩子的真实情况，不利于家长教育的针对性、实效性。

3. 家长的不良情绪直接影响着孩子的心境，特别是因不良情绪而导致的家长教育孩子方式方法上的简单粗暴，往往会使孩子同时遭到"体罚"与"心罚"的双重伤害，这不仅严重地影响着孩子身心的健康发展，甚至会对孩子的一生带来重大伤害。

4. 这往往还会使家长在孩子心目中的威信大大降低，这种威信的"降低"，往往又会对以后的家庭教育人为地制造出种种障碍。比如，有些家长所说的"孩子大了，反而越来越不听话"，就与这种"障碍"有关。

要培养教育好孩子，家长应学会调节自己的情绪，别让不良情绪影响自己对孩子的教育。具体做法可参照如下几方面：

1. 培养自己具有乐观的生活态度

无论遇到什么困难和挫折，都要以乐观、积极的态度去面对，相信问题总会有办法解决的，从而勇敢地面对现实，努力进取，永不悲观失望，对前途充满信心和希望。持这样的乐观态度往往会产生积极情绪。

2. 适当地发泄积存在心中的不良情绪

比如，可以向知己倾诉自己的苦恼和忧伤等等。这样做，有助于消除心中的烦恼、压抑，从而达到心平气和的状态。这种发泄对人的心理健康是有益的。

3. 保持适当的紧张和热情

紧张是一种情绪，它能维持和提高学习、工作效率。如考试时产生的紧张情绪，能使大脑功能达到最高效率的状态。平时工作或做某件事，也需要保持适当的紧张。张弛调节适度，就会使生活更有节奏和情趣。

4. 善于理智地控制自己

种种要求和愿望，都应符合社会道德和规范，否则就要用理智打消这种念头，不能苛求社会与他人满足自己的一切愿望。这样做，对维持心理平衡、培养健康情绪很有好处。

Part15 把情商用起来，与世界温暖相拥

情商高的人都会坦然面对人生旅途中发生的一切，相拥人生的美好。无论是爱情、婚姻，还是家庭生活，把你的情商用起来，你就会看到一个温暖、温馨的世界。

宽容善待彼此，共筑爱的港湾

家是什么？社会学家的说是社会的最小细胞；婚姻学家说家是风雨相依的两人世界；文学家说是宝盖下面养着一群猪。究竟什么是家呢，许多人认为这是一个不值得思考的问题。那么先让我们来听一个故事吧。

有一个富翁醉倒在他的别墅外面，他的保安扶起他说："先生，让我扶你回家吧！"富翁反问保安："家？！我的家在哪里？你能扶我回得了家吗？"保安大感不解，指着不远处的别墅说："那不是你的家么？"富翁指了指自己的心口窝，又指了指不远处的那栋豪华别墅，一本正经的，断断续续地回答说："那，那不是我的家，那只是我的房屋。"

由上面这个故事不难看出家不是一个简单的概念，而是值得我们每个人深思的问题，家不是房屋，不是彩电，不是冰箱，不是物质堆砌起来的空间。

物质的丰富固然可以给我们一点感官的快感。但那是转眼即逝的。试想，在那个空间中，如果充满暴力和冷战，同床异梦，貌合神离，家，将不称其为家。而成为一个争斗的战场，不过是这个现代化的战场中的悲剧的摆设品罢了。难怪有一些大款自我解嘲道："我穷得只剩下钱了！"

既然家不是财富堆砌起来的空间。那么家到底是什么呢？家在哪里？第二个故事将给我们较好的提示。

这是一个催人泪下的故事，它发生在南非。在南非的种族分裂内战时期，许许多多的家族备受战乱之苦，支离破碎，房屋被摧毁，人民被屠杀，有一个大家庭原来有几十口人，最后只剩下一个老祖母和一个小孙女了，这个老祖母年事已高，病入膏肓，就等到天堂报到了。再活下去真没意思。但当她得知小孙女还在人间，老祖母便决心要找到她的小孙女，要不然，她睡不着，吃不香。为了找到她的小孙女，她历尽千辛万苦。辗转数万里，找遍了非洲大陆，最后一刻，她终于找到了她的小孙女，她激动地、紧紧地和小孙女拥抱在一起，这时这个老祖母说了一句意味深长的话："到家了！"老祖母不缺钱，不缺财产。在她的心中，她需要爱她的亲人。需要那份特别的真情实感，两个相互牵挂的人就是家啊！家在这里上升为一种信仰，一种宗教，一种支撑老人活下去的精神力量。概括地说家是爱的聚合体，试看天下之家，皆为爱而聚，无爱而散。

在美国女作家白涅德夫人的作品《小公主》中，对家是这样解释的——萨拉："校长，我认为这里并不是我的家，虽然有我的容身之处。家，应该是一个有温暖的地方啊！"

寻找自己的家，在某种意义上是人类的宿命。而每个人，在本质上，都是无家可归的漂泊者。我们和浪迹天涯的人相比，只是多了一个物质的外壳。我们常常把这东西叫做"家"，但它并不总是使我们感到心灵安宁的地方。

我们的家到底在哪里呢？家在本质上是一个不断更新的范畴，正应了一句禅语："佛在心中。"家又何尝不是呢？家是一个感情的港湾，家是一个灵魂的栖息地，家是一个精神的乐园。家就是我们和家人在一起的情感的全部，而房屋等物质全部可成为"庭"就这个概念来说，后者又是微不足道的补充。

一个家庭的和睦，来自于家人之间持久的宽容。宽容就是原谅，就是大度，就是福，也是一种爱。唯有宽容，才能保证家庭的和睦。

安徒生有这样一则童话叫《老头子总是不会错》：

乡村有一对清贫的老夫妇，有一天他们想把家中唯一值点钱的一匹马拉到市场上去换点更有用的东西。老头子牵着马去赶集了，他先与人换得一条母牛，又用母牛去换了一头羊，再用羊换来一只肥鹅，又由鹅换了母鸡，最后用母鸡换了别人的一大袋烂苹果。在每一次交换中，他倒真还是想给老伴一个惊喜。当他扛着烂苹果来一家小酒店歇气时，遇上两个英国人，闲聊中他谈了自己赶场的经过，两个英国人听得哈哈大笑，说他回去准得挨老婆子一顿揍。老头子坚称绝对不会，英国人就用一袋金币打赌，如果他回家竟未受老伴任何责罚，金币就算输给他了，三人于是一起回到老头子家中。

老太婆见老头子回来了，非常高兴，又是给他拧毛巾擦脸又是端水解渴，听老头子讲赶集的经过。他毫不隐瞒，全过程一一道来。每听老头子讲到用一种东西换了另一种东西，她竟十分激动地予以肯定。"哦，我们有牛奶了"，"羊奶也同样好喝"，"哦，鹅毛多漂亮！""哦，我们有鸡蛋吃了！"诸如此类。最后听到老头子背回一袋已开始腐烂的苹果时，她同样不愠不恼，大声说："我们今晚就可吃到苹果馅饼了！"不由搂起老头子，深情地吻他的额头……

其结果不用说，英国人就此输掉了一袋金币。

夫妻的恩爱、宽容是善待婚姻的最好的方式。充分理解对方的行事做法，不苛求不责怨。如此，必然给对方以爱的源泉，婚姻一定如童话般妙趣横生、和谐美满。

家庭生活夫妻之间最重要的基础是宽容、尊重、信任和真诚。即使对方做错了什么，只要心是真诚的，就应该重过程、重动机、轻结果，这样才能有家庭的和睦。

一位参加美国公共关系卡耐基训练班的学员，把宽容的原理运用到自己的家庭，使得家庭关系十分融洽。

一天，妻子请他讲出自己的6个缺点，以便成为更好的妻子。这位学员想了想说："让我想一想，明天早晨再告诉你。"

第二天一大早，学员来到鲜花店，请花店给妻子送6朵玫瑰，并附上一个纸条："我实在想不出你需要改变的6个缺点，我就爱你现在这个样子。"

当这位学员晚上回到家时，妻子站在门口迎接他，她感动地几乎要流泪。从此，他认识到宽容和赞赏的力量。

当你宽恕别人的时候，你就不会感到自己和别人站在敌对的位置。你宽恕别人，别人才有可能会原谅你。这是亘古不变的道理。

晏子身为齐相，但对人很谦恭，可他手下有一个马车夫却很傲慢。

一天，晏子乘车外出，当马车经过车夫家门前时，车夫的妻子从门缝里看见自己的丈夫高高地坐在驷马大车上，神气十足地挥着马鞭，甚为得意。

等车夫回到家里，妻子便提出要离婚，车夫问她这是为何。妻子回答说："晏子身高不到6尺，却为齐国的宰相，名声显赫。今天我看见他外出坐在车上，态度是那么谦逊。你身高8尺，毕竟只是他的一个马车夫，然而你赶车时却趾高气扬，神气活现，自以为了不起！所以我请求离开你。"

车夫听了很惭愧，以后每次赶车都十分注意检点自己的行为。晏子对车夫的变化感到奇怪，问其缘故。车夫如实告之。晏子认为他这种精神很难得，便推荐他做了大夫。

马车夫之妻身份虽然低微而不忘做人之道，在发现丈夫的缺点之后，能借助人物典范来启发丈夫改正缺点，引导他做一个有修养的男人，实在是难能可贵。

爱是一门艺术，宽容是爱的精髓，家是爱的港湾。

夫妻争吵需把握6"不"

➢ 不揭短

吵架时爱揭短是很多夫妻的通病，结果只会适得其反。这样做的结果只会激怒对方、扩大矛盾、伤及夫妻感情。因此即使再生气也不要揭对方的短处。

➢ 不翻旧账

有的夫妻争吵时，喜欢把过去的事情扯出来，翻旧账。这种方式是很愚蠢的。夫妻争吵最好就事论事，不前挂后连，这样处理问题，才容易化解眼前的矛盾。

➢ 不带脏字

争吵时，夫妻双方可能高声大噪，说一些过激过重的活，但是绝不能骂人，带脏字。

➢ 不贬低对方

夫妻争吵时难免各执一词，都感到真理在自己这边，对方是胡搅蛮缠，往往使用评价性语言贬低对方。贬低对方的话极易刺伤对方的自尊。

➢ 不牵涉亲属

有的夫妻争吵时，不但彼此指责，而且可能把对方的老人、亲属也牵扯进来。比如说"你和你爸一样不讲理""你和XX一样XX"等。把争吵的矛头指向长辈是错误的，也是对方最不能容忍的。

修复情感裂痕，增进夫妻情感

家庭是社会的细胞，是社会的重要组成部分。把情商带入家庭，培养起一个高情商家庭，不仅能提高家庭的幸福度，也能为工作提供不竭的动力，从而在构建和谐社会中成为让人羡慕的榜样。

在婚姻当中，是否让妻子在性、浪漫以及情感方面感到满意的决定性因素有 70% 取决于夫妻之间友谊的质量。而对于男人，也有 70% 的决定性因素取决于夫妻之间友谊的质量。因为男人和女人毕竟来自同一个星球。

从约翰记事的时候起，祖父就双目失明。他在南达科他州东部的沙地中从事农业生产几十年。后来他得了一场大病，这场大病使他双目失明。在他 96 岁时，他成为一个人际关系方面问题的极好的听众。对于像连珠炮一样提出的问题来说，他也是一个非常有价值的倾诉目标——因为他拥有保持了 70 年的婚姻关系的丰富情感经历。他和祖母认为他们的关系与他们在农场度过的许多年有相同之处：适当的集中加上繁重的工作让他们克服了最困难的日子。比勉强坚持在一起更多一层的含义是，他们共同勤勉工作并且收获了 70 年的爱和友情。

当他们追忆往事、回想把他们连接到一起的纽带时，他们谈到忠诚，为了忠诚有时需要妥协。不管是在大萧条的最盛时期抚养小孩或者是在暴风雪期间被关在屋子里好多天，他们都投入精力修复他们的争吵而不是正好相反去激化争吵。甚至在争吵中，他们也感到有责任去发现和理解另一个人的看法。作为一对高情商的夫妇，他们能够相处在一起是他们不断寻找共同点的结果。

加州大学伯克利分校罗伯特·利文逊的研究表明，要了解别人的情感状况，关键是首先要非常熟悉自己的情感发展。利文逊曾请了若干对夫妻到他的生理实验室来讨论两个问题，一是"你过得怎样"这类中性交谈，再是就夫妻的分歧进行 15 分钟的讨论。在这小小的冲突期间，利文逊记录下他们从心率到面部表情变化的每一种反应。

讨论分歧之后，夫妻中的一方离去，另一方留下来。然后，一边观看谈话的录像，一边讲出自己没有说出来的实际感受。此后，留下的人离去，另一人再回来，讲出自己对对方的说法或观点的感受。

善于设身处地替人着想的丈夫或妻子表现出了特别的生理活动。当他们将心比心、考虑对方情形时，他们自身会产生与对方相同的感受。如果看到录像中显示出配偶的心跳加快，移情的一方心跳也随之加快；如果看到录像中配偶的心跳放慢，有移情能力的配偶心跳也减缓。这种模仿与一种叫做调谐的生理现象直接有关，是一种亲密的"情感探戈舞"。

这种高度协调一致的关系要求我们暂时把自己的情感活动搁置一边，以便我们能更清晰地接收对方传递过来的信号。当我们沉浸于自己的强烈情感之中时，他人的心理活动很难影响到我们，就会漠视那些维持友好关系的更细微的信息。

开始一段新的浪漫关系非常像买一辆新车，驾驭它更多地像纯粹的天赐之福。当你环顾四周时，你几乎很难看到它的所有方面。每一件事情闻起来、听起来和看起来都是非常棒的感觉。你可以很舒服、很轻松地开着车，也许好几个星期，也许好几个月，你陶醉于开车的感觉，直到第一次发生以下情况：有些东西坏了，你需要修理它。交通工具，像人际关系一样，需要修理来保持平稳运转。如果一辆车值得拥有，那么有时候你需要更换一些零部件，需要花费时间和精力来让它保持在最好的状态。但是有时候令人惊奇的是，机修工的一个小小差错会让整辆车报废。让你的车运转很重要，但更重要的是修理车，这也是情商关系的关键。如果你不专注于定期伴随而来的磨损，你和你的配偶一定会发现你们处于两条平行线。

在华盛顿大学的约翰·格特曼博士和他的研究团队承担的研究中，他们仅仅通过观察夫妻们5分钟争吵的频率来预测未来的离婚情况，其预测准确率达到93％。这项研究显示了夫妻之间的争吵有多么频繁无关紧要，但夫妇双方需要做出努力来友好地解决争吵和修复关系。情商关系是由两个集中精力修复争吵的人来推动的。修复关系可以采取许多种形式，但是所有形式的目标都是把争论转移到解决方案上。可以是一种妥协的建议，也可以运用你的幽默来打破这种紧张状态，但主要的意图是要发送一个强有力的信号：你会关心、尊重你的配偶，你的爱比证明你的正确更重要。那么，如何修复夫妻关系呢？

首先，必须认识到修复关系虽然不能解决你们之间的争执，却是一种超越对你配偶表达生气、怨恨和敌意的行动。

成功修复关系的首要问题是得依靠你的自我意识。如果你被情绪逼到死角里，你就不可能改善你们之间的争论。争吵会把你对配偶的所有情绪都带出来，因此，在这个时候维护你的任何一种行为和情绪的观点都会成为一项真正的挑战。如果你发现你自己的情绪是如此强烈以至于你无法清晰思考时，最好的办法就是什么都不做。然后向你的配偶解释你失控了，需要一些时间冷静下来，让你的想法聚集到一起。

然后，如果你足够沉着冷静且对情况有些看法，你可以启动修复关系中的下一个步骤。

运用你的社会意识技巧来把思想集中到以下想法上来：从你配偶的角度来看事情会是什么样的。除非你充分地理解了你的配偶为什么会采取这些行动，否则你无法启动成功的修复关系。你必须向你的配偶显示，即使你不同意他（她）的观点，你也关心从他（她）的角度来看待事情是怎样的。对配偶的观点表示尊重，无论他们是对还是错——这是妥协的关键。

另外，成功修复关系的表现形式多种多样。为了成功地修复关系，你可能需要在许多次失败的尝试中获得知识来武装自己。准备好去尝试在一次争吵中进行多次修复关系，一次失败的修复尝试可能会引起受伤害的情绪和受伤的自我。当你的配偶对你想让事情变得更好的努力产生误会时，你需要克服你的不适并尽力去承受面临的痛苦。你这样做得越多，他（她）就变得更有包容性，并做同样的事情。你在同感和理解方面重复的意图将不会在一个充满爱心、有责任的配偶身上消失。

并且，还要一起讨论修复关系也将有助于你们的关系。如果你能在下次争吵时谈谈你们的争论，很可能就是你们俩应当开始修复关系的时候。当你向你的配偶谈及修复关系时，你们发展了一种你们将在下次争吵期间都会运用的理解。即使你的配偶下次在两人之间的争吵中还很难做到修复关系，他（她）也将很可能承认你的努力并认识到这是显示关心和让事情变得更好的尝试。

最后，使用你的情商技巧来讨论和修复争论。你必须在整个争吵过程中认识你自己和理解你的情绪。这意味着要有足够的自我意识以便认识到什么时候你能容忍愤怒并启动修复关系。你需要使用你的社会意识技巧来"读懂"另一个人。如果你能自始至终进行自我管理的话，争吵将会变得更加平稳。修复关系不需要夫妻双方都要用情商行动，有时候只需要一方拥有自我管理的视角和启动修复关系。当另一方给予善意的反馈时，这种关系就建立起了一种来自情商的不可动摇的力量。

情商关系是由两个集中精力修复争吵的人来推动的。修复意味着即使处于困境都要表达爱和尊重。只有这样，夫妻关系才会融洽，家庭才会和睦。

夫妻相处之道

- 多谈心，保持愉快的语调。这是最重要、最能表示关爱的形式；
- 多在一起散步，最好能手拉手；
- 不要批评、谴责、抱怨。要对彼此间的关爱表示感谢；
- 拥有并保持理想的形象。健康的、吸引人的身体能促进夫妻关系；
- 共同成长。建立在愉快记忆的基础上时，你们的关系会更加亲密；
- 不要有太强的占有欲，要对彼此的生活方式和个人兴趣给予支持和鼓励；
- 珍惜共度的时光。一起花时间做所有那些你们两个都喜欢做的事情；
- 杜绝无谓的争吵。不管是在哪里、在什么时间、都不可争吵。

营造美好心情，提升幸福指数

生活中我们时常听到有人抱怨这抱怨那，似乎全世界的人都对他不恭。其实际在于他自身。他无法客观地看待生活，更不能正视自我。他任坏情绪滋长而不去有意识地控制，又何来快乐和幸福？

事实上，情绪会直接影响你的幸福指数。情绪就如一把双刃剑，它可以让你享受快乐，也可以让你的幸福感消失。那么，如何让情绪为我们助威，让我们走出低谷，走向幸福呢？

宽容自己，不要放弃幸福

面对眼前令自己愧疚痛心的事，要学会宽容自己，自我责备是痛苦的。覆水难收，痛苦只会让我们沉沦，别放走现在的幸福。或许我们可以补救自己的过失，但我们仍然要怀着快乐的心情去做。

玛格丽特·桑斯特是一位杰出的社会活动家。十几年前，她遇到一位一条腿严重扭曲的男孩。极富同情心的玛格丽特立即将这个男孩带到医院做了外科检查。检查后发现，如果经过一系列的手术，小男孩的腿是完全有可能康复的。经过多方奔走和说服，医院同意减免一部分医疗费用，一位银行家开出了一张限额支票，小男孩的家人以及玛格丽特本人也筹集了一部分资金。一切都进展得非常顺利。

"当有一天，我看到小男孩居然跑了起来，"玛格丽特回忆道，"我的泪水抑制不住地流了下来。"

"现在，小男孩已经变成了一位健壮的小伙子，"玛格丽特向她的听众问道，"你们知道他今天是做什么的吗？"玛格丽特顿了一下："他因为抢劫，正在监狱里度着他的三年刑期。"

说到这里，台下一片寂然，玛格丽特已是泪流满面。她哽咽着继续讲述道："这是我一生中最愧疚的一件事情。我只顾忙于教他如何走路，而忽略了更重要的事情，那就是教他应该往哪里走！"

正如上文的玛格丽特·桑斯特，每一个人做了愧疚的事后都会不安与后悔，但愧疚无法挽回我们的失误。心理专家这样忠告我们：把苦恼与不幸看做人生不可避免的一部分，当我们遭遇不幸，抬起头严肃对待它，并且说："没事的，这一切都会过去。"有时候，虽然我们做得不对，但对于无法挽回的现实，我们也应当笑着应对。自责并不能使自己的过失减轻，只会加重自己的心理负担。玛格丽特·桑斯特做得已经很好了，她帮助小男孩治疗残疾，已经对男孩是很大的恩赐。但如果把男孩的堕落也归结到玛格丽特·桑斯特身上，那便成了错误，这样的话，谁还敢继续去做社会公益事业呢？

一天，同学们发现讲桌上一只装满牛奶的瓶子竖立在一个很重的石罐中。上课的时候老师拿起牛奶瓶，朝石罐里用力摔去。同学们看着石罐里的瓶子残片，很惊诧地看着老师。"同学们，这堂课与我们的课文没有关系，我想告诉大家一个道理。"老师指着石罐中的牛奶继续说，"你们可以永远为这杯牛奶感到惋惜，可是这种惋惜没办法使牛奶和瓶子恢复原样。生活中如果发生了无可挽回的事情，记住这只瓶子。"

当我们为一些小事在精神上折磨自己，我们的身体也同样受到了打击。明明知道事实无法挽回，却偏要去挽救；明知道已经失去，却偏要固执地去为此痛苦不已。这样做，不仅无益而且对我们的身体、生活，甚至人生都是无谓的浪费。

学会自己宽容自己，别把手中的幸福轻易放弃，即使有些事不可挽救，我们也要怀着快乐的心情去做。

甩掉不必要的忧愁，抓住即时幸福

"生年不满百，常怀千岁忧。"忧郁会左右现实吗？不会！所以，放下忧愁，不要为自己不能控制的现实影响自己的情绪，幸福可能转瞬即逝，要抓住现在的幸福。

你是否经常为一些自己无法控制、不能干预的事忧心忡忡呢？当你在广播、新闻联播或者报纸上看到如下新闻时，你会是一种什么感觉呢？

新华网巴格达7月7日电，伊拉克官员7日晚间说，萨拉赫丁省一个村庄的露天市场当天遭到汽车炸弹袭击，目前死亡人数已升至156人。

中新网7月8日电综合报道，美国一架直升机当地时间7日意外坠入纽约哈得孙河，警方称机上8人获救。

2007年7月5日，在墨西哥西北部锡那罗亚州首府库利亚坎机场，一架小型运输机起飞时滑出跑道。据墨西哥警方称，造成至少9人死亡，15人受伤。

2007年6月30日下午，英国格拉斯哥机场大楼遭燃烧汽车的袭击。

千岛群岛今天发生8.3级地震，随后日本北海道的东部地区很快发出海啸警报，本州岛的东部地区也发出较低程度的海啸警报。

当地时间7月1日晚，印度孟买发生系列铁路爆炸事件，目前已造成至少200人死亡，警方已下令该市所有火车暂停运营。由于爆炸发生时正值下班高峰时间，列车上乘客拥挤，因此伤亡人数可能继续增加。

以上每一则新闻是否都使你情绪为之一震呢？你是否认为自己需要立刻采取些什么行动来补救呢？的确，一场场灾难让我们感觉惨不忍睹，我们可能会因此沮丧，或寝食难安，但我们对这些灾难无法控制，甚至轮不到我们去触及。如果被这样的情绪所困扰，你便陷入了一种怪圈之中，你的思想被自己无法影响或无法控制的事情操纵了。

我们在生活中应该明确，哪些事情是自己能够控制的，哪些是自己不能控制的，我们的情绪是否会对它产生影响。如果沾不上边的事，我们大可不必耿耿于怀。解放情绪，把快乐留给自己，把烦恼抛开，要学会珍惜眼前的幸福。

悲观的思想对我们的情绪影响很大，忧郁使我们情绪低落，甚至麻木，即使幸福就在身边，也可能拱手相送。

勇于面对，呼唤新的幸福

面对现实，放下心中的畏惧，利用自己还能利用的条件，去完成梦想。

如果失去了左手，我们还有右手；如果失去了健康，我们还有头脑；如果连头脑也失去了，我们还有灵魂！

湖南郴州残疾青年陈良朝出生时，双脚先天性"蹄形外翻"，双膝以下严重萎缩。到了学步的年纪，当同龄的小伙伴们跌跌绊绊学着走路的时候，他终日与板凳为伴。后来陈良朝咬牙坚持训练。先拄双拐走，后来改用单拐。最后，他的双脚不知磨破过多少层皮，他不知跌过多少次跟头，终于丢掉了双拐，学会了走路。

陈良朝在学习上也是好样的。小学成绩一直名列前茅。中学时，他也始终保持着前几名。1981年高考时，陈良朝考出了高过重点院校录取线三十多分的好成绩。就要圆自己的大学梦了，但因为残疾，高分的他没有被任何一家院校录取。陈良朝经受的打击太大了。从学步到高考落榜，人生的路走得如此坎坷。但他并没有因此而放弃自己的生活。

陈良朝选择了徒步旅行。陈良朝的行程是艰难的。八千里路云和月，与之相伴双脚残。出发没几天，陈良朝的脚就磨破了皮，鲜血渗透了布袜，疼痛让人难以忍受。不得已，陈良朝走走停停、停停走走，脚上的破皮结成痂，痂被磨破继而又结成老茧……1990年元月14日陈良朝从郴州出发，他徒步历时11年，日行二三十千米。一路上身扛背包，风餐露宿，历尽艰辛。他穿坏150多双鞋子，拄着的铁棍磨短了一尺多。至2001年元月16日，行程近10万千米，相当于绕赤道两圈多。足迹遍布四川、贵州、云南、广西、广东等三十多个省、市、自治区，收集采写各地的风土人情，记下了许多风俗民情资料以及沿海地区改革开放的经济、文化、政治等方面的素材。

陈良朝因此成为人们心目中的英雄，残疾人的英雄，郴州乃至世界的英雄。

可能你会在生活中遇到不幸，你的躯体可能会遭受痛苦的折磨，如果你让身体的病痛左右了你的情绪，从此一蹶不振，人生便会从此黯淡无光。

陈良朝作为一名身残志坚的英雄，为我们树立了光辉的榜样。虽然身体有缺陷，但我们依然可以从他身上看到坚强的毅力，感受到生命的力量。

不要认为自己不可以，要敢于面对困难，迎难而上。幸福从来都不是等来的，而是从我们从内心呼唤而来的，是我们靠坚强的毅力、良好的心境追求而来的。只要你时刻营造好心情，幸福就会如影随形。

如何做到不抱怨

➢ 坦然接受现状，珍惜当下；

➢ 心态放平和，得失看淡；

➢ 挑战自我极限，努力改变。

珍爱身心健康，与自己温暖相拥

有人说，在人生的存折上无论你有多少积蓄，健康是所有 0 前面的 1，失去它，一切都是 0。显然，无论你什么身份、什么地位、什么出身、过着什么样的生活、做着什么样的事业，健康永远是你最大的资本。而情商是一个你对自己和周围的环境理解程度的结果。如果你重复地实践一项新技巧，你将会训练你的大脑，把它变成一种习惯，比如经营健康。

在你生活中的每个领域，如在家中、在工作中、在学校、与朋友相处时、在你的社区里，都能实践情商技巧。得到改善的情商应该继续深入应用到你所做的任何事情中，使你的生活更加幸福。

有这样一个故事：

一名初探歌坛的歌手，他满怀信心地把自制的录音带寄给某位知名制作人。然后，他就日夜守候在电话机旁等候回音。

第一天，他因为满怀期望，情绪极好，逢人就大谈抱负。第十七天，他因为情况不明，情绪起伏，胡乱骂人。第三十七天，他因为前程未卜，情绪低落，闷不吭声。第五十七天，他因为期望落空，情绪坏透，拿起电话就骂人。没想到电话正是那位名制作打来的。他为此而自断了前程。

我们在为这名歌手深深惋惜的同时，也更深刻地明白了不良情绪的危害。一旦产生不良情绪，一定要及时扭转，否则它将引起一系列的连锁反应，严重影响你的生活质量和幸福指数。生气就是拿别人的错误惩罚自己，生气又会引发身体疾病，甚至危及生命。

现代人生活压力大，生活节奏快，更要注重自身健康保养。因为健康的身体是我们达成一切意愿的根本。那么，我们应该如何着手呢？

首先，生命在于运动，我们要保持有规律的锻炼。有规律的锻炼有三个重要的目的：保持合适的体重、提高身体健康水平和改善心血管系统。

由于我们许多人采取久坐的生活方式，所以我们面临明显的健康问题。另外很多人每天至少看两个小时的电视（到 6 岁的时候，儿童花在电视上的时间已经比他们整个一生花在和父亲谈话上的时间还要多），所以很容易预计这会对他们长期的身体和心理造成的影响。锻炼可以消除这两方面的不良影响，避免造成大腹便便和梨形的身材。

有规律的体育锻炼的一个益处是，它不仅美化了体形，也改善了心理健康。这就增强了个体的自尊心。它提供能量使个体一天的精力更加旺盛，注意力更集中，抑郁的发生频率更少。锻炼使人们获得必要的能量来应付来自预料之外的事件导致的压力。身体健康的个体更少焦虑、更少患病。研究人员已经发现了锻炼带来生理益处的化学基础：大脑在剧烈的身体运动的过程中释放出内啡肽（类似于吗啡），这种物质使人对疼痛感觉麻木并产生一种良好的感觉，类似于长跑者的那种轻快放松的感觉。

锻炼的另一个重要的益处是它加强了心血管系统。有氧练习的效果最佳，它需要吸入的氧气不会超过一个人能舒适吸收的氧气量（而不像短跑或长距离游泳那样需要吸入大量的氧气）。这种类型的练习包括轻快地走路、慢跑、骑车或爬楼梯。但是，只有在以下两个条件得到满足的情况下心血管系统功能才得到加强。

除了有规律的锻炼，还要做到合理的饮食。合理饮食，要做到以下几点：

吃多样的食物保持健康大约需要 40~60 种营养物质

这些食物包括未经加工的或轻度脱水的蔬菜、果汁、谷类、大豆、干豌豆、果仁及种子。这些复合碳水化合食物混合了淀粉、纤维、糖、维生素和矿物质。应该避免单一的碳水化合物，如面粉、白米、精炼糖、加工过的果汁产品和过熟的蔬菜。营养学家建议成人应该摄入下面的平衡饮食：每天三份水果和蔬菜，三份面食或谷类，两份牛奶或酸奶，两份肉、鱼、鸡蛋、大豆或豌豆。

结合正确的饮食和锻炼可以最有效地保持体重

虽然有许多流行的节食方法，但一些正确的和简单的方法可以帮助个体避免吃得过多。

（1）每餐之前吃一些低热量的开胃物。

（2）两餐之间饥饿的时候喝一大杯水或果汁，如葡萄汁或酸梅汁。

（3）饭前半小时，吃一些碳水化合物食品，诸如两片苏打饼干。

（4）多吃蔬菜，以保持低热量的摄入。

（5）吃得慢一些。

（6）有规律地进食，避免胡吃海喝。

（7）不要因为烦躁、劳累或焦虑而进食，尝试通过锻炼来缓解它们。

特别强调要控制下列元素

（1）减少糖的摄入。虽然糖给人大量的能量和不知疲倦的感觉，但是，它也刺激胰腺分泌胰岛素，来反作用于血液中的糖分。60%的人胰腺过于活跃，这会产生易怒、抑郁、恶心和焦虑的感觉，还容易诱发糖尿病。

（2）减少钠的摄入。钠含在盐（40%是钠）以及其他调味品中，包括加工过的食品，软饮料和咸味的小吃。每天摄入多于 5 克的钠是不明智的，特别对于那些有高血压的人。

（3）避免饮酒。酒精的热量很高，而其他营养成分却很少，它也耗尽体内的维生素B，而维生素B对应付压力是很重要的。

（4）限制咖啡碱的摄入。咖啡碱是一种化学刺激物，可以诱发战斗或逃跑反应。而且，它也耗尽体内的维生素B。

除上适当锻炼和合理饮食，还要有一个好的心态。美国诺贝尔经济学奖获得者萨缪尔森曾将伊壁鸠鲁的观点演变成一个幸福方程式：幸福＝已经得到的/所期望得到的。这就是说，我们已经得到的是分子，希望得到的是分母，两者相除就是幸福的指数。如果我们在没有能力将分子变大的情况下，也就是没法获取更多的东西时，如果能将分母缩小也就是对现状保持满足的心态，那么幸福的感觉不会比任何人少。

据说英国一个专门研究快乐来源的国际组织，曾对4000名来自不同国家的人进行跟踪调查，得出结论是——低收入的人比年薪超过10万美元的高薪阶层的人更容易对日常生活中的小享受感到快乐，高收入的人很难感受到生活的快乐。在国内，也有类似的说法，就是月薪1500元的人幸福指数是最高的。

这两个结论看似有些违背常理，因为很多人认为钱越多就会越幸福。实际上，钱不在于多少，而在于恰到好处。比如月薪500元的人，他们的收入大体能满足人类生存的基本需求，也就是可以做到饿了有饭吃，冷了有衣穿。他们没有多余的钱去炒股或者投资，也就不会因为亏损而担惊受怕。他们的工作往往也比较稳定，有比较充足的业余时间，这不是幸福又是什么呢？

不管你是家财万贯，还是一贫如洗，其实平静下来想一想，人的一生如此短暂，与其为了追逐名利而身心疲惫，还不如在竞争激烈、物欲横流、诱惑无处不在的现实社会中，对自己所拥有的一切感到满足。以不生气、宁静的心态面对周围的一切，不困于名缰，不缚于利锁，这样心灵才会自由，人生才会快乐。

知足常乐歌

- 爱情无需死去活来，温馨就行；
- 婚姻无需吹毛求疵，相伴就行；
- 事业无需惊天动地，有成就行；
- 金钱无需取之不尽，够用就行；
- 人生无需长命百岁，健康就行；
- 幸福无需冥思苦想，知足就行。

附录

测试 1：你是乐观的人还是悲观的人

1. 完成以下关于"你是否是一个乐观的人"的测验：如果哪一项陈述能够代表你多数时候的行为和想法，请在 T 上画圈，反之，在 F 上画圈。

（1）我更多地思考如何找到解决问题的方案，而不是担心同事们为什么不工作。TF

（2）人们先需要证明自己，然后我才能信任他们。TF

（3）我喜欢工作带来的挑战。TF

（4）我感觉我的工作有助于他人。TF

（5）我能够自我解嘲。TF

（6）我有幽默感。TF

（7）我不相信任何人和事。TF

（8）我工作起来很少休息。TF

（9）我每周至少有一天休息。TF

（10）我愿意鼓励、支持并帮助别人成功。TF

（11）除非某人的言行说明他不可信，否则我相信任何人。TF

（12）我不愿意说我不能对他人负责。TF

（13）我感到我似乎很少有时间给自己。TF

（14）我致力于发展积极的和相互支持的友谊。TF

（15）我会容忍消极的人。TF

（16）我感到幸福和快乐。TF

（17）我采用健康食谱（避免过多的肥肉、糖和刺激性食物）。TF

（18）我每周至少三次参加20分钟以上的体能锻炼。TF

（19）大部分日子里，我感到疲倦。TF

（20）我一天中经常有短时间的小睡。TF

（21）我每天都有沉思和放松活动。TF

2. 答案

把你的测验答案与下面提供的标准答案比较，划出相对应的答案。例如，如果你第1项选的是T，就打一个√。如果你选的是F，就打一个×。

答案为T的题号：1，3，4，5，6，9，10，11，14，16，17，18，21。

答案为F的题号：2，7，8，12，13，15，19，20。

你的回答有多少相匹配（多少个√）？

3. 对乐观测验的解释：

19~21个相匹配：典型的乐观主义者。你是杰出的人物，你能够成为帮助其他人变得更积极的典范。

13~18个相匹配：较为乐观的人。你是一个较为乐观的人，保持良好的工作和生活态度，不需要太多的开发。

6~12个相匹配：你有时候是乐观的，可以通过培养乐观的生活态度改善情商。

0~5个相匹配：很少乐观。如果不培养乐观的态度，你的情商只可能维持在较低的水平上。

测试2：你的情感技巧运用如何

情商背后包含了十分重要的信息，那就是感情会使我们更加聪明。感情非但不会阻碍理性思维，反而有利于理性思维的形成。

尝试一下下面情商测验中部分能力测试题。这些测试题并不一定能给出你的真实水平，但是你可以感受到科学家们衡量感情技巧的方式。

读下面的问题，在 A、B、C 三个选项中选择一个你感觉对自己来说描述最确切的选项，用打"√"的方式标注出来。

测验题目：

1. 判断感情：评估你的感情意识

（1）了解感情

A. 几乎总是了解自己的感受。

B. 有时了解自己的感受。

C. 从不注意自己的感受。

（2）表达感情

A. 我的感情表达可以让别人理解我的感受。

B. 有时可以表达出自己的感受。

C. 不善于表达自己的感受。

（3）解读他人的感情

A. 总是了解他人的感受。

B. 有时了解他人的感受。

C. 错误地解读他人的感受。

（4）解读微妙的非语言感情线索

A. 能够全面了解他人的感受。

B. 能够解读非语言线索，例如肢体语言。

C. 不注意这些事情

（5）了解虚假的感情

A. 总是可以识别谎言。

B. 当其他人撒谎时我通常会感觉得到。

C. 容易被他人愚弄。

（6）了解艺术作品中的感情

A. 有强烈的审美观。

B. 有时可以感觉得到。

C. 对艺术作品或音乐不感兴趣。

（7）跟踪感情

A. 总是了解自己的感觉。

B. 经常了解自己的感觉。

C. 很少了解自己的感觉。

（8）对感情控制的了解

A. 当他人想要控制我的时候我总能知道。

B. 当他人想要控制我的时候我经常能知道。

C. 当他人想要控制我的时候我很少能知道。

2. 运用感情推动思维：评估产生感情并将其融入思维之中的能力

（1）当有人向我讲述他自己的经历时

A. 我能够体会他的感觉。

B. 我理解他的感觉。

C. 我只注意事实和细节。

（2）我可以根据需要产生某种感情

A. 无论产生哪种感情都很容易。

B. 能够产生大部分感情。

C. 很少或很困难产生感情。

（3）在重要的事情到来之前

A. 我可以进入积极的、精力充沛的状态中。

B. 或许我能够让自己情绪高涨起来。

C. 我保证自己的情绪保持不变。

（4）我的思维是否受感情的影响

A. 不同的情绪以不同的方式影响我的思维和决定。

B. 也许在特定场合进入某种特定状态是重要的。

C. 我的思维不受感情的影响。

（5）强烈的感情对思维的影响

A. 感情可以帮助我把注意力集中在重要的事情上。

B. 感情对我的影响很小。

C. 感情常常使我分散注意力。

（6）我对感情的想象力

A. 很强。

B. 有点感兴趣。

C. 没什么价值。

（7）我可以改变自己的情绪

A. 很容易。

B. 经常。

C. 很少。

（8）当有人向我讲述强烈的感情事件时

A. 我可以体会他们的感觉。

B. 我的感觉有些变化。

C. 我的感觉保持不变。

3. 理解感情：评估你的感情知识

（1）我的感情词汇

A. 非常具体而丰富。

B. 一般。

C. 词汇量不是很大。

（2）对于他人产生某种感情的原因，我的理解通常可以获得

A. 彻底的领悟。

B. 有一些领悟。

C. 一些零零散散的东西。

（3）我对感情变化和发展的了解

A. 很深刻。

B. 一般深刻。

C. 我不感兴趣。

（4）感情假设分析通常会产生

A. 对各种不同行为的结果有准确的预测。

B. 有时能够预见某些感情。

C. 通常不知道他人的感觉将会有何发展。

（5）当我试图确定产生感情的原因时

A. 总会将感情和事件联系起来。

B. 有时可以将某种感情与其原因联系起来。

C. 认为感情的产生并不总是有原因的。

（6）相互矛盾的感情

A. 有时可以体会得到，比如说爱恨共存。

B. 有可能存在。

C. 没什么意义。

（7）我认为感情

A. 有特定的变化模式。

B. 有时可以随着他人的感情变化。

C. 会偶然出现。

（8）感情推理

A. 我有比较丰富的感情词汇。

B. 我经常描述自己的感情。

C. 在描述感情时,我总找不到合适的词。

4. 控制感情:评估你的感情控制能力

(1) 我注意感情的程度

A. 经常。

B. 有时。

C. 很少。

(2) 我根据自己的感情采取行动

A. 立即。

B. 有时。

C. 从不。

(3) 强烈的感情

A. 可以激励并帮助我。

B. 有时会使我被感情控制。

C. 应该受到控制甚至是遗忘。

(4) 我很清楚自己的感觉

A. 经常。

B. 有时。

C. 很少。

(5) 感情对我的影响

A. 通常可以被理解。

B. 有时可以被理解。

C. 很少被处理或感受到。

(6) 我对强烈感情的处理

A. 既不夸大也不轻视。

B. 有时进行。

C. 不是夸大就是轻视。

（7）我能够改变糟糕的情绪

A. 经常。

B. 有时。

C. 很少。

（8）我可以保持好情绪

A. 经常。

B. 有时。

C. 很少。

测验分数统计及解释：

分数统计：

统计一下每组题目中A、B、C选项分别共有多少个，然后根据下面列出的计分标准，计算出自己的分数：A为2分；B为1分；C为0分。

1. 判断感情得分：

2. 运用感情得分：

3. 理解感情得分：

4. 控制感情得分：

得分解释：

1. 总体解释：8分或8分以下属于低分，9分或9分以上属于高分。这些问题只是为了激发你关于感情技巧的思考，而不是真正衡量你的技巧。

2. 了解四方面感情技巧得分情况的作用：

（1）判断感情：你的分数说明你判断感情的准确性。你是注意了这些数据还是忽略掉了？如果你想知道别人的感受，你的判断是准确的吗？

（2）运用感情：你的分数可以让你了解自己利用感情了解别人的程度或者利用感情提高你决策或思维水平的方式。

（3）理解感情：你的分数可以让你更好地了解自己感情知识的多少。

（4）控制感情：你的分数说明感情在多大程度上可以对你的决策产生积极的影响。

找出自己得分最高的技能，问自己下面的问题：

1. 我有什么优点？

2. 我处理问题的方式是什么？

找出自己得分最低的技能，问自己下面的问题：

1. 我存在着哪些障碍？

2. 在处理某些问题的时候我可能会遇到什么难题？

测试3：你是否善于交朋友

情商与人缘有着紧密的联系，以下的测试，可以帮你测试出你的人缘好坏：请你根据自己的实际情况，对下面15个问题如实回答，然后对照后面的分数统计表计算分数，再看分数评语，你就会知道自己是否善于交朋友，以及人缘如何。

1. 你与朋友们在一起时过得很愉快，是不是因为：

A. 你发现他们很有趣，既爱玩又会玩

B. 朋友们都很喜欢你

C. 你认为你不得不这样做

2. 当你休假的时候，你是否：

A. 很容易交上朋友

B. 比较喜欢自己一个人消磨时间

C. 想交朋友，但发现这不是一件很容易的事

3. 当你安排好见一个朋友，但你又感到很疲倦，却不能让朋友知道你

的这种状况时，你是否：

　　A. 希望他会谅解你，尽管你没有到朋友那儿去

　　B. 还是尽力去赴约，并试图让自己过得愉快

　　C. 到朋友那儿去了，并且问他如果你想早回家，他是否会介意

4. 你与朋友的关系一般能维持多长时间？

　　A. 一般情况下有不少年

　　B. 有共同感兴趣的东西时，也可能一起呆几年

　　C. 一般时间都不长，有时是因为迁居别处

5. 一位朋友向你吐露了一个非常有趣的个人问题，你是否：

　　A. 尽自己最大努力不让别人知道它

　　B. 根本没有想过把它传给别人听

　　C. 当朋友刚离开，你就马上找别人来议论这个问题

6. 当你有问题的时候，你是不是：

　　A. 通常感到自己完全能够应付这个问题

　　B. 向你所能依靠的朋友请求帮助

　　C. 只有问题十分严重时，才找朋友

7. 当你的朋友有困难时，你是否发现：

　　A. 他们马上来找你帮助

　　B. 只有那些与你关系密切的朋友才来找你

　　C. 通常朋友们都不会麻烦你

8. 你要交朋友时，是不是：

　　A. 通过你已经熟识的人

B. 在各种场合都可以

C. 仅仅是在一段较长时间的观察、考虑，甚至可能经历了某种困难之后才交朋友的

9. 在这里的三种品质中，哪一种你认为是你的朋友应该具备的：

A. 使你感到快乐与幸福的能力

B. 为人可靠、值得信赖

C. 对你感兴趣

10. 下面哪一种情况对你最为合适，或者接近你的实际情况：

A. 我通常让朋友们高兴地大笑

B. 我经常让朋友们认真地思考

C. 只要有我在场，朋友们会感到很舒服、愉快

11. 假如让你应邀参加一次活动，或者在聚会上唱歌，你是否：

A. 找借口不去

B. 饶有兴趣地参加

C. 当场就直率地谢绝邀请

12. 对你来说，下面哪个是真实的？

A. 我喜欢称赞与夸奖我的朋友

B. 我认为诚实是最重要的，所以我常常不得不持有与众不同的看法，我讨厌鹦鹉学舌

C. 我不奉承但也不批评我的朋友

13. 你是否发现：

A. 你只是同那些能够与你分担忧愁与欢乐的朋友们相处得很好

B. 一般来说，你几乎与所有人都能相处得比较融洽

C. 有时候你甚至与对你漠不关心、不负责任的人都能相处下去

14. 假如朋友对你恶作剧，你是否：

A. 跟他们一起大笑

B. 感到气恼，但不溢于言表

C. 可能大笑，也可能发火，这取决于你的情绪

15. 假如朋友想依赖你，你有什么想法？

A. 在某种程度上不在乎，但还是希望能与朋友保持距离，有一定的独立性

B. 很不错，我喜欢让别人依赖，认为我是一个可靠的人

C. 我对此持谨慎的态度，比较倾向于避开可能要我承担的某些责任

分数统计表

题目	分数		
	A	B	C
1	3分	2分	1分
2	3分	2分	1分
3	1分	3分	2分
4	3分	2分	1分
5	2分	3分	1分
6	1分	2分	3分
7	3分	2分	1分
8	2分	3分	1分
9	3分	2分	1分
10	2分	1分	3分
11	2分	3分	1分
12	3分	1分	2分
13	1分	3分	2分
14	3分	1分	2分
15	2分	3分	1分

分数评语：

36~45分：你对周围的朋友都很好，你们相处得不错。而且，你能够从平凡的生活中得到很多乐趣。你的生活是比较丰富多彩而且充实的，你很可能在朋友中有一定的威信，他们很信任你。总之，你会交朋友，你的人缘很好。

26~35分：你的人缘不怎么好，你与朋友们的关系不牢固，时好时坏，经常处于一种起伏波动的状态中，这就表明，一方面你确实想让别人喜欢你，想多交一些朋友，尽管你作出很大努力，但是别人并不一定喜欢你，朋友跟你在一起可能不会感到轻松愉快。你只有认真坚持自己的言行，虚心听取那些逆耳忠言，真诚对待朋友，学会正确地待人接物，你的处境才会改变。

15~25分：那就太糟糕了！你很可能是一个孤僻的人，思想不活跃、不开朗、喜欢独来独往。但是，这一切并不意味着你不会交朋友，更不能武断地说你人缘差。其主要原因在于，你对于社交活动，对人与人之间的关系不感兴趣。但是，请你记住，一个人生活在社会中，就不可能不与人交往，认识到这一点，你就会积极地改善自己的交友方式了。

测试4：你的沟通表达能力如何

表达能力是一种将自己的感觉正确地传递给他人的能力，传递的途径有很多种。作为一个成功的销售员，可以通过表情或者形体语言暗示给别人你的心思，当然，最重要的表达方式还是你的语言。

因此，在这个测试中所包含的表达能力的大部分都是语言能力。假如你没有语言表达的能力，那么你就很难与别人交际，无法告诉别人你所想的和你所愿的，这里提到的语言能力不仅仅是指你能够正常地表达自己的意思，而且你还要通过正确的方式，恰当地把自己的意思告诉别人，并获得别人的理解。

下面是语言表达能力测试题：

1. 我在表达自己的情感时，很难选择准确、恰当的词汇。

2. 别人难以准确地理解我口语和非口语所要表达的意思。

3. 我不善于与和我观念不同的人交流感情。

4. 我对连续不断的交谈感到困难。

5. 我无法自如地用口语表达我的情感。

6. 我时常避免表达自己的感受。

7. 在给一位不太熟悉的人打电话时我会感到紧张。

8. 向别人打听事情对我而言是困难的事。

9. 我不习惯和别人聊天。

10. 我觉得同陌生人说话有些困难。

11. 同老师或是上司谈话时，我感到紧张。

12. 我在演说时思维变得混乱和不连贯。

13. 我无法很好地识别别人的情感。

14. 我不喜欢在大庭广众面前讲话。

15. 我的文字表达能力远比口头表达能力强。

16. 我无法在一位内向的朋友面前轻松自如地谈论自己的情况。

17. 我不善于说服人，尽管有时我觉得很有道理。

18. 我不能自如地用非口语(眼神、手势、表情等)表达感情。

19. 我不善于赞美别人，感到很难把话说得自然亲切。

20. 在与一位迷人的异性交谈时我会感到紧张。

语言表达能力测试结果：

每题均有两个测试结果："是""否"。答1个"是"得1分。得分在14分以上表示语言表达能力较弱；9~14（含）分表示一般；5~8（含）分表示较好；5分以下表示语言表达能力非常好。

以下是本书对希望提高语言表达能力者的建议：

1. 读一本讲授如何提高语言表达能力的书。

2. 增强信心。

3. 广泛涉猎多种学科的基础知识，这样，无论与何种人交谈，都会有共同话题。

4. 与人谈话时，要真诚、饱含热情、自然。

5. 试着和陌生人谈话，这是提高语言表达能力的难点，也是提高语言表达能力的捷径。

6. 有时间的话可以参加一下演讲培训班，真正体会和锻炼一下公众演讲的能力，即在学中练，练中学；这可以说是提高演讲沟通表达能力的最快路径。